공정시험기준에 따른

대기오염물질 분석

조용준 지음

Experimental Analysis of Air Pollutants based on the National Standard Method

도서출판 동화기술

머 리 말

최근 미세먼지로 인한 공기의 질이 급격히 악화됨에 따라 대기오염에 대한 국민들의 관심이 급증하고 있습니다. 단순히 미세먼지 뿐 아니라 자동차 배출가스 및 각종 산업현장에서 발생하는 대기오염물질의 증가는 우리가 호흡하고 있는 대기의 질을 악화시킬 수밖에 없으며, 국민의 건강을 위해서는 깨끗한 대기의 질 관리를 위한 국가 및 사회의 역할이 더욱 중요하게 되었습니다.

대기오염 문제를 해결함에 있어서 가장 우선하여야 할 것은 대기오염의 정도를 파악하는 것입니다. 이를 위해 각종 대기오염물질의 농도를 과학적이고 객관적인 척도에 의해 정확하게 나타내는 것이 필요하며, 각종 국가기관이나 지자체 등에서 대기정책을 수립하거나 산업현장에서 대기오염방지의 실무를 담당하고 있는 환경기술인에게는 매우 중요한 임무 중의 하나입니다.

환경대기나 각종 배출가스 중의 대기오염물질의 농도를 분석함에 있어서 국가는 측정결과의 정확 및 통일을 기하기 위해서 필요한 제반사항을 규정하고 있으며, 이것을 공정시험기준이라고 명명하고, 그 내용을 "환경분야 시험·검사 등에 관한 법률"에 공지하고 있습니다. 따라서, 국가가 정해놓은 공정시험기준에 따라 대기오염물질의 농도를 분석하기 위해서는 공정시험기준에 기술된 내용과 원리를 이해하고 기술된 내용에 따라 정확히 분석실험을 수행할 수 있는 능력이 요구됩니다.

대기오염공정시험기준에는 실험에 대한 일반사항을 비롯하여 시료의 채취 및 일반시험방법, 배출가스 및 환경대기 중의 각종 대기오염물질(무기물질, 금속 및 휘발성유기화합물)의 시험방법 등 대기오염물질 분석에 대한 총 239종의 시험기준을 규정하고 있습니다.

본 교재는 2016년 개정된 공정시험기준 중에서 배출허용기준을 중심으로 대표적인 가스상 및 입자상 오염물질의 농도 측정방법을 중심으로 발췌하여 편집, 수록하였으며, 특별히 대기환경(산업)기사의 작업형 실기시험에서 시행중인 시험기준을 중심으로 시험법의 측정 원리와 시약 조제법, 분석결과 계산방법 등에 대한 상세한 부연 설명을 삽입하여 편집함으로써 학습과정을 통해 자연스럽게 실기시험에 대한 준비를 할 수 있도록 하였습니다. 또한 매 단원 마다 내용 확인 문제를 수록함으로써 학습한 내용 중 중요한 사항을 확인할 수 있도록 하였습니다.

이 책이 대학에서 환경관련 전공을 하는 학생들에게 공정시험기준에 의거한 대기오염물질의 분석실험 과정에 대해 그 원리와 내용에 대한 이해에 도움을 줌으로써 독자적으로 분석실험을 수행해 나아가는 능력을 배양하는데 도움이 되었으면 하는 바람입니다.

이 책의 출판을 허락해주신 도서출판 동화기술 대표님 이하 관계자 여러분의 배려와 노고에 감사를 드립니다.

항상 곁에서 사랑으로 함께 하며, 책의 출간을 응원해준 나의 가족에게 감사의 마음을 전하며, 작은 결실에 대한 기쁨을 함께 하고 싶습니다.

수리산 자락에서... 理山

제 1 장 서 론 • 9

1.1 대기오염물질 분석과 공정시험기준 ······ 10
1.2 대기오염공정시험기준의 적용범위 ······ 10
1장 내용확인문제 ······ 15

제 2 장 실험실 안전 및 관리 • 17

2.1 실험실 안전 ······ 18
2.1.1 실험실 안전개요 ······ 18
2.1.2 실험실 안전의 원칙 ······ 18
2.1.3 사고와 응급조치 ······ 20
2.1.4 실험식 안전규칙 ······ 22
2.1.5 실험실 안전장치 ······ 25

2.2 실험폐기물 관리 ······ 29
2.2.1 일반사항 ······ 29
2.2.2 처리상의 일반적 기준 ······ 29
2.2.3 종류별 실험폐액의 처리법 ······ 31
2장 내용확인문제 ······ 34

제 3 장 화학분석실험 기초 • 17

3.1 주요 실험기구 및 사용 ······ 36
3.1.1 전자저울 ······ 36
3.1.2 액체의 부피 측정기구 ······ 37
3.1.3 전자석 교반기 및 핫플레이트 ······ 44
3.1.4 온도계의 종류와 사용법 ······ 44
3.1.5 가열 ······ 45
3.1.6 건조 ······ 46

3.2 용액의 농도표시 및 제조방법 ······ 48
3.2.1 중량 백분율(w/w%) ······ 48
3.2.2 중량/부피 백분율(w/v%) ······ 49
3.2.3 몰농도(Molarity, M) ······ 49
3.2.4 규정 (또는 노르말) 농도(Normality, N) ······ 52
3.2.5 기타 방법 ······ 55

3.3 대기오염공정시험기준의 화학분석 기본사항 ······ 56
3.3.1 단위 및 기호 ······ 56
3.3.2 농도의 표시 ······ 57
3.3.3 온도의 표시 ······ 57
3.3.4 물 ······ 58
3.3.5 시약, 시액, 표준물질 ······ 58
3.3.6 방울수 ······ 58
3.3.7 기구(器具) ······ 59
3.3.8 용기(容器) ······ 59
3.3.9 분석용 저울 및 분동(天秤分銅) ······ 59
3.3.10 관련 용어 ······ 60
3.3.11 시험결과의 표시 및 검토 ······ 61

3장 내용확인문제 ······ 62

제 4 장 배출허용기준 시험방법 • 65

4.1절 배출가스 중 굴뚝 시료 채취방법

4.1.1 시료의 채취(측정)위치, 측정공 및 측정점의 선정 66

4.1.1.1 시료의 채취(측정) 위치 66

4.1.1.2 측정공 및 측정작업대 73

4.1.1.3 시료 측정점의 수 74

4.1.2 배출가스의 유속, 유량측정방법 77

4.1.2.1 배출가스의 온도 측정 78

4.1.2.2 배출가스 중의 수분량 측정 78

4.1.2.3 배출가스의 밀도 측정 81

4.1.2.4 배출가스의 정압 및 동압 측정 82

4.1.2.5 유속 및 유량 계산 83

4.1.3 가스상 물질의 시료채취방법 85

4.1.3.1 시료채취장치의 구성 및 취급 85

4.1.3.2 시료 채취장치의 조립 및 취급법 94

4.1.3.3 주의사항 99

4.1.3.4 시료채취량의 계산 101

4.1.4 입자상 물질의 시료채취방법 105

4.1.4.1 시료채취방법 105

4.1.4.2 시료 채취장치의 구성 및 취급법 105

4.1.4.3 시료채취절차 108

4.1.5 휘발성 유기화합물의 시료채취방법 112

4.1.5.1 시료채취장치 112

4.1.5.2 시료채취방법 115

4.1장 내용확인문제 117

4.2절 가스상 오염물질의 농도 측정

4.2.1 적정법에 의한 분석 ········ 122

4.2.1.1 적정법의 기초 ········ 122

4.2.1.2 황산화물(침전적정법) ········ 127

황산화물(침전적정법) 내용확인문제 ········ 135

4.2.1.3 황산화물(중화적정법) ········ 136

황산화물(중화적정법) 내용확인문제 ········ 143

4.2.1.4 시안화수소(HCN) (질산은 적정법) ········ 144

시안화수소(질산은 적정법) 내용확인문제 ········ 151

4.2.2 흡광광도법에 의한 분석 ········ 152

4.2.2.1 흡광광도법의 기초 ········ 152

흡광광도법 내용확인문제 ········ 171

4.2.2.2 암모니아-자외선/가시선분광법 : 인도페놀법 ········ 172

암모니아(인도페놀법) 내용확인문제 ········ 182

4.2.2.3 염화수소-싸이오시안산제이수은 자외선/가시선분광법 ········ 183

염화수소(싸이오시안산제이수은법) 내용확인문제 ········ 190

4.2.2.4 질소산화물-자외선/가시선분광법

-아연환원나프틸에틸렌다이아민법 ········ 191

질소산화물(아연환원 나프틸에틸렌다이아민법) 내용확인문제 199

4.3절 입자상 오염물질의 농도 측정

4.3.1 먼지 (반자동식 측정법) ········ 200

4.3.1.1 적용범위 및 간섭물질 ········ 200

4.3.1.2 시료의 채취방법 ········ 201

4.3.1.3 먼지 농도의 측정 ········ 202

먼지의 농도분석시험 내용확인문제 ········ 206

4.3.2 미세먼지 (PM-10 및 PM-2.5) 208
4.3.2.1 적용범위 208
4.3.2.2 측정방법의 종류 208
4.3.2.3 분석기기 및 기구 209
4.3.2.4 시약 211
4.3.2.5 시료채취 및 관리 211
4.3.2.6 분석절차 214
4.3.2.7 결과보고 215

미세먼지 내용확인문제 218

제 5 장 주요 실험기기 사용법 • 219

5.1 흡광광도계 사용법 220
5.2 pH 미터 사용법 227
5.3 굴뚝시료채취장치(Stack gas sampler) 사용법 233

부 록 대기환경(산업)기사 작업형 실기문제 예 • 242

1. 황산화물(침전적정법) 작업형 실기시험 문제의 예 242
2. 황산화물(중화적정법) 작업형 실기시험 문제의 예 247
3. 염화수소(HCl) 작업형 실기시험 문제의 예 251
4. 암모니아(NH_3) 작업형 실기시험 문제의 예 255
5. 작업형 실기시험의 현지 채점기준 (예상) 259

1장 서 론

1.1 대기오염물질 분석과 공정시험기준

대기환경보전법에 "대기오염물질"이란 대기 중에 존재하는 물질 중 대기오염의 원인으로 인정된 가스·입자상물질로 정의되어 있다. 다양한 종류의 대기오염물질의 농도를 측정하는 방법은 측정대상 오염물질별로 적용하는 원리에 따라 여러 가지 분석방법이 존재할 수 있는데, 측정결과의 정확과 통일을 위해서는 측정방법 및 제반사항에 대해 통일된 기준이 필요하다.

이러한 이유로 국가에서는 각종 대기오염물질에 대해서 적용할 표준 분석방법 및 시험과 관련된 제반사항을 '환경분야 시험·검사 등에 관한 법률'로 규정하여 두었는데, 이를 공정시험기준(公定試驗基準 ; official standard of analysis)이라고 한다.

공정시험기준의 내용은 총칙, 정도보증/정도관리, 일반 시험기준, 항목별 시험기준, 동시분석 시험기준으로 구성되어진다.

1.2 대기오염공정시험기준의 적용범위

대기오염공정시험기준은 다음의 경우에 적용되어진다.

1) 환경정책기본법 제12조 환경기준 중 대기환경기준의 적합여부, 대기환경보전법 제16조 배출허용기준의 적합여부는 대기오염공정시험기준(이하 "공정시험기준"이라 한다)의 규정에 의하여 시험 판정한다.
2) 대기환경보전법에 의한 오염실태조사는 따로 규정이 없는 한 공정시험기준의 규정에 의하여 시험한다.
3) 공정시험기준에서 필요한 어원, 분자식, 화학명 등은 ( ) 내에 기재한다.
4) 공정시험기준에 규정한 시험법이 분석화학적으로 반드시 최고의 정밀도와 정확도를 갖는다고는 할 수 없으며, 공정시험기준 이외의 방법이라도 측정결과가 같거나 그 이상의 정확도가 있다고 국내외에서 공인된 방법은 이를 사용할 수 있다.
5) 공정시험기준 중 각 항에 표시한 검출한계는 재현성, 안정성 등을 고려하여 해당되는 각조의 조건으로 시험하였을 때 얻을 수 있는 한계치를 참고하도록 표시한 것이

므로 실제 측정 시 채취량이 줄어들거나 늘어날 경우 한계치가 조정될 수 있다.

6) 공정시험기준에서 사용하는 수치의 맺음법은 따로 규정이 없는 한 한국공업규격 KS Q 5002 (데이터의 통계적 해석 방법 – 제1부: 데이터의 통계적 기술)의 수치 맺음법을 따른다.

7) 공정시험기준에서 규정하지 않은 사항에 대해서는 일반적인 화학적 상식에 따르되 이 시험방법에 기재한 방법 중 세부조작은 시험의 본질에 영향을 주지 않는다면 실험자가 적당히 변경, 조절할 수도 있다.

8) 측정항목에 따라서는 공정시험기준이 1개 이상 규정되어 있는 경우도 있으나, 하나 이상의 공정시험기준으로 시험한 결과가 서로 달라 판정에 영향을 줄 경우에는 항목별 공정시험기준의 주(主)시험방법에 의한 분석 성적에 의하여 판정한다. 단, 주 시험방법은 따로 규정이 없는 한 항목별 공정시험기준의 제 1법으로 한다.

9) 대기환경보전법시행규칙 제15조 별표8의 배출허용기준 중 표준산소농도를 적용받는 항목에 대하여는 다음 식을 적용하여 오염물질의 농도 및 배출가스 유량을 보정한다.

(1) 오염물질 농도 보정

$$C = C_a \times \frac{21 - O_s}{21 - O_a}$$

C : 오염물질 농도(mg/Sm^3 또는 ppm)

O_s : 표준산소농도(%)

O_a : 실측산소농도(%)

C_a : 실측오염물질농도(mg/Sm^3 또는 ppm)

(2) 배출가스 유량 보정

$$Q = Q_a \div \frac{21 - O_s}{21 - O_a}$$

Q : 배출가스 유량(Sm^3/day)

O_s : 표준산소농도(%)

O_a : 실측산소농도(%)

Q_a : 실측배출가스 유량(Sm^3/day)

대기오염물질의 배출허용기준(대기환경보전법 시행규칙 제 15조 <별표 8>) 중 표준산소농도를 적용받는 항목은 주로 공기 중의 산소를 이용하여 연소(또는 반응)하는 과정 중에 발생하는 대기오염물질이다.

이와 같은 대기오염물질은 연소(또는 반응)용 공기의 주입량에 따라 굴뚝에서 배출되는 농도가 달라지는데, 공기량이 과잉으로 공급되는 경우 미반응 공기량에 의해 오염물질의 농도가 희석되는 효과가 발생하여 배출 농도는 감소하는 결과가 나타나게 된다. 이와 같이 공기의 주입량의 변화에 따른 배출가스 중의 오염물질의 농도의 변화를 고려하여 정상적인 운전 조건하에서의 배출가스 중의 산소농도를 표준산소농도로 규정하여 둠으로써 공기 주입량의 변동에 따른 오염물질의 농도를 보정하도록 하였다.

즉, 연소(또는 반응)용 공기를 적정한 수준으로 공급하여 조업하는 정상적인 운전조건 하에서 얻어지는 배출가스 중의 산소농도의 평균치를 기준으로 표준산소농도를 설정하여 두고, 배출가스 중의 산소농도가 제시된 표준산소농도의 기준치를 벗어나는 경우, 표준산소농도를 기준으로 배출가스 중의 오염물질의 농도와 배출가스 량을 보정하도록 함으로써, 연소(또는 반응)용 공기의 과잉 주입이나 희석용 공기의 주입에 따른 오염물질의 배출농도 희석효과를 상쇄할 수 있도록 한 것이다.

표 1-1에는 대기오염물질의 배출허용기준 중 표준산소농도의 적용을 받는 항목 중 하나인 염화수소(HCl)의 배출허용기준을 정리하여 나타내었다. 표에서 제시된 배출허용기준 중 기준치에 괄호 표기가 된 항목이 표준산소농도의 적용을 받는 배출시설이며, 괄호 안에 기재된 숫자는 표준산소농도(%)를 나타낸다.

표 1-1 염화수소(HCl)의 배출허용기준 (2015년 1월 1일부터 적용)

배출시설	배출허용기준 [ppm]
1) 기초무기화합물 제조시설 중 염산 제조시설(염산, 염화수소 회수시설을 포함한다) 및 저장시설	6 이하
2) 기초무기화합물 제조시설 중 폐염산 정제시설(염산 및 염화수소 회수시설을 포함한다) 및 저장시설	15 이하
3) 제1차 금속제조시설, 조립금속제품·기계·기기·운송장비·가구 제조시설의 표면처리시설 중 탈지시설, 산·알칼리 처리시설	5 이하
4) 폐수·폐기물·폐가스 소각처리시설(소각보일러를 포함한다) 가) 소각용량이 시간당 2톤(의료폐기물 처리시설은 시간당 200 kg) 이상인 시설 나) 소각용량이 시간당 2톤 미만인 시설	 15(12) 이하 20(12) 이하
5) 유리 및 유리제품 제조시설 중 ~~용융~~·용해시설	2(13) 이하
6) 시멘트·석회·플라스터 및 그 제품 제조시설, 기타 비금속광물제품 제조시설 중 소성시설(예열시설을 포함한다), ~~용융~~·용해시설, 건조시설	12(13) 이하
7) 반도체 및 기타 전자부품 제조시설 중 증착(蒸着)시설, 식각(蝕刻)시설 및 표면처리시설	5 이하
8) 고형연료제품 사용량이 시간당 200킬로그램 이상인 고형연료제품 사용시설 가) 고형연료제품 사용량이 시간당 2톤 이상인 시설 나) 고형연료제품 사용량이 시간당 200킬로그램 이상 2톤 미만인 시설	 15(12) 이하 20(12) 이하
9) 화장로시설	20(12) 이하
10) 그 밖의 배출시설	6 이하

(출처 : 대기환경보전법 시행규칙 제 15조 <별표 8>)

Exercise

어느 소각로[2 ton/hr]의 굴뚝에서 배출되는 배출가스의 유량이 2,100 Sm^3/min이었다. 이 중 염화수소(HCl)의 농도가 20 ppm이고, 산소농도가 15.0%이었다. 이 소각로는 배출허용기준을 충족시키는가? 또, 표준산소농도를 기준으로 하였을 때 배출가스의 유량은 얼마인가?

Solution

표 1-1에서 보듯이 해당 소각로에 적용되는 표준산소농도는 12%이다. 문제에서 주어진 배출가스 중의 산소농도는 15%이므로 정상적인 운전조건에 비해 공기가 과잉으로 주입되고 있는 것으로 판단되며, 표준산소농도를 기준으로 염화수소의 배출농도 및 배출가스 유량에 대한 보정이 필요하다.

배출가스 중의 염화수소의 농도를 보정하면

$$C = C_a \times \frac{21 - O_s}{21 - O_a}$$

$$= 20 \times \frac{21 - 12}{21 - 15} = 20 \times \frac{9}{6} = 30 \text{ ppm}$$

이 된다.

따라서 해당 배출시설은 배출허용기준(20ppm 이하)을 충족하지 못하고 있다.

한편, 배출가스 유량을 표준 산소농도 조건을 보정하여 재산출하면,

$$Q = Q_a \div \frac{21 - O_s}{21 - O_a}$$

$$= 2100 \div \frac{21 - 12}{21 - 15} = 2100 \div \frac{9}{6} = 2100 \times \frac{6}{9} = 1400 \text{ Sm}^3\text{/min}$$

이 된다.

따라서 위의 소각로는 표준산소농도 12%를 기준으로 운전했을 때 배출가스 유량은 1,400 Sm^3/min으로 예상되어지나, 700 Sm^3/min 공기가 과잉으로 공급되어 2,100 Sm^3/min으로 배출되고 있으며, 산소농도가 15%로 증가한 것으로 추정된다.

참고자료

1. 대기오염공정시험기준 – 총칙 (ES 01000), 국립환경과학원, 2016년
2. 대기환경보전법 시행규칙, 법제처

1장 내용확인문제

01. 대기오염물질을 측정 분석함에 있어서 대기오염공정시험기준을 법으로 규정하고 있는 이유에 대해 설명하여라.

02. 환경정책기본법을 참조하여 국내 대기환경기준에 대해 항목과 기준치, 그리고 시험방법(공정시험기준)에 대하여 열거하여라.

03. 다음의 대기오염물질에 대해 배출허용기준의 충족여부를 판단하기 위한 시험방법(공정시험기준)은 무엇인가?

① 암모니아
② 염화수소
③ 황산화물
④ 질소산화물

04. 대기환경보전법 시행규칙 제15조 <별표 8>을 참조하여 배출허용기준 중 표준산소농도를 적용받는 항목 중 하나인 황산화물(SO_2)의 경우, 일반 보일러 시설의 배출허용기준과 적용되는 표준산소농도를 열거하여라.

05. 어느 황산제조시설의 굴뚝에서 배출되는 배출가스의 실제 측정한 유량이 500 Sm^3/min, 황산화물(SO_2)의 실측 농도가 200 ppm, 실측 산소농도가 15.0%이었다. 이 황산제조시설은 배출허용기준을 충족하는가? 또, 표준산소농도를 기준으로 하였을 때 보정된 배출가스의 유량은 얼마(Sm^3/min)인가?

06. 어느 소각시설에서 배출되는 가스 중의 실측 먼지배출농도가 300 mg/m^3이고, 이 때 실측 산소농도는 15%, 온도는 160°C 이었다. 이 소각시설의 적용 표준산소농도가 12%일 경우 보정된 먼지농도는 얼마(mg/m^3)인가?

2장 실험실 안전 및 관리
(Laboratory Safety and Management)

2.1 실험실 안전

2.1.1 실험실 안전개요

화학실험실에서의 사고는 대단히 위험하며, 실험 안전수칙을 철저히 준수하여야 한다. 이 방법은 연구자가 실험실에서 안전하게 작업하기 위해 지켜야 할 일반적인 안전규칙, 안전장치 및 사고 시 대처 요령을 규정한다.

2.1.2 실험실 안전의 원칙

실험실 안전은 지속적인 관심과 노력을 필요로 한다. 우리가 실험실에서 안전하게 작업하기를 원한다면 사용하는 기계, 기구, 약품 등의 안전과 보건에 관한 사항들을 잘 알고 있어야 한다. 또한 자신과 실험실 동료의 안전을 위해 나의 책임이 무엇이며 내가 할 일이 무엇인가를 아는 것도 중요하다.

(1) 안전한 실험

1) 위험성을 가진 작업을 할 때는 적절한 보호구를 착용한다 (실험복, 보안경, 보안면, 안전장갑, 안전화, 보호의 등).
2) 위험, 유독, 휘발성 있는 화학약품은 후드 내에서 사용한다.
3) 실험실에서 문제가 발생되었을 때 연락할 수 있도록 실험 책임자의 연락처와 위험성, 응급조치요령 등을 명시한 기록표를 부착하여야 한다.
4) 금연과 같은 준수사항을 지키고, 모든 위험물 용기에는 위험성 표지를 부착하여 안전하게 사용해야 한다.

(2) 다른 사람의 안전에 대한 관심

안전에 대한 관심은 주위 사람들도 포함해서 생각하여야만 한다. 다른 사람들의 태도를 주시하여 불안전한 행동을 하는 사람에 대해서 안전한 행동을 하도록 주지시켜야 한다. 동료에게 보안경을 착용하여 실험하도록 하는 것도 그 예가 될 것이다. 또한 화재나 사고 시 주위 사람에게 알리는 것도 중요하다.

(3) 실험과 관련된 위험성에 대한 이해

예방은 안전에서 가장 중요한 요소이다. 어떠한 실험을 계획하거나, 새로운 장비의 사용 및 화학약품을 다루기 전에 실험에 관계된 위험성과 안전조치에 대하여 알고 있어야 한다. 가능하면 작업에 대한 위험과 안전조치에 대한 정보를 준비하여 실험실 내 모든 사람이 이용할 수 있도록 해야 한다.

(4) 사고 시 행동요령

사고발생 시 정확하고 빠르게 대응하여야 한다. 실험실 내 존치물, 비상샤워기, 세안장치, 피난사다리, 소화전, 소화기 등 안전장비 및 비상구에 대하여 잘 알고 있어야 한다. 만약, 사고가 발생하면 다음과 같이 행동하도록 한다.

1) 신속히 부근의 사람들에게 통보한다.
   화재나 사고 시 근처에 있는 사람에게 알리고 그들에게 다음에 일어날 수 있는 상황을 알리도록 한다. 그리고 다른 사람은 관련부서에 도움을 요청하도록 한다.

2) 가능한 화재나 사고를 초기에 신속히 진압한다.
   화재로부터 위험을 차단한다는 것은 화재로 인한 피해가 더 이상 번지지 않도록 조치를 취하는 것이다. 화재의 경우 문과 창을 닫도록 한다. 소규모의 화재 발생 시 근처에 있는 소화기를 신속히 사용하도록 하고 화재의 범위가 큰 경우에는 소화전을 사용하며 초기진압이 어려운 경우에는 즉시 진압을 포기하고 피신토록 한다.

3) 건물에서 피신한다.
   건물에서 피난 시 화재경보를 울리고, 지체 없이 가까운 출구로 빠져나가도록 한다. 절대 승강기 이용은 삼가하도록 한다.

4) 도움을 요청한다.
   소방서, 경찰서, 병원 등에 긴급전화를 하여 도움을 청한다. 도움 요청은 안전한 곳에서 하도록 한다. 전화 요청 시 응급상황의 성격과 발생위치를 상세하게 설명하고 응급요원의 지시를 받도록 한다.

5) 응급요원에게 지금까지의 진행상황에 대하여 상세히 알리도록 한다.
   응급요원에게 사고 장소, 고립된 사람, 위험물질, 관련 장비 등을 알려줘야 하며 간단한 응급조치에 대해서 잘 숙지하고 있어야 한다. 이 응급조치에는 사고발생 시 안전장비의 사용방법도 포함한다.

(5) 사고 또는 위험한 상황에 대한 보고

사고 발생 시 지체 없이 안전담당부서에 전화를 하여 조치하도록 하고 실험실 책임자에게 보고하여야 한다.

2.1.3 사고와 응급조치

의료사고 시 119 혹은 의료실에 전화하여 구급요원에게 도움을 청하도록 한다. 사고의 성격을 정확히 알려주고 구급요원이 오기 전까지 자신이 아는 범위 내에서 응급조치를 하도록 하고, 만일 응급조치에 미숙하다면 조치를 하지 않는 것이 좋다. 모든 피해에 대하여 실험실 책임자에게 알리도록 한다. 실험실 안에 있는 모든 사람들은 소화기, 피난기구, 안전샤워기, 세안장치 등 안전장비 사용법을 알고 있어야 하며 이런 안전장비들이 실험실 및 건물 어디에 있는지도 알아두어야 한다. 기본적인 응급조치의 방법을 숙지하여 비상시 사용 가능하도록 한다.

(1) 호흡정지

환자가 바닥에 의식을 잃고 호흡이 정지된 경우 당장 인공호흡을 해야 하는데 구강대 구강법이 어떤 방법보다 효과가 있다. 주변의 도움을 청하려고 시간을 낭비하지 말고 환자를 소생시키면서 도움을 청해야 한다. 구강대 구강법과 심폐소생법 등의 응급조치 방법이 있다.

(2) 심한출혈

심한출혈은 상처부위를 패드나 천으로 누름으로써 지혈할 수 있다. 천은 깨끗할수록 좋지만 위급할 때는 의류를 잘라 사용토록 한다.

1) 쇼크 (shock)를 피하기 위해서 상처부위를 감싸고 즉시 119로 연락하여 응급요원을 부르도록 한다.
2) 피가 흐르는 부위는 신체의 다른 부분보다 높게 하고 계속 누르고 있도록 한다.
3) 환자는 편안하게 누이도록 한다.
4) 지혈대는 쓰지 않도록 한다.

(3) 화상

1) 경미한 화상은 얼음이나 생수로 화상부위를 식혀준다.

2) 옷에 불이 붙었을 때

① 환자는 바닥에 누워 구르는 경우 근처에 소방담요가 있다면 화염을 덮어 싸도록 한다. 절대로 비상샤워기로 가기위해 뛰어서는 안된다.

② 불을 끈 후에는 약품에 오염된 옷을 벗고 비상샤워기에서 샤워를 하도록 한다.

③ 상처부위를 씻고 열을 없애기 위해서 얼마동안 수돗물에 상처부위를 담그도록 한다.

④ 상처부위를 깨끗이 하고 얼음주머니로 상처부위를 적시고 충격을 받지 않도록 감싸준다.

⑤ 절대로 사람을 향해 소화기를 사용하지 않는다.

(4) 약품에 의한 화상

1) 화학약품이 묻거나 화상을 입었을 경우 즉각 물로 씻도록 한다.
2) 화학약품에 의하여 오염된 모든 의류는 제거하고 물로써 씻어내도록 한다.
3) 화학약품이 눈에 들어갔을 경우 15분 이상 흐르는 물에 깨끗이 씻고, 즉각 도움을 청하도록 한다.
4) 몸에 화학약품이 묻었을 경우 적어도 15분 이상 수돗물에 씻어내고, 조금 묻은 경우 응급조치를 한 후 전문의에게 진료를 받는다. 많은 부분이 묻었다면 구급차를 부르도록 한다.
5) 위급한 경우 비상샤워기, 수도 등을 이용한다.
6) 화학약품이 옷의 많은 부분에 엎질러진 경우 오염된 옷을 빨리 벗는다.
7) 얼굴에 화학약품이 튀었을 때 보안경을 끼고 있었다면 시약이 묻은 부분은 완전히 세척하고 사용하도록 한다.

(5) 외상

외상쇼크의 경우 일반적인 증상은 춥고 한기를 느끼며 창백하고 혼수상태로 된다. 재해의 성격이 분명하지 않다면 환자를 따뜻하게 하고 편안하게 눕힌 뒤 전화로 연락하여 환자를 병원으로 이송시키도록 한다.

2.1.4 실험식 안전규칙

(1) 개인 예방책

1) 실험실에서 혼자 작업하는 것을 피한다.

개인은 적절한 응급조치가 가능한 상황에서만 실험을 해야 한다. 사고발생 시 다른 사람의 도움을 받을 수 있을 때 실험을 하고, 인근에 다른 사람이 실험을 하고 있다면 실험하는 곳을 그들에게 알려주고 서로 상호간에 상대방을 확인할 수 있도록 한다.

2) 눈 보호

화학약품을 사용하는 실험에서는 약품이 튀거나 넘어져 눈에 들어갈 위험이 있으며, 가압된 진공용기는 폭발하거나 파열될 수 있다. 전기용접을 할 때는 파편과 광선 때문에 위험하므로 이러한 실험을 할 때 실험자는 보안경, 고글, 보안면을 사용하여야 한다. 대부분 실험은 단지 보안경을 사용하면 되지만 특수한 화학물질 취급 시에는 약품용 보안경 또는 보안면을 착용하여야 한다.

3) 귀 보호

정상적인 귀로는 15 Hz ~ 20,000 Hz까지의 소리를 들을 수 있다. 순간적으로 높은 소음에 노출되면 일시적인 청각상실을 가져 올 수 있다. 오랜 시간 높은 소음에 노출되면 영구적으로 청각이 상실될 수 있다. 80 dB 이하의 소음은 청각에 위험을 주지 않는다. 130 dB 이상에서는 위험하므로 피해야 한다. 귀덮개는 95 dB 이상의 높은 소음에 적합하고 귀마개는 80 dB ~ 95 dB 범위의 소음에 적합하다. 만일 청각의 위험요소가 존재한다고 생각되면 안전 부서를 통하여 소음 측정을 해보도록 한다.

4) 호흡기관 보호

마스크는 여러 상황에서 사용할 수 있도록 종류와 사이즈가 많으므로 자신에게 적정한 것을 선택한다. 천으로 된 마스크는 작은 먼지를 보호할 수 있으나 화학약품에 의한 먼지로부터는 보호하지 못하는 것에 유의한다.

5) 의복

약품이 튀거나 넘어질 수 있는 상황에서는 실험복 (gown), 보안경, 보안면, 앞치마를 착용하는 것이 좋고, 안전장갑은 부식성이거나 쉽게 피부에 흡수되는 약품을 취급할 때 필요하다. 짧고 앞에 발가락이 보이는 신발은 실험실에서 적합하지 않다. 실험실에서는 긴머리, 긴옷, 반짝이는 보석을 착용하는 것은 금물이다.

6) 손 보호

장갑을 착용해야 하는 실험을 할 경우에는 실험에 적합한 장갑을 착용하여야 한다. 장갑에는 여러 가지 종류가 있고 쓰임새도 다양하다. 적절한 장갑을 착용하지 않는다면 그 장갑은 손을 보호하는데 아무런 도움이 될 수 없다.

7) 실험실 안에서 음식·음료의 섭취는 금한다.

8) 실험실 퇴실 시에 반드시 손을 씻는다.

(2) 실험실 예방책

1) 부재 중 실험

① 실험 계획 시 유념해야 할 것은 언젠가 있을지도 모르는 부재 중 실험에 대한 것이다. 가능한 부재 중 실험은 피해야 한다. 가열판 (heating mantle)나 건조오븐 등의 가열, 냉각수의 고장 (호스 연결 불량, 파열), 환기불량 (독성기체, 가연성 물질) 등으로 야기될 수 있는 위험성을 실험실을 떠나기 전에 반드시 체크해야 한다.

② 부재 중 실험에는 실험의 성격, 성분, 위험 가능성 (독성 등), 응급조치 방법, 실험자 이름, 전화번호 등을 명기한 표식을 실험이 행하여지는 실험실 문밖에 부착해 놓아야 한다.

③ 실험자는 실험을 시작하기 전에 이런 것들에 대해 어떻게 할 것인가에 대한 생각을 갖고 있어야 한다. 또한 실험자는 밤샘작업의 경우 이를 책임자에게 알려야 한다.

2) 화학약품 취급

① 모든 용기에는 약품의 명칭을 기재한다 (증류수처럼 무해한 것까지). 표시는 약품의 이름, 위험성 (가장 심한 것), 예방조치, 구입날짜, 합성물질, 사용자 이름이 포함되도록 한다.

② 약품 명칭이 없는 용기의 약품은 사용하지 않는다. 표시를 하는 것은 사용자가 즉각적으로 약품을 사용할 수 있다는 것보다는 화재, 폭발 또는 용기가 넘어졌을 때 어떠한 성분인지를 알 수 있도록 하기 위한 것이다. 또한 용기가 찌그러지거나 본래의 성질을 잃어버리면 실험실에 보관할 필요가 없다. 실험 후에는 폐기용 약품들을 안전하게 처분하여야 한다. 유용한 약품은 쓸 일이 있는 다른 사람에게 확실하게 넘겨주도록 한다.

③ 절대로 모든 약품에 대하여 맛 또는 냄새 맡는 행위를 금하고, 입으로 피펫을 빨지

않는다.

④ 약품이 엎질러졌을 때는 즉시 청결하게 조치토록 한다.
엎질러진 양이 적은 때는 그 물질에 대하여 잘 아는 사람이 안전하게 치우도록 한다. 사고 상황이 자신이 처리가 불가능하다면 안전담당 부서에 전화를 걸어 도움을 요청한다.

⑤ 전기로 (furnace)나 교반기 (hot plate) 등 고열이 발생되는 실험기기에 대하여 '고열' 또는 이와 유사한 경고문을 붙이도록 한다.

⑥ 화학약품과 직접적인 접촉을 피한다. 지금 안전하다고 여겨지는 것들도 결국은 해롭다고 판명되고 있다.

3) 수은 누출

① 적은 양이 누출되거나 용기 내의 것이 넘어진 경우 수은을 모아 (장갑을 끼고) 밀폐된 용기에 담아두도록 한다.

② 수은은 진공청소기를 오염시키고 수은증기가 발생되어 좋지 않으므로 진공청소기를 사용하지 않는다.

4) 유리 제품

① 파이렉스 (pyrex) 제품이나 비산방지 유리제품만을 사용하도록 하여 깨질 때 파편이 생기는 유리제품은 사용하지 않도록 한다.

② 유해한 물질에 의하여 오염된 깨진 유리는 분리처리토록 한다. 각 실험실에서는 깨진 유리만을 버리는 함을 비치토록 한다.

5) 기계 · 기구

① 실험기계 · 기구를 사용하기 전에 반드시 기계·기구 관리책임자로부터 지시사항과 허락을 받도록 한다. 사용절차 뿐만 아니라 장비가 가지고 있는 위험성, 긴급 상황 시 조치사항에 대하여도 상세히 알고 있어야 한다.

② 전기접속 상태를 사용하기 전 반드시 점검토록 한다.

③ 기기운전 중 실험실을 떠날 때는 가동장비에 대하여 실험자의 긴급연락처와 장비에 대한 명세표를 기록 · 부착토록 한다.

④ 실험기계 · 기구는 협소한 장소에 설치하지 않도록 한다.

2.1.5 실험실 안전장치

(1) 세안장치

세안장치는 눈에 화학물질이 접촉되었을 때 효과적으로 처리할 수 있는 설비이다. 세안장치는 실험실내의 모든 인원이 쉽게 접근하고 사용할 수 있도록 실험실의 모든 장소에서 15 m 이내, 또는 15초~30초 이내에 도달할 수 있는 위치에 확실히 알아볼 수 있는 표시와 함께 설치되어 있어야 한다. 실험실 작업자들은 그들의 눈을 감은 상태에서 가장 가까운 세안장치에 도착될 수 있어야 한다. 눈 부상은 보통 피부 부상을 동반하게 된다. 이 때문에 세안장치는 샤워 장치와 같이 붙어 있어서 눈과 몸을 같이 씻을 수 있도록 한다.

1) 사용 및 유지

① 물 또는 눈 세척제는 직접적으로 눈을 향하게 하는 것 보다는 코의 낮은 부분을 향하도록 하는 것이 좋다. 이것은 화학물질을 눈으로부터 씻어내는 효과를 증가시켜준다 (거친 물줄기는 눈 속 깊은 곳의 입자들을 씻어낼 수 있다).

② 눈꺼풀은 강제적으로 열리도록 하여야 눈꺼풀 뒤도 효과적으로 세척할 수 있다.

③ 코의 바깥쪽에서 귀 쪽으로 세척하여야 씻긴 화학물질이 거꾸로 눈 안이나 오염되지 않은 눈으로 들어가는 것을 피할 수 있다.

④ 물 또는 눈 세척제로 최소 15분 이상 눈과 눈꺼풀을 씻어 낸다.

⑤ 유해한 화학물질로 오염된 눈을 씻을 때에는 가능한 빨리 콘택트렌즈 등은 벗겨낸다.

⑥ 피해를 입은 눈은 깨끗하고 살균된 거즈로 덮는다.

⑦ 병원이나 구급대 (119)에 전화한다.

⑧ 세안장치는 매 6개월마다 점검한다.

⑨ 수직형의 세안장치는 공기 중의 오염물질로부터 노즐을 보호하기 위한 보호커버를 설치한다.

2) 세안장치의 형식

① 자체저장 중력 분출식 : 배관 공사를 할 수 없는 실험실에서 사용된다.

② 수도꼭지 설치식 (핀이나 누름판 작동) : 손으로 작동하는 동안 계속 물이 흐른다. 수도꼭지를 세안장치로 변경시킬 수 있다.

③ 실험실 작업대형 : 작업대 위에 압착형 손잡이가 붙은 스프레이 장치를 설치하여 사

용할 수 있다.

④ 회전식 세안장치 : 작업대 위 혹은 구석의 싱크대 부근에 설치한다. 90 도로 회전할 수 있어 싱크대 위에서도 사용할 수 있고 물을 받기 위해 밖으로 뺄 수도 있다.

(2) 샤워장치

화학물질이 피부나 옷에 튀거나 묻었을 때 샤워 장치로 씻어낸다. 샤워 장치는 화학물질 (예 : 산, 알칼리, 기타 부식성 물질)이 있는 곳에는 반드시 설치하여야 하며 모든 사람들이 이용할 준비가 되어 있어야 한다.

1) 사용 및 유지

① 샤워 장치는 접근 가능한 위치에 설치하고 알기 쉽도록 확실한 표시를 한다. 이 장치는 실험시 모든 작업대에서 15 m 이내, 또는 15 초~30 초 이내에 도달할 수 있어야 한다.

② 실험실 작업자들이 그들의 눈을 감은 상태에서 샤워 장치에 도달할 수 있어야 한다.

③ 샤워 장치는 쥐고 당길 수 있는 사슬이나 삼각형 손잡이로 작동되게 한다.

④ 잡아당기는 장치는 모든 사람의 키에 맞도록 높이를 조절하고 항상 사용가능하게 유지되어야 한다.

⑤ 샤워 장치에서 쏟아지는 물줄기는 몸 전체를 덮을 수 있어야 한다.

⑥ 샤워 장치가 작동되는 동안 혼자서 옷을 벗고 신발이나 장신구를 벗을 수 있어야 한다.

⑦ 샤워 장치는 전기 분전반이나 전선 인입구 등에서 떨어진 곳에 위치하여야 한다.

⑧ 모든 조건이 적합하다면 샤워 장치는 배수구 근처에 설치하는 것이 좋다.

2) 샤워장치의 형식

① 천정/벽 부착형 : 천정에서 수직배관을 연결하거나 벽에서 수평배관으로 머리 위에 설치되어 계속적으로 물을 공급한다.

② 작업대에 설치된 호스형 : 손으로 조작하여 상처부위를 빠르게 씻어낼 수 있는 장치이다.

③ 바닥에 설치한 비상조합형 : 세안설비와 샤워설비가 같이 설치되어 있다.

(3) 소방안전설비

1) 경보장치

① 경보장치는 실험실내 인원들에게 위험사항을 신속히 알릴 수 있어야 한다. 모든 연구원, 근무자들은 그들의 실험실에 가장 가까운 화재경보기의 정확한 위치를 잘 알고 있어야 한다.

2) 소화기

① 소화기는 화재의 종류에 따라서 분류되며 화재에 따라서 해당되는 문자나 표시를 가진 종류를 사용한다.

② A급 화재 : 가연성 나무, 옷, 종이, 고무, 플라스틱 등의 화재

③ B급 화재 : 가연성 액체, 기름, 그리스, 페인트 등의 화재

④ C급 화재 : 전기에너지, 전기기계기구에 의한 화재

⑤ D급 화재 : 가연성 금속 (마그네슘, 티타늄, 나트륨, 리튬, 포타슘)에 의한 화재

⑥ 소화기는 A, B, C 용으로 사용할 수 있는 다목적용을 비치한다.

⑦ 소화기는 적합한 표시에 의하여 확실히 구분되어야 하며 출입구 가까운 벽에 안전하게 설치되어 있어야 한다. 모든 소화기들은 매 12 개월 마다 시일상태, 손상여부, 압력저하, 설치불량 등을 점검한다. 만일 그들이 사용되었거나, 손상을 입고 내부 충진상태가 불량하면 새 것으로 교체하거나 재 충진한다.

3) 담요

① 화재안전담요는 불을 끄기 위한 용도가 아니고 쇼크 상태에 있는 환자를 따뜻하게 하기 위한 것임을 실험실 작업자들에 주지시킨다.

4) 모래, 흡착제

① 실험실 내에서는 작은 화재들을 빠르고 쉽게 소화할 수 있는 도구나 재료 등이 필요하다.

② 이러한 재료들은 쉽게 손에 닿을 수 있는 곳에 화재의 종류에 따라 사용할 수 있도록 적절한 표지를 붙여서 보관한다.

③ 모래상자를 재떨이로 사용하지 않도록 한다.

5) 스프링클러

① 스프링클러는 자동적으로 작동된다. 실험실 작업자들은 이 시스템을 끄지 않도록 한다.

② 실험실 용품들은 스프링클러 헤드에서 적어도 50 cm 이상 떨어진 곳에 위치하도록 한다.

③ 스프링클러 헤드에 물건을 매다는 일이 없도록 한다.

④ 화재탐지시스템은 정전 등이 발생될 때에는 작동을 하지 않는다는 점을 유의해야 한다.

2.2 실험폐기물 관리

2.2.1 일반사항

1) 화학폐기물 수집 용기는 반드시 운반 및 부피 측정이 용이한 플라스틱 용기를 사용하여야 한다. 금속성 캔 용기는 장기간 보관 시 부식되어 폐액의 유출에 따른 안전사고의 위험이 있고, 유리용기는 장거리 운반 시 파손에 따른 위험이 있으므로 사용을 금지한다.

2) 수집용기 외부에는 부서명과 호실, 전화번호, 품명, 특성 및 주의사항 등을 기록한 "특정폐기물" 스티커를 부착한다.

3) 화학폐기물을 수집할 때는 폐산, 폐알카리, 폐유기용제 (할로겐족, 비할로겐족) 폐유 등 종류별로 구분하여 수집하여야 하며, 절대로 하수구나 싱크대에 버려서는 안된다.

4) 수집한 화학폐기물 용기는 직사광선을 피하고 통풍이 잘되는 곳을 "폐기물 보관 장소"로 지정하여 보관하여야 하며 복도, 계단 등에 방치하여서는 안된다.

5) 화학폐기물 취급 및 보관 장소에는 "금연", "화기취급엄금" 표지와 "폐기물 보관수칙"의 내용을 부착한다.

6) 시약공병은 깨지지 않도록 기존 박스에 넣어 폐기물 보관 장소에 보관한다.

7) 수집·보관된 화학폐기물 용기는 폐액의 유출·악취가 발생되지 않도록 2중 마개를 닫는 등 필요한 조치를 하여야 한다.

8) 수집된 폐기물을 운반할 때는 손수레와 같은 안전한 운반구 등을 이용하여 운반한다.

9) 방사성 물질을 함유한 폐기물은 별도 수집하며, 정해진 처리규정에 따라 누설되지 않도록 엄중히 처리해야 한다.

2.2.2 처리상의 일반적 기준

1) 폐액에 의하여서는, 처리 중 유독기체의 발생, 또는 발열, 폭발 등의 위험을 동반하는 일이 있으므로 처리 전에 폐액의 성질을 충분히 조사하고, 첨가하는 약재를 소량씩 넣는 등 주의하면서 처리해야 한다.

2) 다음 폐액은 서로 혼합하여서는 안된다.
   ① 과산화물과 유기물
   ② 시안화물, 황화물, 차아염소산염과 산
   ③ 염산, 불화수소산 등의 휘발성산과 비휘발성산
   ④ 진한 황산, 설폰산, 옥살산, 폴리인산 등의 산과 기타 산
   ⑤ 암모늄염, 휘발성 아민과 알칼리

3) 악취가 나는 머캡탄, 아민 등의 폐액, 유독기체를 발생하는 시안, 포스겐 등의 폐액 및 인화성이 강한 CS_2, 에테르 등의 폐액은 누설되지 않도록 적당한 처리를 강구하여 조기에 처리한다.

4) 과산화물, 니트로글리세린 등의 폭발성 물질을 함유하는 폐액은 보다 신중하게 취급하고 조기 처리한다.

5) 착이온, 킬레이트 (chelate) 생성제 등을 포함한 폐액은 간단한 제거제로는 처리가 어려운 경우가 많으므로 적당한 처리를 강구하여 일부가 무 처리 상태로 방출되는 일이 없도록 주의한다.

6) 시안분해를 위해 차아염소산나트륨의 첨가에 의한 유리염소, 황화물 침전법에 의한 수용성 황화물 등에 의해 처리 후의 폐수가 유해하게 될 때도 있다. 따라서 이것들을 더욱 후처리할 필요가 있다.

7) 유해물질이 부착된 거름종이, 약봉지, 폐활성탄 등은 적당처리를 한 후에 잔사를 보관한다.

8) 폐액처리에 필요한 약제를 절감하기 위해 폐크롬산 혼액을 유기물의 분해에 폐산·폐알카리를 각각 중화제로 이용하여 적극적인 폐액의 재활용을 고려한다.

9) 크롬산혼액 등 유해 폐액을 배출하는 약제 대신에 무해 또는 처리 용이한 대체품을 적극적으로 이용한다.

10) 메탄올, 에탄올, 아세톤, 벤젠 등 비교적 다량으로 사용하는 용매는 원칙적으로 회수하여 재활용한다.

2.2.3 종류별 실험폐액의 처리법

1) 6가크롬 함유 폐액

① 보호안경, 고무장갑의 착용, 후드장치 속에서 실험한다.

② Cr (VI)을 Cr (Ⅲ)로 환원한, 후 타 중금속 폐액과 같이 처리하여도 된다.

③ 크롬산 혼합액은 강산성이므로 약 1 %로 희석한 후 환원시킨다. 더욱이 이미 환원되어 녹색으로 변해 있을 때는 Cr (VI)이 검출되지 않음을 확인한 후에 시작한다.

④ 처리법으로는 환원중화법, 흡착법 등이 있다.

2) 시안 함유 폐액

① 유독기체를 방출할 염려가 있으므로 취급에 신중을 요한다.

② 폐액은 알카리성으로 한다. 산성으로 방치해서는 안된다.

③ 난분해성 시안화합물 (Zn, Cu, Cd, Ni, Co, Fe의 시안화합물), 유기 시안화합물의 폐액은 별도로 수집하여 처리를 해야 한다.

④ 중금속 함유 폐액에서는 시안분해 후, 적합한 방법으로 중금속의 처리를 해야 한다.

⑤ 처리법으로는 알카리염소법, 전해산화법, 오존산화법 등이 있다.

3) 카드뮴을 비롯한 납 함유 폐액

① 2종 이상의 중금속을 함유할 때는 최적 pH 값이 다르므로, 처리 후의 폐액에 주의가 필요하다.

② 다량의 유기물 또는 시안을 함유하는 것, 또는 착이온을 형성하는 물질을 함유할 때는 미리 분해하여 제거해 두어야 한다.

③ 처리법으로는 수산화물공침법, 황화침전법, 흡착법 등이 있다.

4) 비소 함유 폐액

① As_2O_3는 극히 유독하고 치사량은 0.1 g 이다. 따라서 신중하게 취급해야 한다.

② 유기 화합물을 함유할 때는 산화분해 후 처리한다.

③ 처리법으로는 수산화물공침법이 있다.

5) 수은 함유 폐액

① 독성이 강하고, 미생물 등의 작용으로 더욱 독성이 강한 유기 수은이 되므로, 취급에는 만전을 기해야 한다.
② 알킬수은 등의 유기 수은을 함유한 것은 분해하여 무기 수은으로 처리한다.
③ 금속수은은 함유하지 않도록 한다.
④ 처리법으로는 수산화물공침법, 황화물공침법, 탄산염법, 흡착법 등이 있다.

6) 중금속 함유 유기계 폐액

① 중금속 처리에 있어 방해유기물질을 산화, 흡착 등 적당한 방법으로 하여 제거한 후에 무기계 폐액으로써 처리한다.
② 처리법으로는 소각법 (유기용매 폐액과 유기물을 다량 함유하는 수용액을 소각 처리하여 타고 남은 찌꺼기는 따로 보관한다.), 산화분해법, 활성탄 흡착법 (pH를 약 5로 하고 분말활성탄을 가하여 가끔 교반하면서 2시간~3시간 후에 분리해 낸다. 이 방법은 묽은 용액의 처리에 적당하다.) 등이 있다.

7) 산화환원제 함유 폐액

① 원칙적으로 산화, 환원제는 별도로 수집하지만 위험성이 없을 때는 함께 하여도 무방하다.
② 크롬산염은 Cr (VI)를 포함해서 처리한다.
③ 중금속을 함유하고 있는 것은 중금속 함유 폐액으로 처리한다.
④ 유해물질을 함유하고 있지 않은 1 % 이하의 농도의 폐액은 중화 후 방류한다.

8) 불소 함유 폐액

① 소석회 슬러리를 충분히 알칼리성이 되도록 가하고, 잘 교반한 후 하루를 방치한 뒤 여과한다.
② 여액은 폐액으로 처리한다. 이 처리는 농도를 8 ppm (μg/g) 이하로 할 수는 없다.
③ 불소농도를 더욱 감소시키기 위해서는 음이온 교환수지를 사용한다.

9) 유기계 실험 폐액의 처리법

① 용매는 가능한 한 회수하고 실험에 지장이 없는 범위에서 재이용한다.

② 수집구분은 처리의 방법 상 다음과 같이 분류한다.
가연성 물질 / 난연성 물질 / 물 함유 폐액 / 고체 물질

③ 물에 가용인 물질은 수용액으로 유출되기 쉬우므로, 그 회수에 주의를 요한다. 단, 메탄올, 에탄올, 아세트산 등 하수 처리가 쉬운 물질의 묽은 용액은 다량의 물로 희석한 후 방류하여도 된다.

④ 중금속을 함유하고 있는 폐액은 유기물질을 분해한 후 무기계 폐액으로써 처리한다.

참고자료

1. 대기오염공정시험기준 – 실험실 안전 (ES 01101), 국립환경과학원, 2016년
2. 대기오염공정시험기준 – 실험폐기물 관리 (ES 01104), 국립환경과학원, 2016년

2장 내용확인문제

01. 화학 실험실에서의 안전한 실험을 위한 원칙에 대하여 설명하여라.

02. 화학실험시 실험복에 불이 붙은 경우 조치사항에 대해 설명하여라.

03. 화학실험에 있어서 부재 중 실험은 가급적 피해야 하나 부득이 시행을 하여야 하는 경우 조치사항에 대하여 설명하여라.

04. 화학약품 취급 시의 주의사항에 대하여 설명하여라.

05. 실험실에서의 화재의 종류를 열거하고 각각의 경우에 적합한 소화기의 종류를 제시하여라. 그리고 화학실험실에 비치하여야 할 소화기의 요건에 대하여 설명하여라.

06. 화학폐기물 수집 용기로 플라스틱 용기를 사용하는 이유와 부착할 스티커의 기재 내용, 종류별 수집 요령, 운반 및 보관 요령에 대하여 설명하여라.

07. 서로 혼합하면 안되는 폐액에 대하여 아는대로 설명하여라.

08. 유기계 실험 폐액의 처리방법에 대하여 설명하여라.

3장 화학분석실험 기초

3.1 주요 실험기구 및 사용

3.1.1 전자저울

① 전자저울(그림 3.1)은 진동이 없는 곳에 수평으로 설치하여야 하며, 부식성 기체, 직사광선, 습기가 있는 곳은 피하여야 한다.

② 화학약품은 초종이(그림 3.2) 또는 플라스틱 시료접시(그림 3.3)에 담아서 무게를 측정하여야 하며, 직접 저울에 시약을 올려놓으면 안 된다.

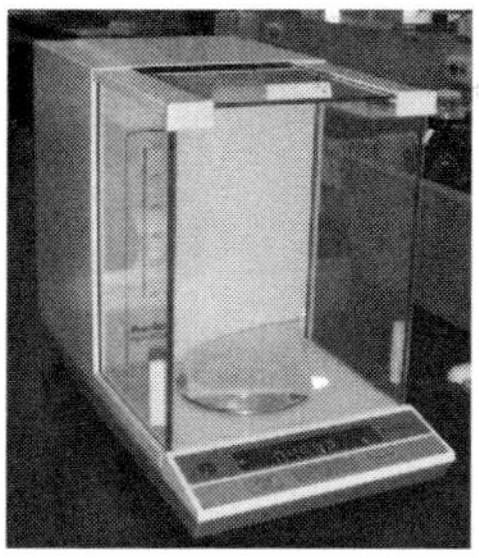

그림 3.1 전자저울

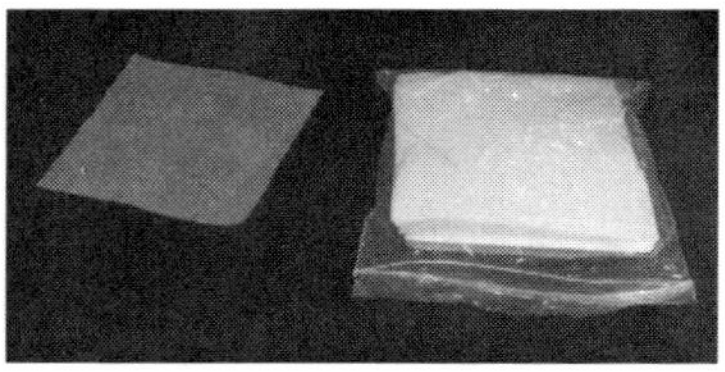

그림 3.2 초종이(유산지)

그림 3.3 플라스틱 시약접시

③ 시료가 건조 등으로 인해 뜨거운 상태에서는 무게 측정을 해서는 안 되며, 데시케이터(그림 3.4) 내에서 냉각시킨 후 측정하여야 한다.

④ 수산화소듐(NaOH) 등과 같은 시약은 저울에 흘리게 되면, 공기 중의 수분을 흡수하여 용해하게 되고, 부식성이 강하므로 저울을 손상시키는 원인이 된다. 따라서 흘린 시약은 솔 등으로 신속하게 청소해주어야 한다.

그림 3.4 데시케이터 (Desiccator)

⑤ 측정을 하는 경우에는 저울 주변에서 움직임이 있으면, 저울 눈금이 변동되므로 주의하여야 한다.

3.1.2 액체의 부피 측정기구

주로 액체의 부피측정용 기구로 자주 사용되는 것은 눈금실린더(graduated cylinder), 뷰렛(burette), 피펫(pipiette), 부피플라스크(volumetric flask) 등이 있다. 비커(그림 3.5), 삼각플라스크(그림 3.6) 등은 액체의 혼합용이나 적정용 용기로 사용하며, 부피 측정용으로 사용하지 않는다.

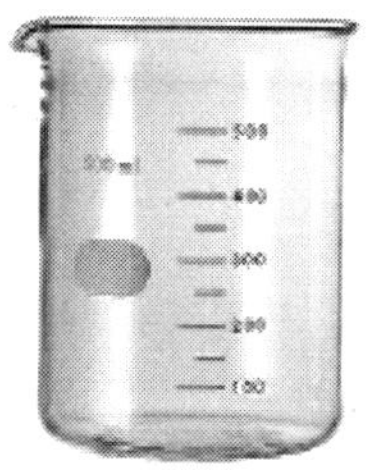

그림 3.5 비커(Beaker)

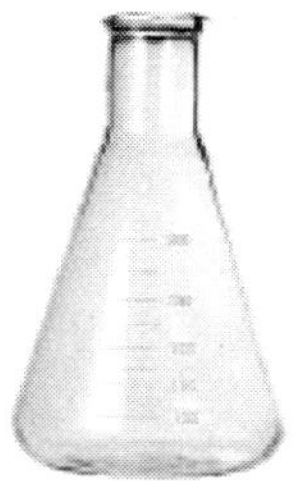

그림 3.6 삼각플라스크(Erlenmeyer flask)

(1) 피펫(pipette)

피펫은 홀피펫(transfer pipette)(그림 3.7)과 눈금 피펫(measuring pipette)(그림 3.8)이 있으며, 홀피펫은 주로 정해진 양의 시액을 옮길 때 사용한다. 피펫은 대개 피펫 필러를 사용하여 조작하는 데 피펫 필러를 피펫에 끼울 때에는 끝 부분을 잡고 가볍게 끼워 고정하여야 한다. 피펫 몸 중간을 잡고 무리한 힘을 가하여 끼우려 하는 경우에 피펫이 부러지게 되면, 손에 큰 부상을 입을 수 있으므로 주의하여야 한다.

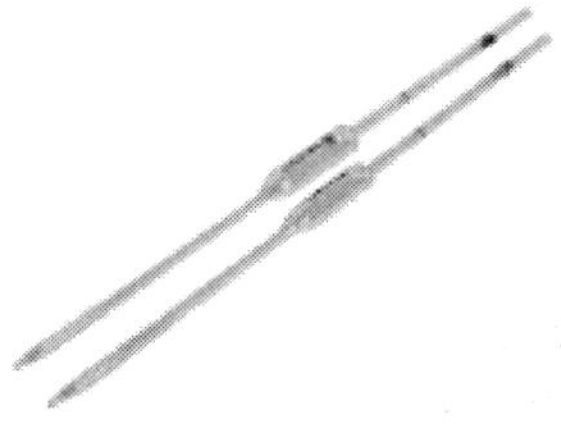

그림 3.7 홀피펫(Transfer pipette)

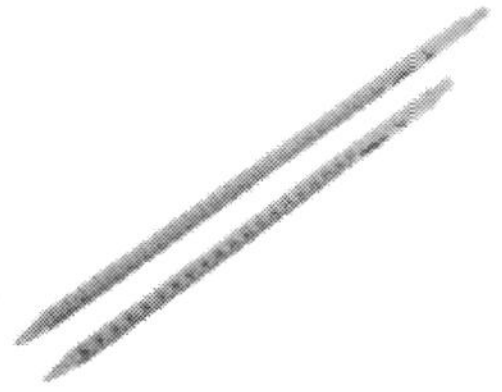

그림 3.8 눈금 피펫(Measuring pipette)

피펫 조작을 위해서 실험실에서 많이 사용되는 것으로 피펫 필러(pipette filler) 와 피펫 펌프(pipette pump)가 있으며, 각각의 사용법은 다음과 같다.

가) 피펫 필러 (그림 3.9)

① ⓐ 부분을 누른 채 필러 내부의 공기를 배출시킨다.

그림 3.9 피펫 필러

② 피펫 필러를 피펫에 끼울 때에는 끝 부분을 잡고 가볍게 장착하여야 한다. 이때 삽입된 피펫의 끝부분이 필러의 ⓔ부분 높이 이상에 위치하도록 과도하게 끼워지면 필러 조작이 불가능하므로 주의하도록 한다.
피펫에 끼워진 후 피펫 필러는 엄지, 검지, 중지의 세 손가락으로 조작하며, 무명지와 약지는 피펫을 잡는데 사용한다.(그림 3.10(a))

③ 피펫을 옮기려는 액에 담근 채 ⓢ부분을 눌러 시약을 피펫으로 빨아올린다. 이 때 용액에 잠겨진 피펫의 끝 부분이 액의 표면 위로 올라오게 되면 공기가 유입되면서 흡인한 액체가 피펫 필러 안으로 유입되어 필러가 오염되므로 피펫의 끝 부분이 항상 액의 표면 밑에 잠겨있도록 주의하여야 한다.

④ 피펫을 옮길 용기에 위치시킨 후 ⓔ부분을 눌러 원하는 만큼 액을 옮긴다.

⑤ 마지막 피펫 배출구 끝 부분에 남아있는 미량의 액은 검지를 이용하여 ⓔ부분의 공기 유입구를 막은 채 검지 끝으로 가볍게 눌러 주면 쉽게 배출이 가능하다. (그림 3.10(b))

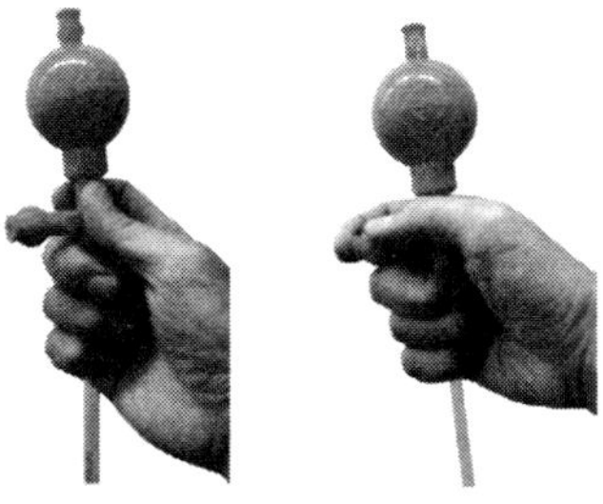

(a) (b)

그림 3.10 피펫 필러의 사용

나) 피펫 펌프 (그림 3.11)

① 피펫을 피펫 펌프(ⓐ부위)에 장착한다.

② 피펫을 옮기려는 액에 담근 채 엄지손가락으로 다이얼(ⓑ)을 돌려서 시약을 피펫으로 빨아올린다. 이 때 피펫의 끝 부분이 액의 표면 위로 들리게 되면 공기가 유입되므로 피펫의 끝 부분이 항상 액의 표면 밑에 잠겨있도록 주의한다. (그림 3.12)
만약, 다이얼을 끝까지 돌렸음에도 불구하고, 용액을 원하는 양만큼 빨아올리지 못한 경우에는 버튼(ⓒ)을 누른 상태에서 다이얼을 반대로 돌려서 원위치 시킨 후 다시 조작한다.

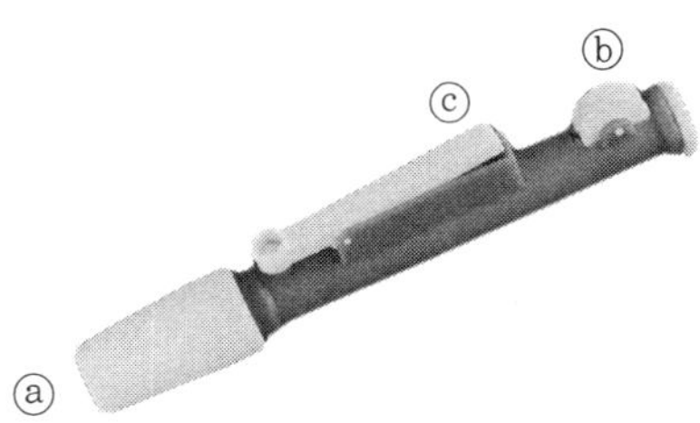

그림 3.11 피펫 펌프(Pump)

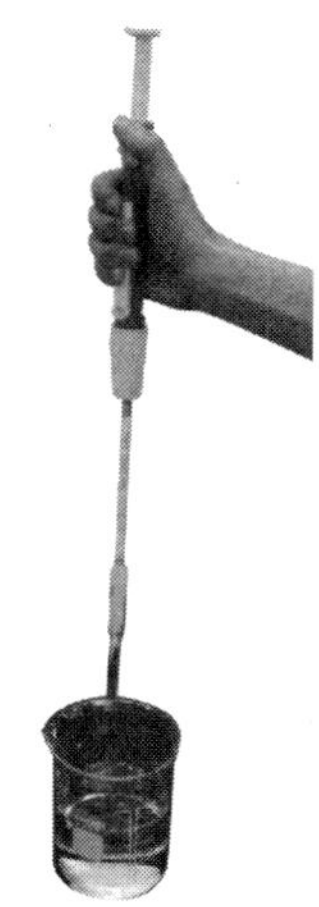

그림 3.12 피펫 펌프의 사용

③ 피펫을 옮길 용기에 위치시킨 후 다이얼을 반대방향으로 돌려서 원하는 만큼 액을 옮긴다.
피펫에 액체를 넣은 채 실험실을 돌아다니는 것은 시약을 흘릴 가능성이 있으므로 위험하다. 따라서 피펫으로 용액을 분취할 때에는 반드시 옮길 용기를 옆에 두고 분취 즉시 옮길 용기에 옮겨야 하며, 이동할 때에는 항상 피펫은 비어있는 상태이어야 한다.

(2) 부피플라스크(volumetric flask) (그림 3.13)

일정한 농도의 용액을 정해진 양을 만들 때 가장 많이 사용되는 기구이다. 고체 시약 분말을 부피플라스크에 직접 넣을 때에는 부피플라스크의 입구가 좁기 때문에 시약의 일부를 흘릴 수가 있으며, 조해성이 있는 시약의 경우에는 용기 입구 주변에 붙어서 주입하기가 곤란한 경우가 있다.

그림 3.13 부피플라스크(Volumetric flask)

따라서, 정량된 시약(용질)을 소량의 용매를 넣은 비커에 넣고 완전히 녹인 후 용액 상태로 부피플라스크에 옮기는 것이 바람직하다. 이 때 비커 벽면에 잔류하고 있는 용질을 완전히 부피플라스크로 옮기기 위해서 용매로 비커를 세척한 다음 부피플라스크에 넣는 작업을 2회 이상 반복하도록 한다.

용액을 표선에 맞춘 후 마개나 필름(그림 3.14)으로 입구를 밀봉한 다음 용기를 두 손으로 잡고 흔들어서 용질이 완전히 녹을 때까지 섞어준다.

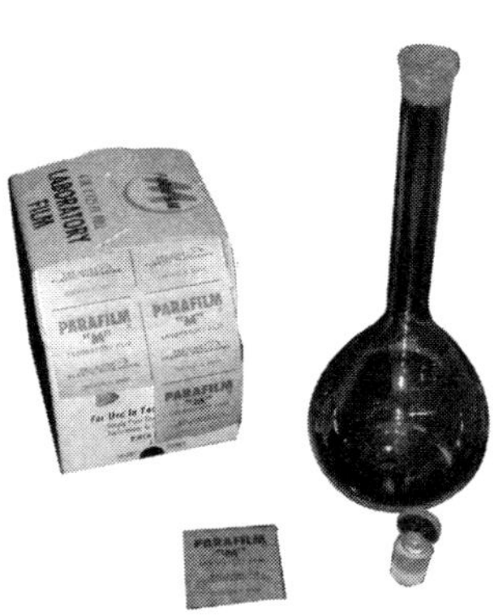

그림 3.14 부피플라스크 마개 및 필름

(3) 뷰렛(burette)(그림 3.15)

주로 적정 실험에 사용한다. 사용하기 전에 콕(cock) 옆 부분에서 액체가 새지 않는지 확인하고, 새는 경우에는 헐거워진 부위를 잘 조여주거나 그리스 등을 도포하는 등 적절히 조치한 후 사용하여야 한다. 적정 실험에서 뷰렛을 사용하는 절차를 정리하면 다음과 같다.

① 뷰렛의 콕을 잠근상태로 하고, 적정용 시약을 뷰렛에 약 1/10 정도 채운 다음 주입구를 실험용 필름 등을 이용하여 밀봉한다. 채워진 적정용 시약으로 뷰렛 내면이 완전히 도포되도록 내벽을 씻은 다음 콕을 열어서 뷰렛 배출구를 통하여 배출시킨다.
② 뷰렛에 적정용 시약을 채운다. 시약을 채울 때에는 깔때기를 사용하며, 깔때기를 손으로 들어서 약간 틈을 벌려 주어야 뷰렛 내에 있었던 공기가 배출되기 용이하여 주입하던 액체가 뷰렛 외부로 분출되는 것을 방지할 수 있다.
③ 뷰렛에 눈금을 맞추기 전에 콕과 뷰렛 배출구 사이에 기포가 없는 지 확인 한 후 기포가 있는 경우에는 콕을 완전히 열어서 액을 세차게 유출시켜서 기포를 제거한다.
④ 콕의 개폐 조작은 왼손의 엄지, 인지, 중지의 3개를 사용하여 콕을 손바닥 안쪽으로 살짝 당기는 느낌을 주면서 조작하도록 한다. 이때 오른 손은 적정용 삼각플라스크를 가볍게 잡고 흔들어 주면서 색깔의 변화를 관찰한다. (그림 3.16)
⑤ 삼각플라스크내의 시료의 색깔 변화를 관찰하기 용이하게 하기 위해서는 바닥에 흰색 종이를 깔아 두는 것이 좋다.
⑥ 적정이 끝난 후 배출구 끝단에 한 방울의 시약이 매달려 있는 경우에는 삼각플라스크 벽면에 붙여서 떼어내도록 한다. 한편, 뷰렛 눈금을 읽을 때, 뷰렛 뒷면에 백지를 대면 읽기가 쉽다.

그림 3.15 뷰렛(Burette)

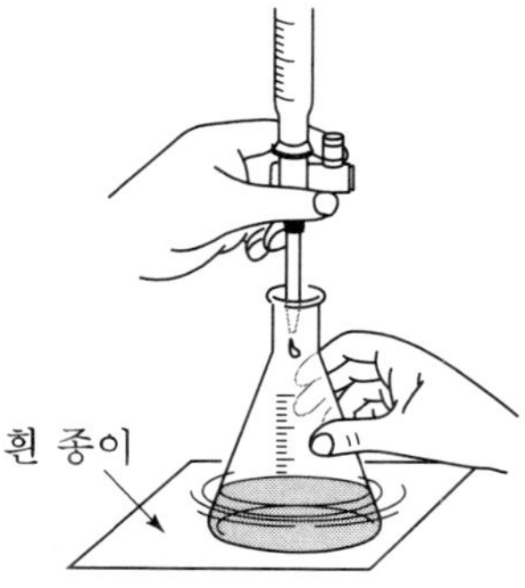

그림 3.16 뷰렛을 이용한 적정 조작

⑦ 실험에 따라서는 색깔의 변화가 뚜렷하지 않아서 종말점(End point) 여부를 판단하기 어려운 경우가 있다. 이런 경우에는 색깔의 변화가 관찰된 순간의 적정량을 기록하여 둔 상태에서 추가로 적정을 실시한다. 만약 추가 적정을 통해 색깔의 변화가 명확해지면, 이때를 종말점으로 하며, 만약 추가의 적정으로도 색깔의 변화가 더 이상 관찰되지 않는다면, 초기에 기록해두었던 적정량을 종말점으로 한다.

⑧ 사용한 뷰렛은 콕을 분리한 후 내면을 깨끗이 세척하여야 한다.

(4) 눈금실린더(graduated cylinder)(그림 3.17)

비교적 많은 양(100mL 이상)의 용액을 분취하는 데 주로 사용하며, 정확도는 피펫에 비해 낮으므로 소량의 용액을 분취할 때에는 가급적이면 사용하지 않는 것이 좋다.

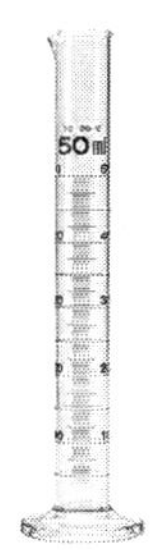

그림 3.17 눈금실린더(Graduated cylinder)

참고로 부피측정에 자주 사용되는 기구들의 측정오차를 비교하여 보면 표 3-1과 같다.

표 3-1 각 종 부피측정기구의 정밀도(精密度) 비교 (50mL 칭량의 경우)

종류	부피 플라스크	피펫		뷰렛		눈금 실린더
		눈금피펫	홀피펫	수동	자동	
오차[mL]	0.1	0.1	0.05	0.05	0.025	2.2

일반적으로 부피측정용 기구의 정확도는 눈금이 새겨진 유리관의 내경의 크기가 클수록 낮아지게 된다.

(5) 사용 시 주의사항

부피측정에 사용하는 시험용 유리 기구(부피플라스크, 피펫, 뷰렛 등)는 열에 의해서 변형이 일어나면 측정오차가 발생하므로 고온(100°C 이상)으로 가열해서는 안 되며, 사용 시에는 내면의 이물질을 제거하기 위하여 비눗물이나 세척액과 세척 솔 (그림 3.18)로 씻은 후, 증류수로 여러 차례(2회 이상) 헹군 다음 건조기에서 완전히 건조하여 사용한다.

그림 3.18 세척 솔

세척 후 물기가 남아있는 상태이면, 필요에 따라 사용하려는 액체로 두세 번 씻은 후 사용할 수도 있다.

부피 측정용 눈금을 읽을 때에는 용기를 수직으로 세운 다음 액면과 눈높이를 수평으로 정확히 맞춘 후 눈금을 읽어야 한다(그림 3.19). 한편 액면은 표면장력에 의하여 반구(meniscus)형태로 나타나게 되는데, 눈금은 반구 형태의 최 하단에 맞추어 읽어야 한다.(그림 3.20).

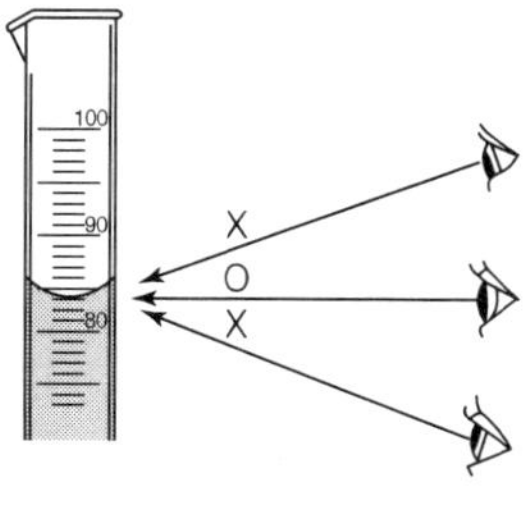

그림 3.19 눈금읽는 위치 및 눈금 맞춤

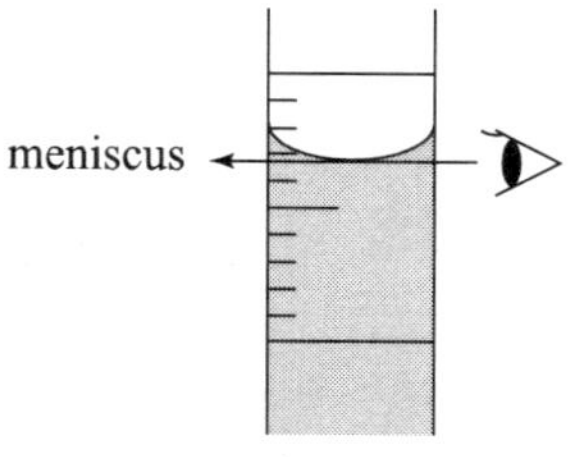

그림 3.20 액면의 형상(meniscus)

3.1.3 전자석 교반기 및 핫플레이트 (그림 3.21)

용매에 용질을 녹일 때 유리 막대로 젓는 대신 전자석 교반기를 이용할 수 있다. 비커나 부피플라스크 내의 용액 중에 용질을 녹이기 위해 마그네틱 바(magnetic bar)를 용기 내에 넣고 다이얼을 조작하여 마그네틱 바를 회전시키면 용질을 쉽게 용해시킬 수 있다. 용질이 완전히 용해된 후, 용기 내에 있는 마그네틱 바를 꺼낼 때에는 자석막대를 이용하도록 한다. 한편, 자석막대를 사용할 때에는 용기 밖에서 조작하여야 하며, 용기 내의 용액이 오염이 되지 않도록 용기 내에 자석막대를 넣어서는 안 된다.

용질이 용매에 잘 녹지 않는 경우에는 용기를 핫플레이트(hot plate) 위에 올려놓고 용매를 가열하면서 녹이면 대부분의 경우 빠르게 녹일 수 있다. 단, 용매에 따라서는 가열하면 안 되는 것이 있으므로 주의하여야 하며, 부피플라스크를 직접 핫플레이트 위에 올려놓고 일정 온도 이상 고온으로 가열하는 것은 피하여야 한다.

그림 3.21 전자석 교반기(Magnetic stirrer) 및 핫플레이트(Hot plate)

3.1.4 온도계의 종류와 사용법

시약의 용액이나 반응 용기내의 액체의 온도를 측정하는데 주로 사용하는 온도계로는 알코올 온도계, 수은 온도계, 열전대(thermocouple)(그림 3.22) 등이 있다.

실험실에서 자주 벌어지는 그릇된 행동 중의 하나는 알코올이나 수은 온도계 등을 용액 내의 시약을 섞는데 사용하는 것이다. 용액의 교반을 위해서는 반드시 유리 막대를 사용하여야 하며, 온도계를 젓개 대용으로 사용하여서는 안 된다.

수은 온도계가 파손된 경우에는 충분한 황(S) 분말을 골고루 뿌려 24시간 이상 방치한 후에 황 분말과 함께 폐기물통에 버려야 한다. 왜냐하면, 흘려진 수은에서 발생하는 수은 증기는 인체에 매우 유독하기 때문이다.

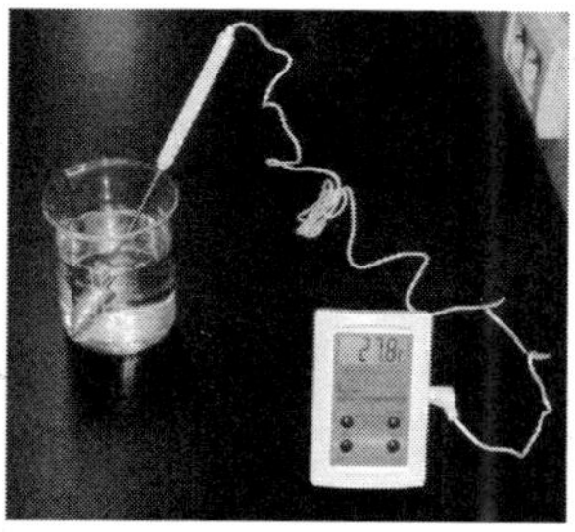

그림 3.22 열전대(Thermocouple)

3.1.5 가열

액체 등을 가열하기 위해 주로 사용하는 가열원으로는 알코올 램프, 가스 버어너(Bunsen burner)(그림 3.23), 물중탕(water bath)(그림 3.24), 가열맹태기(heating mantle)(그림 3.25) 등이 있다.

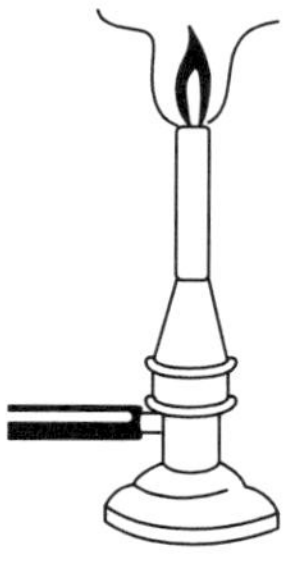

그림 3.23 가스 버어너 (Bunsen burner)

그림 3.24 물중탕 (water bath)

그림 3.25 가열망태기 (heating mantle)

시험관에 액체를 담아 가열할 경우에는 안전을 위하여 액체의 주입량은 시험관 부피의 1/5 이하로 유지하여야 하며, 시험관을 약간 기울여 약한 불꽃부터 서서히 가열하여야 한다.

시험관에 고체 시약을 담아 가열할 경우에는 약한 불꽃으로 시험관 전체를 골고루 가열한 다음 목적한 곳을 집중 가열하여야 한다. 특히, 반응으로 생성된 수증기가 응축되어 시험관의 뜨거운 부분으로 흘러내리면 시험관이 깨지게 되므로 주의하여야 한다. 이럴 경우에는 시험관을 기울여 입구를 조금 밑으로 하여 고체를 넓게 펼쳐놓고 가열하는 것이 좋다.

한편, 비커나 플라스크는 시험관에 비해 열에 약하므로 강하게 가열하지 않는다. 높은 온도로 가열할 때에는 둥근 플라스크를 쇠그물 위에 올려놓고 가열하여야 하며, 이때 비등석(사기조각, 한쪽을 막은 모세관)을 플라스크 안에 넣어준다.(그림 3.26)

가연성 물질을 가열하여야 하는 경우에는 물중탕을 사용하도록 한다.

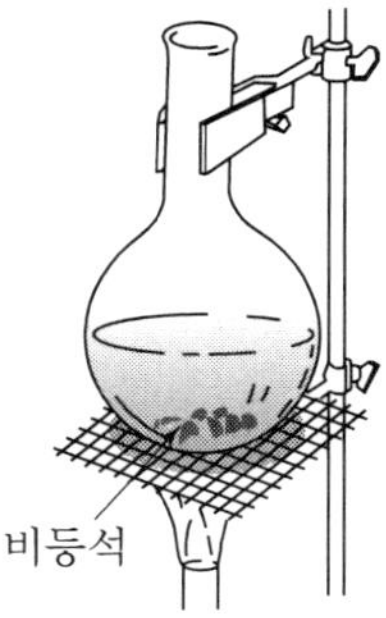

그림 3.26 용액 가열조작

3.1.6 건조

(1) 가열 건조장치(항온 건조기)(그림 3.27)

화학분석실에서 주로 사용하는 항온 건조기는 대략 60~200°C 범위내에서 온도의 조절이 가능하며, 시약의 건조나 세척 된 시험 기구 등의 건조에 사용된다.

고온에서 분해되기 쉬운 물질의 건조 시에는 낮은 온도에서 건조가 가능한 진공건조기(vacuum drying oven)를 사용한다.

한편, 눈금이 있는 유리기구의 건조 시에는 유리 기구의 정확도에 영향을 미칠 수 있으므로 건조 온도가 100~150°C 이상이 되지 않도록 주의한다.

그림 3.27 가열 건조장치(항온 건조기)

(2) 데시케이터 (그림 3.4)

실온에서 시약 등에 수분이 흡수되는 것을 방지하고자 할 때 사용한다. 시료에 따라 적절한 건조제를 선택하여야 하며, 건조시키는 물질과 화학반응을 일으키는 건조제는 사용하면 안 된다. 즉, 산성 물질을 건조할 때에는 산성 건조제를 사용하여야 하며, 염기성 물질을 건조할 때에는 염기성 건조제를 사용하여야 한다.

표 3-2에는 대표적인 건조제의 종류와 성능을 정리하여 나타내었다.

표 3-2 화학실험실에서 일반적으로 사용되는 대표적 건조제와 건조 성능

건조제	공기 1L 당 잔류 수분의 양
염화칼슘($CaCl_2 \cdot H_2O$)	1.5 mg
실리카겔(Silica gel)	3×10^{-2} mg
진한 황산(95% H_2SO_4)	0.3 mg
오산화인(P_2O_5)	2×10^{-5} mg

3.2 용액의 농도표시 및 제조방법

화학분석 실험에서는 다양한 농도의 용액이 사용되어지며, 필요에 따라 정확한 농도의 용액을 직접 제조하여 사용하여야 하므로 용액의 농도 표시방법에 대한 정확한 이해는 실험에 사용되는 각 종 용액을 정확하게 제조함에 있어서 매우 중요한 사항이다.

공정시험기준을 비롯한 일반 화학분석실험에서 용액 중의 특정 성분의 농도를 나타내기 위해 사용하는 여러 가지 농도 표시방법에 대하여 정리하면 다음과 같다.

용액을 표시할 때 별도의 표시 없이 단순히 용액이라고 기재한 경우는 수용액을 의미한다.

3.2.1 중량 백분율(w/w%)

용액 100 g 중에 녹아 있는 용질의 양을 g수로 나타내는 방법이다. 중량 백분율은 다음과 같은 식으로 나타낼 수 있다.

$$\text{용질 A의 중량 백분율(w/w\%)} = \frac{\text{용질 A의 질량(g)}}{\text{용액 전체의 질량(g)}} \times 100$$

별도의 표시 없이 %로만 나타낸 것은 중량 백분율(w/w%)을 의미한다.

Exercise

10(w/w)% NaOH 용액 100 g을 제조하여라.

Solution

증류수와 NaOH의 혼합 용액 100 g 중에 NaOH가 10 g 녹아 있어야 한다.
비커에 증류수 90 g을 넣고, 여기에 NaOH 10 g을 넣어 균일하게 녹인다.

3.2.2 중량/부피 백분율(w/v%)

용액 100 mL 중에 녹아 있는 용질의 양을 g수로 나타내는 방법이다. 중량/부피 백분율은 다음과 같은 식으로 나타낼 수 있다.

$$\text{용질 A의 중량/부피 백분율(w/v\%)} = \frac{\text{용질 A의 질량(g)}}{\text{용액 전체의 부피(mL)}} \times 100$$

Exercise

10 w/v% NaOH 용액 100 mL를 제조하여라.

Solution

증류수와 NaOH의 혼합 용액 100 mL 중에 NaOH가 10 g 녹아 있어야 한다. 100 mL의 부피플라스크를 준비하고, 증류수를 적당량 넣은 후, NaOH 10 g을 넣어 균일하게 녹인다. 증류수를 추가하여 부피플라스크의 표선에 맞춘다.

3.2.3 몰농도(Molarity, M)

용액 1 L 안에 들어 있는 용질의 몰(mol) 수를 이용하여 농도를 표시하는 방법이다. 용액 1 L 안에 들어 있는 용질의 양이 1몰인 경우 용액 1 [mol/L] 또는 1 M으로 표시한다. 몰농도의 표시를 이해하기 위해서는 용액 중에 녹아 있는 용질의 몰(mol)수에 대한 계산이 필요하다.

용질의 몰(mol)수는 용질의 질량(g)을 분자량으로 나누어 준 값으로 다음과 같이 계산한다.

$$\text{용질의 몰(mol)수} = \frac{\text{용질의 질량(g)}}{\text{용질의 g분자량(g)}}$$

예를 들어 NaOH는 분자량이 40이므로 어떤 용액 중에 NaOH가 40 g이 녹아있다면, 녹아 있는 용질 NaOH의 몰(mol)수는 40/40 = 1몰(mol)이 된다. 즉, 용액 1 L 중에 NaOH가 40 g이 녹아있다면, 이 용액의 몰농도(M)는 1 M이며, 1 M-NaOH 용액으로 표시한다.

몰농도는 다음과 같은 식으로 계산할 수 있다.

$$몰농도(M) = \frac{용질의\ 몰(mol)수}{용액의\ 부피(L)}$$

$$= \frac{용질의\ 질량(g) \div g\ 분자량}{용액의\ 부피(L)}$$

또한, 용질의 비중과 순도(%)를 이용하여 몰농도를 다음 식에 의하여 구할 수 있다.

$$몰농도(M) = \frac{비중 \times 1000 \times 순도\left(\frac{\%}{100}\right)}{g분자량}$$

Exercise

1 M-NaOH 용액 500 mL를 제조하여라.

Solution

1 M-NaOH 용액은 용액 1 L 중에 NaOH가 1 mol 이 녹아 있는 것이다. NaOH 1 mol 에 해당하는 질량은 NaOH의 g분자량에 해당하므로 40 g 이다. 증류수와 NaOH의 혼합 용액 1 L 중에 NaOH가 40 g 녹아 있으면, 1 M이므로, 500 mL 중에는 용질의 양이 절반인 20 g이 녹아 있으면 된다.

따라서, 500 mL의 부피플라스크를 준비하고, 증류수를 적당량 넣은 후, NaOH 20 g을 넣어 균일하게 녹인다. 그리고, 증류수를 추가하여 부피플라스크의 표선에 맞추게 되면, 1 M-NaOH 용액 500 mL가 된다.

Exercise

순도 96%인 황산(비중 1.84)을 가지고 1 M-H_2SO_4 용액 1 L를 제조하여라. 이 때 1 L의 부피플라스크에 증류수와 함께 섞어 줄 96% 황산은 몇 mL가 필요하겠는가?

Solution

1 M-H_2SO_4 용액은 용액 1 L 중에 H_2SO_4가 1 mol이 녹아 있는 것이다. H_2SO_4 1 mol에 해당하는 질량은 H_2SO_4의 g분자량에 해당하므로 98 g 이다. 즉, 증류수와 H_2SO_4의 혼합 용액 1 L 중에 H_2SO_4가 98 g이 녹아 있으면, 1 M-H_2SO_4 용액이 된다. 따라서 시약병으로부터 황산 98 g을 분취하여 증류수와 섞어 용액 1 L를 제조하면 된다. 그런데, 주어진 황산의 순도는 96%이므로 실제로 분취해야 할 황산의 양은 98 g ÷ (96/100) = 102.08 g을 취해야 한다. 즉, 96%의 황산 102.08 g 중에는 순수한 황산의 양이 98 g이 있는 것이 된다.

따라서, 시약병에 있는 96%의 황산 102.08 g을 분취하여 증류수를 섞어 용액을 1 L를 제조하면 되는데, 구태여 저울에서 102.08 g을 정량하지 않더라도, 비중(또는 밀도)값을 알고 있다면, 황산 102.08 g에 해당하는 부피를 계산할 수 있으므로, 직접 시약병으로부터 피펫을 이용하여 102.08 g에 해당하는 부피를 분취하여 증류수를 섞어 용액 1 L를 만들어 주면 된다.

주어진 황산의 비중이 1.84라는 것은 밀도가 1.84 g/mL라는 뜻이므로 황산 1 mL의 부피에 해당하는 질량이 1.84 g이라는 뜻이다. 따라서, 황산 102.08 g에 해당하는 부피는 다음과 같이 계산되어 진다. 즉, (x mL)×(1.84 g/mL) = 102.08 g에서 102.08 g에 해당하는 부피는 55.5 mL가 된다.

따라서, 1 L의 부피플라스크를 준비하고, 증류수를 적당량 넣은 후, 순수 황산 98 g에 해당하는 96%의 황산 102.08 g의 부피 55.5 mL를 취하여 천천히 섞어준 후 증류수를 추가하여 부피플라스크의 표선에 맞추게 되면, 1 M-H_2SO_4 용액 1 L가 된다.

한편, 위의 용액을 제조할 때, 황산에 물을 직접 가하면 위험하므로, 충분한 증류수를 부피플라스크 안에 채운 후, 황산을 서서히 가하면서 섞고, 냉각해 주어야 하는 것에 주의할 필요가 있다.

3.2.4 규정 (또는 노르말) 농도(Normality, N)

용액 1 L 안에 들어 있는 용질의 당량(equivalents)수를 이용하여 농도를 표시하는 방법이다. 용액 1 L 안에 들어 있는 용질의 양이 1당량인 경우 용액 1 [eqs./L] 또는 1 N으로 표시한다. 몰농도(M)와 마찬가지로 규정 농도(N)의 표시를 이해하기 위해서는 용액 중에 녹아 있는 용질의 당량수에 대한 계산이 필요하다.

당량이라는 것은 화합물의 결합능력을 표시하는 척도로서 어떤 원소의 당량은 1 g의 H (또는 8 g의 O, 35.5 g의 Cl)와 결합할 수 있는 그램(gram) 수로 표시하며, 당량을 계산하는 방법은 물질의 종류에 따라 달라지는데, 화학실험에서 많이 사용되는 물질을 중심으로 간략하게 요약하여 정리하면 다음과 같다.

① 산 또는 염기의 당량 = $\dfrac{\text{분자량}}{H^{+}\text{수 또는 } OH^{-}\text{수}}$

예) HCl의 당량 = 36.5/1 = 36.5

H_2SO_4의 당량 = 98/2 =49

NaOH의 당량 = 40/1 =40

$Ca(OH)_2$의 당량 = 74/2 = 37

② 산화제 및 환원제의 당량 = $\dfrac{\text{분자량}}{\text{주고받은전자수}}$

예) $K_2Cr_2O_7$의 당량 = 294/6 = 49

$KMnO_4$의 당량 = 158/5 = 31.6

$Na_2S_2O_3$의 당량 = 158/1 = 158

KIO_3의 당량 = 214/6 = 35.67

③ 원자 및 이온의 당량 = $\dfrac{\text{원자량}}{\text{원자가}}$

예) Ca^{++}의 당량 = 40/2 = 20

Na^{+}의 당량 = 23/1 = 23

④ 분자(화합물)의 당량 = $\dfrac{\text{분자량}}{\text{양이온의가수}}$

예) $CaSO_4$의 당량 = 136/2 = 68

용질의 당량수는 용질의 질량(g)을 당량으로 나누어준 값으로 다음과 같이 계산한다.

$$\text{용질의 당량 수} = \frac{\text{용질의 질량(g)}}{\text{용질의 g당량(g)}}$$

예를 들어 NaOH는 분자량이 40이며, OH 수가 1 이므로 당량은 40/1 = 40 이다. 따라서 용액 중에 NaOH가 40 g이 녹아있다면, 녹아 있는 용질 NaOH의 당량수는 40/40 = 1 g당량이 된다. 즉, 용액 1 L 중에 NaOH가 40 g이 녹아 있다면, 이 용액의 규정 농도(N)는 1 N이며, 1 N-NaOH 용액으로 표시한다.

규정 농도(N)는 다음과 같은 식으로 계산할 수 있다.

$$\text{규정농도(N)} = \frac{\text{용질의 당량수}}{\text{용액의 부피(L)}}$$

$$= \frac{\text{용질의 질량(g)} \div \text{g당량}}{\text{용액의 부피(L)}}$$

또한, 용질의 비중과 순도(%)를 이용하여 규정 농도를 다음 식에 의하여 구할 수 있다.

$$\text{규정농도(N)} = \frac{\text{비중} \times 1000 \times \text{순도}\left(\frac{\%}{100}\right)}{\text{g당량}}$$

Exercise

1 N-NaOH 용액 500 mL를 제조하여라.

Solution

1 N-NaOH 용액은 용액 1 L 중에 NaOH가 1 g당량이 녹아 있는 것이다. NaOH 1 g당량에 해당하는 질량은 NaOH의 g당량에 해당하므로 40 g이다. 증류수와 NaOH의 혼합 용액 1 L 중에 NaOH가 40 g 녹아 있으면, 1 N이므로, 500 mL 중에는 용질의 양이 절반인 20 g이 녹아 있으면 된다.

따라서, 500 mL의 부피플라스크를 준비하고, 증류수를 적당량 넣은 후, NaOH 20 g을 넣어 균일하게 녹인다. 그리고, 증류수를 추가하여 부피플라스크의 표선에 맞추게 되면, 1 N-NaOH 용액 500 mL가 된다.

위의 결과와 앞의 몰농도 계산에서 나타난 결과에서 보듯이, 1 M-NaOH 용액과 1 N-NaOH 용액을 만드는 방법은 동일하다. 이것은 NaOH 1 mol과 1 g 당량이 모두 40 g으로 동일하기 때문이다.

그러나, 1 mol에 해당하는 질량과 1 g당량에 해당하는 질량이 상이한 황산(H_2SO_4)의 경우에는 다른 결과를 보이게 된다. 다음의 문제를 풀어 보도록 하자.

Exercise

1 N-H_2SO_4 용액 500 mL를 제조하여라.

Solution

1 N-H_2SO_4 용액은 용액 1 L 중에 H_2SO_4가 1 g당량이 녹아 있는 것이다. H_2SO_4 1 g당량에 해당하는 질량은 H_2SO_4의 g당량에 해당하므로 98/2 = 49 g 이다. 증류수와 H_2SO_4의 혼합 용액 1 L 중에 H_2SO_4가 49 g 녹아 있으면, 1 N이므로, 500 mL 중에는 용질의 양이 절반인 24.5 g이 녹아 있으면 된다.

따라서, 500 mL의 부피플라스크를 준비하고, 증류수를 적당량 넣은 후, H_2SO_4 24.5 g을 넣어 균일하게 녹인다. 그리고, 증류수를 추가하여 부피플라스크의 표선에 맞추게 되면, 1 N-H_2SO_4 용액 500 mL가 된다.

한편, 1 M-H_2SO_4 용액의 경우에는 용액 1 L에 1 mol에 해당하는 98 g이 녹아있는 것이므로, 1 N-H_2SO_4 용액에 비해 용질의 양이 2배가 된다. 따라서, 1 M-H_2SO_4 용액은 2N-H_2SO_4 용액에 해당된다.

3.2.5 기타 방법

① 혼액(1+2), (1+5), (1+5+10) 등으로 표시한 것은 액체상의 성분을 각각 1용량 대 2용량, 1용량 대 5용량, 1용량 대 5용량 대 10용량의 비율로 혼합한 것을 뜻하며, (1:2), (1:5), (1:5:10) 등으로 표시할 수 있다.

Exercise

황산(1+2) 용액 500 mL를 제조하여라.

Solution

황산(1+2) 용액은 황산 1용량에 증류수 2용량의 비율로 혼합된 용액을 말한다. 따라서 황산 200 mL와 증류수 400 mL를 혼합한 후 혼합 용액에서 500 mL를 취하면 된다. 황산 500 mL × (1/3) = 166.7 mL와 증류수 500 mL × (2/3) = 333.3 mL를 혼합하면 황산(1+2) 500 mL의 용액을 얻을 수 있을 것으로 생각되지만, 황산과 물 분자의 크기가 다르기 때문에 정확히 500 mL가 되는 것은 아니고 500 mL보다 약간 적은 양을 얻게 된다.

② 액의 농도를 (1→2), (1→5) 등으로 표시한 것은 그 용질의 성분이 고체일 때는 1g을, 액체일 때는 1 mL를 용매에 녹여 전량을 2 mL 또는 5 mL로 하는 비율을 뜻한다.

Exercise

황산(1→3) 용액 500 mL를 제조하여라.

Solution

황산(1→3) 용액은 황산 1 부피에 증류수를 첨가하여 총 부피가 3배가 되도록 하라는 의미이다. 따라서 500 mL의 부피플라스크를 준비한 후 황산 500 mL × (1/3) = 166.7 mL를 넣고, 여기에 증류수를 넣어서 부피플라스크의 표선을 맞추면 된다. 이 경우에는 정확하게 증류수의 양은 얼마가 들어갔는지는 관계없이 총 부피가 3배가 되면 된다.

한편, 위의 용액을 제조할 때에도 앞에서도 언급했듯이, 황산에 물을 직접 가하면 위험하므로, 충분한 증류수를 부피플라스크 안에 채운 후, 황산을 서서히 가하면서 섞고, 냉각해 주어야 하는 것에 주의해야 하는 것은 물론이다.

3.3 대기오염공정시험기준의 화학분석 기본사항

다음은 공정시험기준의 일반화학분석에 대한 공통사항의 규정 내용이다.

3.3.1 단위 및 기호

주요 단위 및 기호는 다음 표 3-3과 같으며, 여기에 표시되지 않은 단위는 KS(Korea Industrial Standards; 한국산업규격) A 0105(계량 및 측정단위와 그 사용법)또는 국제표준단위계(SI) 및 그 사용방법 규정에 따른다.

표 3-3 도량형의 단위 및 기호

종 류	단 위	기 호	종 류	단 위	기 호
길 이	미터	m	용 량	킬로리터	kL
	센티미터	cm		리터	L
	밀리미터	mm		밀리리터	mL
	마이크로미터	μm(μ)		마이크로리터	μL
	나노미터	nm(mμ)	부 피	세제곱미터	m^3
	옹스트롬	Å		세제곱센티미터	cm^3
무 게	킬로그램	kg		세제곱밀리미터	mm^3
	그램	g	압 력	기압	atm
	밀리그램	mg		수은주밀리미터	mmHg
	마이크로그램	μg		수주밀리미터	mmH_2O
	나노그램	ng			
넓 이	제곱미터	m^2			
	제곱센티미터	cm^2			
	제곱밀리미터	mm^2			

3.3.2 농도의 표시

(1) 중량백분율로 표시할 때는 %의 기호를 사용한다.

(2) 액체 100 mL 중의 성분질량(g) 또는 기체 100 mL 중의 성분질량(g)을 표시할 때는 W/V%의 기호를 사용한다.

(3) 액체 100 mL 중의 성분부피(mL) 또는 기체 100 mL 중의 성분부피(mL)를 표시할 때는 V/V%의 기호를 사용한다.

(4) 백만분율(Parts Per Million)을 표시할 때는 ppm의 기호를 사용하며 따로 표시가 없는 한 기체일 때는 부피 대 부피(V/V), 액체일 때는 중량 대 중량(W/W)을 표시한 것을 뜻한다.

(5) 1억분율(Parts Per Hundred Million)은 pphm, 10억분율(Partts Per Billion)은 ppb로 표시하고 따로 표시가 없는 한 기체일 때는 부피 대 부피(V/V), 액체일 때는 중량 대 중량(W/W)을 표시한 것을 뜻한다.

(6) 기체 중의 농도를 mg/m^3로 표시했을 때는 m^3은 표준상태(0°C, 1기압)의 기체부피를 뜻하고 Sm^3로 표시한 것과 같다.
그리고 am^3로 표시한 것은 실측상태(온도·압력)의 기체부피를 뜻한다.

3.3.3 온도의 표시

(1) 온도의 표시는 셀시우스(Celcius) 법에 따라 아라비아 숫자의 오른쪽에 °C를 붙인다. 절대온도는 K로 표시하고 절대온도 0 K는 −273°C로 한다.

(2) 표준온도는 °C, 상온은 (15~25)°C, 실온은 (1~35)°C로 하고, 찬 곳(冷所)은 따로 규정이 없는 한 (0~15)°C의 곳을 뜻한다.

(3) 냉수(冷水)는 15°C 이하, 온수(溫水)는 (60~70)°C, 열수(熱水)는 약 100°C를 가리킨다.

(4) "수욕상(水浴上) 또는 수욕 중에서 가열한다."라는 것은 따로 규정이 없는 한 수온 100°C에서 가열함을 뜻하고, 약 100°C 부근의 증기욕(蒸氣浴)을 대용할 수 있다.

(5) "냉후"(식힌 후)라 표시되어 있을 때는 보온 또는 가열 후 실온까지 냉각된 상태를 뜻한다.

(6) 각 조의 시험은 따로 규정이 없는 한 상온에서 조작하고 조작 직후 그 결과를 관찰하여야 한다.

3.3.4 물

시험에 사용하는 물은 따로 규정이 없는 한 정제증류수 또는 이온교환수지로 정제한 탈염수(脫鹽水)를 사용한다.

3.3.5 시약, 시액, 표준물질

1) 시험에 사용하는 시약은 따로 규정이 없는 한 특급 또는 1급 이상 또는 이와 동등한 규격의 것을 사용하여야 한다. 단, 단순히 염산, 질산, 황산 등으로 표시하였을 때는 따로 규정이 없는 한 다음 표 3-4에 규정한 농도 이상의 것을 뜻한다.
2) 시험에 사용하는 표준품은 원칙적으로 특급 시약을 사용하며 표준액을 조제하기 위한 표준용 시약은 따로 규정이 없는 한 데시케이터에 보존된 것을 사용한다.

표 3-4 시약의 농도

명 칭	화학식	농 도(%)	비 중(약)
염산	HCl	35.0~37.0	1.18
질산	HNO_3	60.0~62.0	1.38
황산	H_2SO_4	95% 이상	1.84
아세트산	CH_3COOH	99.0% 이상	1.05
인산	H_3PO_4	85.0% 이상	1.69
암모니아수	NH_4OH	28.0~30.0(NH_3로서)	0.90
과산화수소	H_2O_2	30.0~35.0	1.11
플루오르화수소산	HF	46.0~48.0	1.14
아이오드화수소산	HI	55.0`~58.0	1.70
브롬화수소산	HBr	47.0~49.0	1.48
과염소산	$HClO_4$	60.0~62.0	1.54

3.3.6 방울수

"방울수"라 함은 20°C에서 정제수 20 방울을 떨어뜨릴 때 그 부피가 약 1 mL 되는 것을 뜻한다.

3.3.7 기구(器具)

1) 공정시험기준에서 사용하는 모든 유리 기구는 KS L 2302(이화학용 유리기구의 형상 및 치수)에 적합한 것 또는 이와 동등 이상의 규격에 적합한 것으로 국가 또는 국가에서 지정하는 기관에서 검정을 필한 것을 사용해야 한다.
2) 부피플라스크, 피펫, 뷰렛, 눈금실린더, 비커 등 화학분석용 유리기구는 국가검정을 필한 것을 사용한다.
3) 여과용 기구 및 기기를 기재하지 아니하고 "여과한다"라고 하는 것은 KS M 7602 거름종이 5종 또는 이와 동등한 여과지를 사용하여 여과함을 말한다.

3.3.8 용기(容器)

(1) 용기라 함은 시험용액 또는 시험에 관계된 물질을 보존, 운반 또는 조작하기 위하여 넣어두는 것으로 시험에 지장을 주지 않도록 깨끗한 것을 뜻한다.
(2) 밀폐용기(密閉容器)라 함은 물질을 취급 또는 보관하는 동안에 이물(異物)이 들어가거나 내용물이 손실되지 않도록 보호하는 용기를 뜻한다.
(3) 기밀용기(機密容器)라 함은 물질을 취급 또는 보관하는 동안에 외부로부터의 공기 또는 다른 가스가 침입하지 않도록 내용물을 보호하는 용기를 뜻한다.
(4) 밀봉용기(密封容器)라 함은 물질을 취급 또는 보관하는 동안에 기체 또는 미생물이 침입하지 않도록 내용물을 보호하는 용기를 뜻한다.
(5) 차광용기(遮光容器)라 함은 광선을 투과하지 않은 용기 또는 투과하지 않게 포장을 한 용기로서 취급 또는 보관하는 동안에 내용물의 광화학적 변화를 방지할 수 있는 용기를 뜻한다.

3.3.9 분석용 저울 및 분동(天秤 · 分銅)

이 시험에서 사용하는 분석용 저울은 적어도 0.1 mg까지 달 수 있는 것이어야 하며 분석용 저울 및 분동은 국가검정을 필한 것을 사용하여야 한다.

3.3.10 관련 용어

(1) "정확히 단다"라 함은 규정한 양의 검체를 취하여 분석용 저울로 0.1mg까지 다는 것을 뜻한다.

(2) 액체성분의 양을 "정확히 취한다"함은 홀피펫, 눈금플라스크 또는 이와 동등 이상의 정도를 갖는 용량계를 사용하여 조작하는 것을 뜻한다.

(3) "항량이 될 때까지 건조한다 또는 강열한다"라 함은 따로 규정이 없는 한 보통의 건조방법으로 1시간 더 건조 또는 강열할 때 전후 무게의 차가 매 g당 0.3mg이하일 때를 뜻한다.

(4) 시험조작 중 "즉시"란 30초 이내에 표시된 조작을 하는 것을 뜻한다.

(5) "감압 또는 진공"이라 함은 따로 규정이 없는 한 15㎜Hg이하를 뜻한다.

(6) "이상" "초과" "이하" "미만"이라고 기재하였을 때 이(以)자가 쓰여진 쪽은 어느 것이나 기산점(起算點)또는 기준점(基準點)인 숫자를 포함하며, "미만" 또는 "초과"는 기산점 또는 기준점의 숫자는 포함하지 않는다. 또 "a~b"라 표시한 것은 a이상 b이하 임을 뜻한다.

(7) "바탕시험(空試驗)을 하여 보정한다"함은 시료에 대한 처리 및 측정을 할 때 시료를 사용하지 않고 같은 방법으로 조작한 측정치를 빼는 것을 뜻한다.

(8) 시료의 시험, 바탕시험 및 표준액에 대한 시험을 일련의 동일시험으로 행할 때 사용하는 시약 또는 시액은 동일 롯트(Lot)로 조제된 것을 사용한다.

(9) "정량적으로 씻는다"함은 어떤 조작으로부터 다음 조작으로 넘어갈 때 사용한 비커, 플라스크 등의 용기 및 여과막(濾過膜) 등에 부착한 정량대상 성분을 사용한 용매로 씻어 그 세액(洗液)을 합하고 먼저 사용한 같은 용매를 채워 일정용량으로 하는 것을 뜻한다.

(10) 용액의 액성(液性)표시는 따로 규정이 없는 한 유리전극법에 의한 pH미터로 측정한 것을 뜻한다.

3.3.11 시험결과의 표시 및 검토

(1) 시험결과의 표시단위는 따로 규정이 없는 한 가스상 성분은 ppm 또는 ppb로 입자상 성분은 mg/m^3 또는 $\mu g/m^3$으로 표시한다.

(2) 시험성적수치는 마지막 유효숫자의 다음 단위까지 계산하여 KS Q 5002 (데이터의 통계적 해석방법-제1부 데이터의 통계적 기술)의 수치 맺음법에 따라 기록한다.

(3) 얻어진 성적이 기대한 정밀도 및 오차범위 내에서 만족하고 있는가에 대하여는 감정, 비교분석, 기타 적당한 방법으로 확인하여야 한다.

(4) 방법 검출한계미만의 시험결과 값은 검출되지 않은 것으로 간주하고 불검출로 표시한다.

참고자료

1. 대기오염공정시험기준-총칙 (ES 01000), 국립환경과학원, 2016년

3장 내용확인문제

[Part 1]

01. NaOH 용액(20 w/v%) 200 mL의 제조방법을 설명하여라.

02. 과산화수소수(3%) 100 mL의 제조방법을 설명하여라.

03. 70%의 질산(HNO_3)을 증류수로 희석하여 5%의 질산으로 만들려고 한다. 질산과 증류수는 각각 어떤 비율로 혼합하여야 하는가?

04. 0.1 M-NaOH 용액 250 mL의 제조방법을 설명하여라.

05. 0.1 N-NaOH 용액 250 mL의 제조방법을 설명하여라.

06. 0.1 M-H_2SO_4 용액 500 mL의 제조방법을 설명하여라.

07. 0.1 N-H_2SO_4 용액 500 mL의 제조방법을 설명하여라.

08. 0.2 N 중크롬산포타슘($K_2Cr_2O_7$) 용액 500 mL의 제조방법을 설명하여라.

09. 96% 황산(H_2SO_4, 비중 1.84)을 가지고 0.5 N-황산(H_2SO_4)용액 500 mL를 제조하는 방법을 설명하여라.

10. 황산(1+3) 500 mL의 제조방법을 설명하여라.

11. 황산(1→4) 500 mL의 제조방법을 설명하여라.

[Part 2]

01. 다음 ( )에 알맞은 숫자를 넣어라.

1 g = (　　) mg = (　　) μg = (　　) ng = (　　) pg

02. 다음 ( )에 알맞은 숫자를 넣어라.

1 atm = (　　) mmHg = (　　) mH_2O = (　　) Pa = (　　) kg_f/cm^2

03. 액체상 수질오염물질의 1 ppm과 기체상 대기오염물질 1 ppm의 차이를 설명하여라.

04. 750 mmHg, 100°C 조건에서의 수소(H_2) 기체 20 L가 있다. 표준상태(0°C, 1기압)에서의 부피는 몇 L가 되겠는가?

05. 다음은 공정시험기준에서 사용하는 용어에 대한 설명이다. ( )안에 알맞은 말을 쓰시오.

① "방울수"라 함은 20°C에서 정제수 ( )방울을 떨어뜨릴 때 그 부피가 약 1 mL 되는 것을 뜻한다.

② 온도에 대한 표시로 상온은 ( )°C, 실온은 ( )°C로 하고, 찬 곳(冷所)은 따로 규정이 없는 한 ( )°C의 곳을 뜻한다.

③ "수욕상(水浴上) 또는 수욕 중에서 가열한다."라는 것은 따로 규정이 없는 한 수온 ( )°C에서 가열함을 뜻한다.

④ "정확히 단다"라 함은 규정한 양의 검체를 취하여 분석용 저울로 ( ) mg까지 다는 것을 뜻한다.

⑤ "항량이 될 때까지 건조한다"라 함은 보통의 건조방법으로 1시간 더 건조할 때 전후 무게의 차가 매 g당 ( ) mg 이하일 때를 뜻한다.

⑥ 시험조작중 "즉시"란 ( ) 초 이내에 표시된 조작을 하는 것을 뜻한다.

⑦ "감압 또는 진공"이라 함은 따로 규정이 없는 한 ( ) mmHg 이하를 뜻한다.

06. 다음의 용기에 대하여 비교하여 설명하여라.

밀폐용기, 기밀용기, 밀봉용기, 차광용기

4장　배출허용기준 시험방법

4.1절 배출가스 중 굴뚝 시료 채취방법

굴뚝, 덕트 등 (이하 "굴뚝"이라 한다)을 통하여 대기 중으로 배출되는 가스상 및 입자상 물질, 그리고 배출가스 중 휘발성 유기화합물(volatile organic compounds, VOCs)을 분석하기 위한 시료의 채취방법에 대하여 설명한다.

4.1.1 시료의 채취(측정)위치, 측정공 및 측정점의 선정

4.1.1.1 시료의 채취(측정) 위치

굴뚝으로부터 배출되는 다량의 배출기체 중에서 일부 시료를 채취하여 시료 중의 특정 오염물질 농도의 농도를 측정하고 이를 토대로 전체 배출가스 중의 해당 오염물질의 농도를 추정하고자 할 때, 채취한 시료가 얼마나 전체 시료의 특성을 잘 대표할 수 있는가는 대단히 중요한 문제이며, 채취한 시료가 전체 시료의 대표성을 가지지 못하는 경우에는 분석을 아무리 정확하게 수행하였다 할지라도 분석결과는 전체 배출가스의 오염물질 농도를 대표할 수 없게 된다.

전체 배출가스에 대한 대표성을 갖는 시료를 채취하기 위해 적합한 채취(측정) 위치는 오염물질의 분포가 균일하게 이루어진 곳이어야 하며, 이를 위해서는 배출가스의 흐름이 어느 한 부분으로 편중되지 않고 고르게 분포하는 곳이 바람직하다. 굴뚝에서 흐름이 균일하게 분포하는 위치하는 곳으로 예상되는 곳은 원칙적으로 굴뚝의 굴곡부분이나 단면모양이 급격히 변하는 부분을 피하여 배출가스 흐름이 안정된 곳이며, 이러한 위치 중에서 채취 작업이 쉽고 안전한 곳을 채취(측정)위치로 선정하여야 한다.

유체역학적으로 볼 때, 가스 흐름이 안정된 곳은 수직굴뚝의 경우 굴뚝의 하부 끝단(흐름의 방향이 바뀐 지점)으로부터 위를 향하여 하부 끝단의 굴뚝 안지름의 8배 이상이 되는 곳이 입구 효과(entrance effect)가 사라지고 흐름이 안정되는 위치가 되며, 상부 끝단(굴뚝 출구)으로부터 아래를 향하여 상단의 굴뚝 안지름의 2배 이상이 되는 지점인 곳이 출구 효과(exit effect)의 영향으로부터 벗어나서 흐름이 안정되는 위치가 되는 것으로 알려져 있다.

따라서, 시료의 채취위치 즉, 측정공의 위치는 위의 입구 효과와 출구 효과의 영향을 배제할 수 있는 곳을 선정하는 것을 원칙으로 한다.

한편, 위의 기준에 적합한 측정공 설치가 곤란하거나 측정 작업의 불편, 측정자의 안전성 등이 문제될 때에는 차선책으로 굴뚝 하단 내경의 2배 이상과 상단 안지름의 1/2배 이상 되는 지점에 측정공 위치를 선정할 수도 있다.

단, 수직굴뚝에 측정공을 설치하기가 곤란하여 부득이 수평 굴뚝에 측정공이 설치되어 있는 경우는 수평굴뚝에서도 측정할 수 있으나 측정공의 위치가 수직굴뚝의 측정위치 선정기준에 준하여 선정된 곳이어야 한다.

(1) 적용할 굴뚝 직경의 결정

1) 굴뚝단면이 원형이며 굴뚝 상하의 직경이 동일한 경우

굴뚝 단면이 원형이고 상하 직경이 동일한 경우는 앞에서 제시한 원칙을 그대로 적용 가능하다. 즉, 굴뚝의 하부 끝단으로부터 굴뚝 상부를 향하여 하부 끝단의 굴뚝 안지름의 대략 8배 이상이 되고, 굴뚝 출구로부터 아래 방향으로 상단의 굴뚝 안지름의 대략 2배 이상이 되는 곳에서 채취 작업이 쉽고 안전한 곳을 선정하도록 한다.

만약 굴뚝의 높이가 낮아서 위의 조건을 충족하는 위치가 없거나 측정 작업의 불편, 측정자의 안전 등이 문제될 때에는 굴뚝 하단 내경의 2배 이상과 상단 안지름의 1/2배 이상 되는 지점에 중에서 측정공 위치를 선정할 수도 있다.

이때 하부 끝단 굴뚝의 직경은 배출가스의 흐름이 변경된 위치(굴뚝 연결 덕트의 연결부위)의 안지름을 기준으로 한다.

2) 굴뚝의 단면이 사각형이며 굴뚝 상, 하부의 단면적이 동일한 경우

굴뚝의 형상은 단면이 원형인 것이 대부분이지만, 경우에 따라서는 단면이 사각형인 것도 있다. 굴뚝의 단면이 사각형인 경우에는 앞에서 제시한 원칙을 적용함에 있어서 적용해야 할 직경에 해당하는 값을 계산에 의하여 구한 다음(이를 환산직경이라고 한다) 위의 원칙을 적용하도록 한다.

단면이 사각형인 굴뚝의 환산직경은 다음과 같은 방법으로 구한다.

$$\text{환산직경} = 2\times\left(\frac{A\times B}{A+B}\right) = 2\times\left(\frac{\text{가로}\times\text{세로}}{\text{가로}+\text{세로}}\right)$$

A : 사각형 굴뚝의 내부 단면의 가로치수

B : 사각형 굴뚝의 내부 단면의 세로치수

그림 4.1에 표시된 사각형 굴뚝에 대해 환산직경을 구하면, 가로가 2.0 m, 세로가 1.5 m 이므로 환산직경은 $2\times\left(\frac{2\times1.5}{2+1.5}\right) = 1.7$ m 가 된다.

따라서 굴뚝 하단(배출가스 흐름이 흐트러지기 시작하는 지점)으로부터 1.7 m × 8배 = 13.6 m 이상 떨어져 있으며, 상단(굴뚝 배출구)으로부터 1.7 m × 2배 = 3.4 m 이상 떨어여 있는 조건을 충족하는 지점(그림 4.1에서 빗금친 부분)에서 적당한 곳을 선택하여 측정위치로 결정한다. 만약 굴뚝의 높이가 낮아서 앞에서 언급한 조건을 충족하는 지점이 없는 경우에는 차선책으로 굴뚝 하단(배출가스 흐름이 흐트러지기 시작하는 지점)으로부터 1.7 m × 2배 = 3.4 m 이상이 되고, 상단(굴뚝 배출구)으로부터 1.7 m × 1/2배 = 0.85 m 이상이 되는 조건을 충족하는 지점에서 적당한 곳을 선택하여 측정위치로 결정하도록 한다.

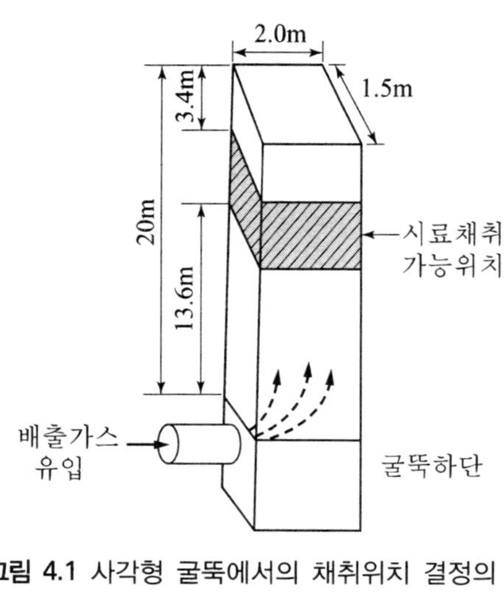

그림 4.1 사각형 굴뚝에서의 채취위치 결정의 예

참고

일반적으로 단면이 사각형이 아닌 경우에도 원형으로 간주했을 때의 직경에 해당하는 환산 직경(equivalent diameter, D_{eq})을 구할 수 있는데, 다음과 같은 방법으로 결정한다.

$$D_{eq} = \frac{4A}{P}$$

(P : 단면을 에워싼 둘레의 길이(perimeter), A : 단면적)

3) 굴뚝의 단면적이 서서히 변하는 경우

높이가 높은 굴뚝의 경우에는 구조적 안정성을 위하여 하부는 직경(또는 단면적)이 크고, 상부로 올라갈수록 직경(또는 단면적)이 작아지는 구조를 가지게 된다.

이와 같이 직경(또는 단면적)이 상부로 갈수록 작아지는 구조에서는 굴뚝 높이에 따라 직경값(또는 환산직경값)이 달라지게 되므로 입구효과 및 출구효과가 배제된 지점을 선정하기 위해서 하부 끝단 및 상부 끝단의 직경값을 사용하는 것은 정확한 방법이 아니다. 이와 같이 굴뚝의 직경(단면적)이 변하는 경우에는 다음과 같은 시행오차 방법을 통해 적절한 측정 위치를 결정하도록 한다.

가) 원형굴뚝의 경우

① 흐름이 안정된 것으로 예상되는 지점(높이)으로 측정공 위치를 임의로 선정하고 측정공이 위치한 높이에서의 직경을 구한다.

② 임의로 선정한 측정공에서의 직경과 하단 직경의 산술 평균값을 적용 하부직경으로 하며, 측정공에서의 직경과 상단 직경의 산술 평균값을 적용 상부직경으로 한다.

③ 굴뚝 하단으로부터 상부방향으로 적용 하부직경의 8배 이상이며 굴뚝 상단으로부터 하부방향으로 2배 이상이 되는 조건을 갖춘 적절한 측정 위치 범위를 확인한다.

④ ①에서 임의로 선정한 측정공의 위치가 ③에서 구한 적절한 위치의 범위에 있는지 확인한다.

⑤ 적절한 범위에 있으면 임의로 선정한 측정공의 위치를 적합한 위치로 판단하여 채택하며, 그렇지 않는 경우에는 측정공의 위치가 적합해질 때까지 ①~④의 작업을 반복한다.

Exercise

다음의 그림 4.2와 같이 높이 30 m, 하단의 직경 2.5 m, 상단의 직경 1.5 m인 굴뚝에서 적절한 측정위치(높이)를 결정하여라.

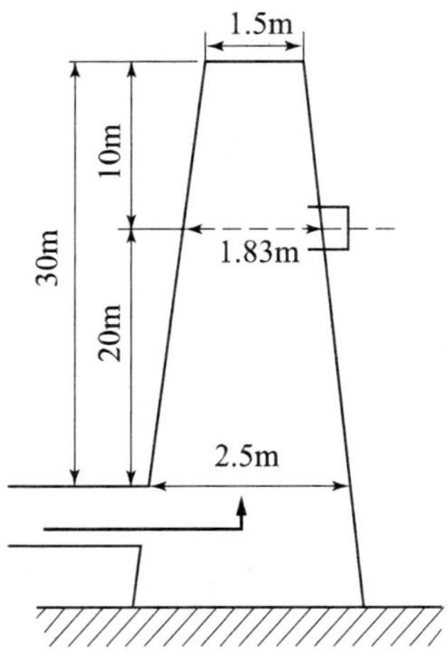

그림 4.2 원형굴뚝의 환산 예

Solution

① 굴뚝 하부의 흐름의 방향이 변하는 부분으로부터 20 m 상부에 위치한 지점을 흐름이 안정된 것으로 예상하여 임시로 측정 위치로 선정한다. 이때 해당 위치에서의 굴뚝의 직경을 확인한 결과 1.83 m 이라고 한다.

② 그림으로부터 하단의 직경은 2.5 m, 상단의 직경은 1.5 m이므로, 적용 하부직경과 적용 상부직경은 평균값을 적용하여 다음과 같이 계산된다.

$$\text{적용 하부직경} = \frac{\text{하단직경} + \text{선정된 측정공위치의 직경}}{2} = \frac{2.5 + 1.83}{2} = 2.165\ \text{m}$$

$$\text{적용 상부직경} = \frac{\text{상단직경} + \text{선정된 측정공위치의 직경}}{2} = \frac{1.5 + 1.83}{2} = 1.665\ \text{m}$$

③ 위에서 계산된 적용 하부직경과 적용 상부직경 값을 근거로 임의로 선정하였던 측정 위치가 적합한지를 판단한다.
측정위치는 하단으로부터 20 m 떨어진 지점으로 적용 하부직경 2.2 m의 8배 이상 (20 ÷ 2.165 = 9배)이 되므로 입구효과를 배제할 수 있으며 적절하다.
또한, 이 지점은 상단으로부터 10m 떨어진 지점으로 적용 상부직경 1.7 m의 2배 이상(10 ÷ 1.665 = 6배)이 되므로 출구효과를 배제할 수 있으며 적절하다.

④ 따라서 ①에서 임의로 선정했던 하단으로부터 20 m 되는 지점은 측정 위치는 적합한 곳이며, 시료 채취 위치로 선정할 수 있다.

나) 사각형 굴뚝의 경우

① 굴뚝의 단면이 사각형이며, 단면적이 서서히 변하는 경우에는 앞의 (2)에서 사용하였던 사각형에 해당되는 환산직경의 값을 결정한 후, 직경이 서서히 변하는 단면이 원형인 굴뚝에 적용하였던 방법((가) 원형굴뚝의 경우)을 적용하여 측정 위치를 결정한다.

Exercise

그림 4.3과 같이 높이 21 m, 하단의 가로와 세로가 각각 2.5 m, 2.0 m 이고, 상단의 가로와 세로가 각각 2.0 m, 1.5 m인 단면적이 서서히 변하는 사각형 굴뚝에 대해 적절한 측정위치를 결정해보자.

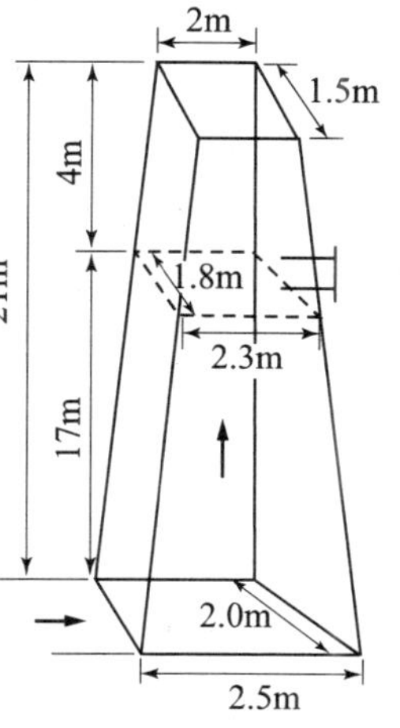

그림 4.3 사각형 굴뚝의 환산 예

Solution

① 굴뚝 하부의 흐름의 방향이 변하는 부분으로부터 17 m 상부에 위치한 지점을 흐름이 안정된 것으로 예상하여 임시로 측정 위치로 선정한다. 이때 해당 위치에서 측정된 가로와 세로는 각각 2.3 m, 1.8 m이다.

② 사각형 굴뚝 하단과 상단, 그리고 임의로 선정된 측정위치에서의 환산직경을 구한다. 구해진 환산직경값은 각각 다음과 같다.

－상부 환산직경 $= 2\times\left(\dfrac{2\times1.5}{2+1.5}\right) = 1.7\text{m}$

－하부 환산직경 $= 2\times\left(\dfrac{2\times2.5}{2+2.5}\right) = 2.2\text{m}$

－임의로 선정된 측정공 위치에서의 환산직경 $= 2\times\left(\dfrac{2.3\times1.8}{2.3+1.8}\right) = 2.0\text{m}$

③ ②에서 구한 환산직경을 이용하여 적용 하부직경과 적용 상부직경을 다음과 같이 결정한다.

$$\text{적용 하부직경} = \frac{\text{하단직경} + \text{선정된 측정공위치의 직경}}{2} = \frac{2.2+2.0}{2} = 2.1\ \text{m}$$

$$\text{적용 상부직경} = \frac{\text{상단직경} + \text{선정된 측정공위치의 직경}}{2} = \frac{1.7+2.0}{2} = 1.85\ \text{m}$$

④ 위에서 계산된 적용 하부직경과 적용 상부직경 값을 근거로 임의로 선정하였던 측정 위치가 적합한지를 판단한다.
측정위치는 하단으로부터 17 m 떨어진 지점으로 적용 하부직경 2.1 m의 8배 이상 (17 ÷ 2.1 = 8.1배)이 되므로 입구효과를 배제할 수 있으며 적절하다.
또한, 이 지점은 상단으로부터 4 m 떨어진 지점으로 적용 상부직경 1.85 m의 2배 이상(4 ÷ 1.85 = 2.2배)이 되므로 출구효과를 배제할 수 있으며 적절하다.

⑤ 따라서 ①에서 임의로 선정했던 하단으로부터 17m 되는 지점은 측정 위치는 적합한 곳이며, 시료 채취 위치로 선정할 수 있다.

4) 기타 형태의 경우

굴뚝 단면의 형상이 앞에서 설명한 원형이나 사각형이 아닌 기타 다른 형태일 경우에는 원형 및 사각형 경우 중 가까운 쪽에 준하여 환산 적용하고 필요시에는 그림 4.4와 같이 굴뚝 내 배출가스의 흐름을 개선하여 굴뚝직경을 산출하여 활용할 수 있다. 단, 이러한 장치가 먼지가 퇴적되거나 저항에 의한 유량이 변화하는 등의 지장을 초래하여서는 안 된다.

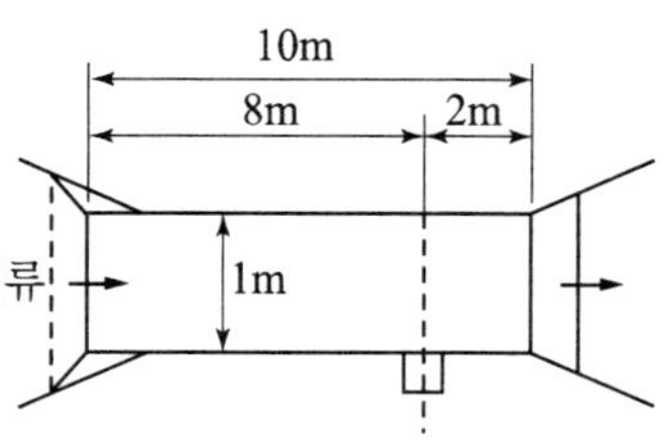

나팔관에 의한 측정위치의 개선 예

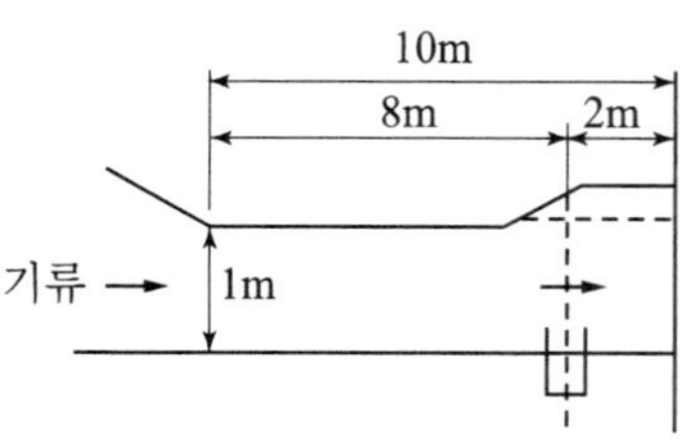

닥트 연장에 의한 측정위치의 개선 예

그림 4.4 배출가스 흐름의 개선 예

4.1.1.2 측정공 및 측정작업대

4.1.1.1에서 선정된 채취위치에는 측정자의 안전과 측정 작업을 위한 작업대와 측정공이 설치되어야 한다.

1) 측정공

측정공은 그림 4.5와 같이 측정위치로 선정된 굴뚝 벽면에 안지름 100~150 mm 정도로 설치하고 측정 시 이외에는 마개를 막아 밀폐하고 측정 시에도 흡입관 삽입 이외의 공간은 공기가 새지 않도록 밀폐되어야 한다.

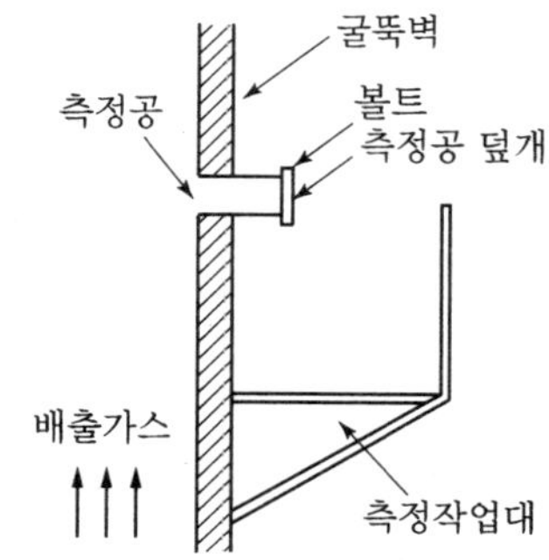

그림 4.5 측정공 구조의 예

2) 측정작업대

측정 작업대는 측정 장비의 설치와 측정자의 작업을 쉽게 하기 위하여 충분히 크고 견고해야 한다. 보통 그 크기는 측정 장비를 설치하고 2~3인의 측정작업자가 충분히 작업할 수 있는 공간과 지지력이 마련되어야 한다. 또한, 측정작업대까지 오르기 위한 적당한 승강시설을 그림 4.6의 시설 등과 같이 굴뚝에 견고히 설치하여 측정자의 안전을 보호하고 장비의 운반 및 측정을 위한 도르래, 전기 등의 시설을 설치하여야 한다.

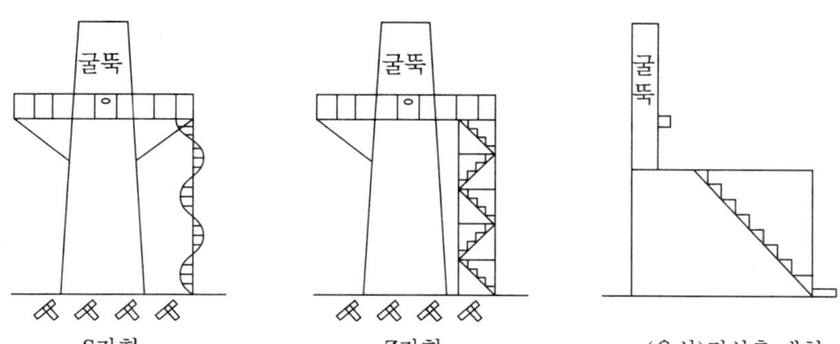

그림 4.6 안전한 승강시설 구조의 예

4.1.1.3 시료 측정점의 수

전술한 4.1.1.1 채취 위치의 결정에서는 채취한 시료의 대표성을 확보하기 위해 굴뚝 내의 배출가스의 흐름이 흐트러짐 없이 안정한 위치(높이)를 선정하는 요령을 설명하였다. 이제부터는 해당 위치(높이)에서 굴뚝 단면을 기준을 시료를 어느 곳에서 얼마나 채취하여야 하는 문제를 다루고자 한다.

채취 시료의 측정결과로 전체 배출가스 중의 오염물질의 농도를 추정하고자 할 때 추정의 정확성을 높이기 위해서는 배출가스량이 증가함에 따라 채취시료의 개수를 늘려줄 필요가 있다. 즉, 굴뚝을 통해 배출되는 가스의 양이 많아질수록 시료의 채취량과 측정점의 수를 증가시킬 필요가 있다.

측정점은 측정위치로 선정된 굴뚝단면의 모양과 크기에 따라 다음과 같은 요령으로 적당수의 등면적으로 구분하고 구분된 각 면적마다 측정점을 선정한다. 단, 보일러 굴뚝과 같이 배출가스의 농도가 균일하다고 인정되는 경우에는 임의의 한 점을 측정점으로 선정하여도 무방하다.

1) 굴뚝단면이 원형일 경우

그림 4.7과 같이 측정 단면에서 서로 직교하는 직경선상에, 표 4-1이 부여하는 위치를 측정점으로 선정한다. 측정점수는 굴뚝직경이 4.5 m를 초과할 때는 20점까지로 한다.

표 4-1 원형 단면에서의 측정점의 위치 및 갯수

굴뚝직경 2R (m)	반 경 구분수	측정점 수	굴뚝 중심에서 측정점까지의 거리 r_n(m)				
			r_1	r_2	r_3	r_4	r_5
1 이하	1	4	0.707 R	-	-	-	-
1초과 2이하	2	8	0.500 R	0.866 R	-	-	-
2초과 4이하	3	12	0.408 R	0.707 R	0.913 R	-	-
4초과 4.5이하	4	16	0.354 R	0.612 R	0.791 R	0.935 R	-
4.5 초과	5	20	0.316 R	0.548 R	0.707 R	0.837 R	0.949 R

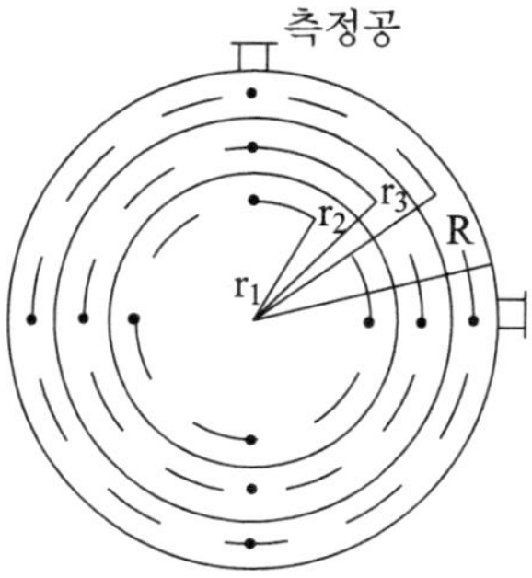

그림 4.7 원형단면의 측정 예

① 굴뚝 단면적이 0.25 m^2 이하로 소규모일 경우에는 그 굴뚝 단면의 중심을 대표점으로 하여 1점만 측정한다.

② 측정공이 수직굴뚝에 위치할 경우에는 굴뚝 단면의 1/4에 해당하는 반경선상의 측정점으로 줄일 수 있다.

③ 측정공이 수평굴뚝에 위치할 때에는 모든 측정점에서 측정을 한다.

2) 굴뚝 단면이 사각형일 경우

굴뚝 단면이 사각형일 때는 다음과 같이 단면적에 따라 등단면적의 사각형으로 구분하고 구분된 각 등단면적의 중심에 측정점 수를 표 4-2와 같이 선정한다.

표 4-2 사각형 굴뚝단면적에서의 측정점의 갯수

굴뚝단면적(m^2)	구분된 1변의 길이 L(m)
1 이하	L ≦ 0.5
1 초과 4 이하	L ≦ 0.667
4 초과 20 이하	L ≦ 1

측정 단면은 그림 4.8과 같이 한변의 길이(L)가 표 4-2의 규정에 따라 1 m 이하의 범위에서 4개 이상의 등단면적의 직사방형 또는 정사방형으로 나누어 중심에 측정점을 선정한다. 단, 굴뚝의 단면적이 20 m^2를 초과하는 경우는 측정점수는 20점까지로 하고 등단면적으로 구분한다.

단, 측정 단면에서 흐름이 비대칭인 경우는 비대칭 방향으로 구분한 한 변의 길이는 그

것과 수직방향의 한 변 길이보다도 짧게 취하여 측정점의 개수를 증가시킨다.

① 굴뚝 단면적이 0.25 m^2 이하로 소규모일 경우에는 그 굴뚝 단면의 중심을 대표점으로 하여 1점만 측정한다.

② 측정 단면에서 유속의 분포가 비교적 대칭을 이룰 경우에 수평닥트는 수직대칭 축에 대하여 반측면만을 취하고, 수직 굴뚝은 ¼의 단면을 취하며, 측정점의 수를 각각 ½, ¼로 줄일 수 있다.

③ 측정공이 수평굴뚝에 위치할 때는 모든 측정점에서 측정을 한다.

3) 굴뚝 단면이 기타 모양일 경우

굴뚝 단면의 모양이 한쪽은 원형(아치형) 한쪽은 사각형 또는 기타 모양일 경우에는 앞의 (1), (2)에 따라 측정점수를 결정한다.

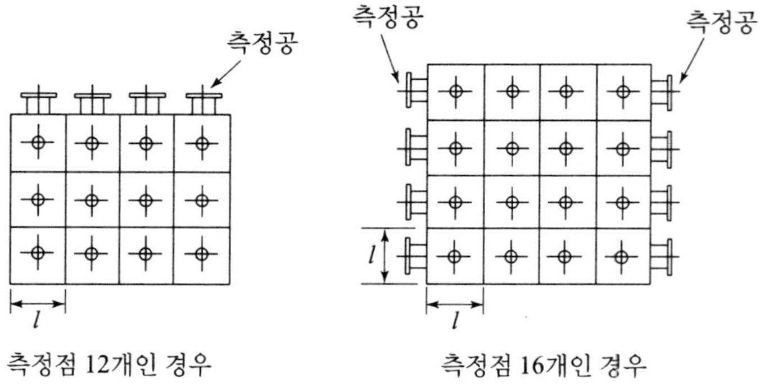

그림 4.8 사각형 굴뚝단면의 측정위치

4.1.2 배출가스의 유속, 유량측정방법

굴뚝에서 배출되는 건조배출가스의 유량은 단위시간당 배출되는 표준상태의 건조배출가스량(Sm^3/시간)으로 나타낸다. 4.1.1.3의 기준에 의하여 선정된 각 측정점마다 배출가스의 온도, 정압 및 동압을 측정하고, 굴뚝 중심에 가까운 한 측정점을 택하여 배출가스 중의 수분량 및 배출가스 밀도를 구한 후, 계산에 의해 배출가스 유속 및 유량을 산출하고 그 결과를 표 4-3과 같은 양식의 측정기록지에 기록한다.

표 4-3 배출가스 유량 측정표

사업장명 :
측정대상명 :
작성자명 :
측정일 : 측정번호 :
굴뚝 단면적(m^2) :
기온(°C) : 기압(mmHg) :
피토관 계수 :
수분량(%) :
배출가스 밀도(kg/m^3) :

굴뚝 단면 및 측정점 배열

측 정 점 번 호	배출가스 동압 (h) (mmH_2O)	배출가스 온도 (θs) (°C)	배출가스 정압 (Ps) (mmHg)	$\sqrt{h}$
평균		$\overline{\theta}_s$	$\overline{p}_s$	$(\sqrt{h})_{avg}$

[주] 배출시설의 조업 및 가동상태는 별지에 기록

4.1.2.1 배출가스의 온도 측정

4.1.1.3의 기준에 따라 적절한 위치에서 측정한다. 단, 온도의 경우 측정점의 수는 줄여도 무방하다. 측정기구로는 액체를 넣은 유리 온도계, 전기식 온도계, 열전대(thermocouple) 온도계 등을 사용하며, 측정기구를 측정공에 끼워넣고 측정점에서 온도를 측정한다. 단, 적외선 온도계(복사온도계)의 경우에는 측정기구를 넣지 않고도 측정할 수 있다.

4.1.2.2 배출가스 중의 수분량 측정

측정점은 4.1.1.3에서 규정한 위치에서 굴뚝 중심에 가까운 곳을 선정한다. 측정방법은 별도의 흡습관을 이용하는 방법, 임핀저를 이용하는 방법, 수분응축기를 사용하는 방법 및 계산에 의한 방법 등이 있다.

여기에서는 별도의 흡습관을 이용하는 방법 중에서 시료채취장치 1형을 사용하는 경우에 대하여 설명하기로 한다.

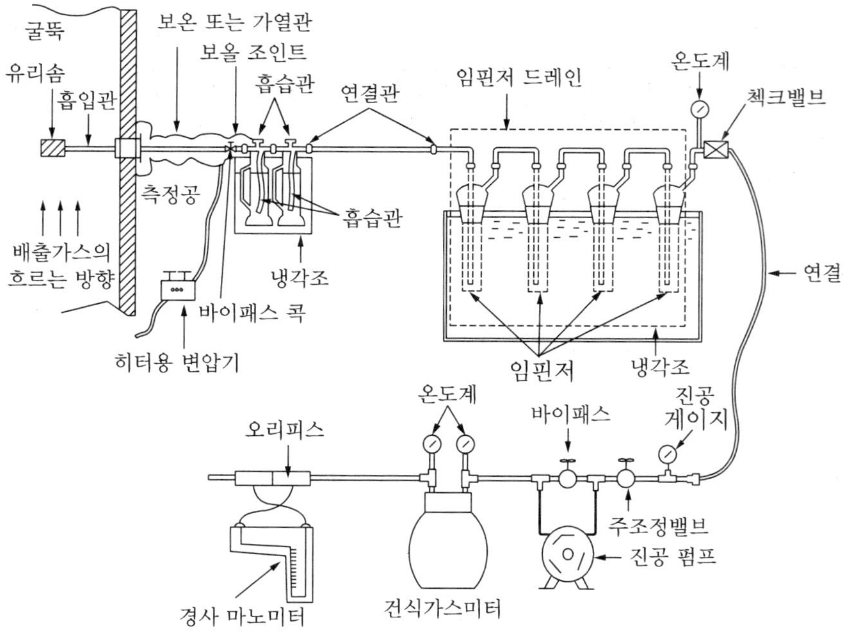

그림 4.9 수분량 측정장치 (1형)

1) 측정장치

흡습관법에 따른 수분량 측정장치(1형)는 그림 4.9와 같이 흡입관, 흡습관, 기체흡입 및 유량측정부 등으로 구성된다.

① 흡입관 : 스테인리스강 또는 석영제 유리관을 사용한다. 먼지의 혼입을 방지하기 위하여 흡입관의 선단에 유리섬유 등의 여과재를 넣어둔다.

② 흡습관 : U자관 또는 흡습관에 무수염화칼슘 (입상) 등의 흡습제를 넣고 흡습제의 비산을 방지하기 위하여 유리섬유로 채워 막으며 원칙적으로 2 개의 흡습관을 사용한다.

2) 측정방법

① 흡습관에 흡습제를 채운 후 표면의 부착물을 깨끗이 씻어내고 흡습관의 콕을 닫고 그 무게를 달아 m_{a1}이라 한다.

② 임핀저 트레인 중에 첫번째와 두번째 임핀저에 100 g의 물을 넣고 네번째 임핀저에 200~300 g의 실리카겔을 넣는다.

③ 흡입관 내부에서 수분이 응축하지 않도록 보온 및 가열한다.

④ 냉각조를 사용하여 흡습관을 냉각하여야 한다.

⑤ 흡입관을 측정공에 끼워넣고 흡습관을 연결한 후 흡습관의 콕을 열고 진공펌프 등의 흡입장치를 가동시켜 기체를 흡입한다.

⑥ 흡입유량 결정 : 배출가스 흡입 유량을 1개의 흡습관 내의 흡습제 1 g 당 0.1 L/min 이하가 되도록 흡입유량 조절밸브로 조절한다. 흡입기체량은 흡습된 수분이 0.1~1 g이 되도록 한다. 흡입기체량은 적산유량계로서 0.1 L 단위까지 읽는다.

⑦ 기체흡입 중에 기체온도, 압력 및 유량을 측정한다.

⑧ 필요한 배출가스를 흡입한 후 흡습관의 콕을 닫고 배관을 분리한다.

⑨ 흡습관 표면의 수분 및 부착물을 잘 닦은 후 무게를 달고 그 무게를 m_{a2}로 한다. 분석용 저울은 10 mg 차이까지 읽을 수 있는 것을 사용한다.

3) 수분량의 계산

배출가스 중의 수분량은 습한 기체 중의 수증기의 부피백분율로 표시하고 다음 식에 의해 구한다.

$$X_w = \frac{\frac{22.4}{18} m_a}{V_m \times \frac{273}{273+\theta_m} \times \frac{P_a + P_m}{760} + \frac{22.4}{18} m_a} \times 100$$

여기서, X_w : 배출가스 중의 수증기의 부피 백분율 (%)

m_a : 흡습 수분의 질량($m_{a2} - m_{a1}$) (g)

V_m : 흡입한 건조기체량(건식가스미터에서 읽은 값) (L)

θ_m : 가스미터에서의 흡입 기체 온도 (°C)

P_a : 대기압 (mmHg)

P_m : 가스미터에서의 기체의 게이지압 (mmHg)

배출가스 중의 수분량(X_w)[%]은 $\frac{\text{수분의 부피}}{\text{전체 흡인가스의 부피}} \times 100(\%)$으로 구할 수 있다. 단, 이 때 수분 및 흡인가스의 부피는 표준상태의 부피를 기준으로 나타내기로 한다.

가스 중에 포함되어 있던 수분이 모두 흡습제에 흡수되었다고 하면 가스 흡인 후의 흡습제의 중량 증가량으로부터 수분의 양을 결정할 수 있다. 수분(H_2O)는 분자량이 18이므로 수분 18 g은 표준상태를 기준으로 22.4 L의 수증기 부피에 해당한다. 따라서, 흡습제의 중량 증가량이 m_a라고 한다면, 흡인 가스 중의 표준상태에서의 부피는 18 g : 22.4 L = m_a : x 에서 x [L] = $\frac{22.4}{18} m_a$가 된다.

한편, 흡인 가스 중의 수분은 흡습제를 통해 제거가 되므로 건식가스미터에서 측정된 흡인 가스 부피(V_m)은 건조 가스량이 되고, 이것을 가스 흡인시 측정한 흡인온도와 게이지압, 대기압을 이용하여 보일-샤를의 법칙을 통해 표준상태에서의 부피로 환산하면(4.1.3.4 시료가스 채취량 계산 참조), 흡인 건조가스의 표준상태에서의 부피(V_s)는 $V_m \times \frac{273}{273+\theta_m} \times \frac{P_a + P_m}{760}$ 이 된다.

따라서 흡습제를 통해 제거된 수증기의 부피를 이 값에 더해준 값이 흡인된 가스의 전체 부피가 된다. 즉, 전체 흡인가스의 표준상태에서의 부피는

$V_m \times \frac{273}{273+\theta_m} \times \frac{P_a + P_m}{760} + \frac{22.4}{18} m_a$ 가 된다.

4.1.2.3 배출가스의 밀도 측정

배출가스 조성으로부터 계산으로 구하거나 기체밀도계에 의한 측정치로 계산한다.

$$\gamma = \gamma_o \times \frac{273}{273+\theta_s} \times \frac{P_a + P_s}{760}$$

여기서, $\gamma_o = \dfrac{1}{22.4 \times 100}\left\{(M_1x_1 + M_2x_2 + \ldots\ldots M_nx_n)\dfrac{100 - X_w}{100} + 18\ X_w\right\}$

또는, $\gamma_o = \gamma_d \dfrac{100 - X_w}{100} + \dfrac{18}{22.4 \times 100} X_w$

여기서, γ : 굴뚝 내의 배출가스 밀도 (kg/m^3)

γ_o : 표준상태로 환산한 습한 배출가스 밀도 (kg/m^3)

γ_d : 가스밀도계에 의해 구한 건조 배출가스 밀도 (kg/m^3)

P_a: 대기압 (mmHg)

P_s: 각 측정점에서 배출가스 정압의 평균치 (mmHg)

θ_s : 각 측정점에서 배출가스 온도의 평균치 (℃)

M_1, $M_2 \cdots M_n$: 배출가스 각 성분의 분자량

x_1, $x_2 \cdots x_n$: 건조배출가스 각 성분의 부피 백분율 (%)

X_w: 배출가스 중의 수증기의 부피 백분율 (%)

> 굴뚝 내 배출가스의 밀도 γ는 표준상태에서의 밀도 γ_o값과 다음 관계를 갖는다. 즉, 굴뚝 내의 온도 θ_s, 압력 P_s 조건에서의 부피 V는 표준상태에서의 부피(V_o)와
>
> $V = V_o \times \dfrac{273+\theta_s}{273} \times \dfrac{760}{P_a + P_s}$ 관계가 성립하므로
>
> $\gamma = \dfrac{m}{V} = \dfrac{m}{V_o \times \dfrac{273+\theta_s}{273} \times \dfrac{760}{P_a+P_s}} = \gamma_o \times \dfrac{273}{273+\theta_s} \times \dfrac{P_a+P_s}{760}$ 이 된다.

한편, 배출가스 중의 각 성분의 부피 백분율이 x_i이고 수분 백분율이 X_w라고 할 때 배출가스 양(부피)을 표준상태로 환산한 부피를 V_s라고 하면, 건조가스 기준으로 한 각 성분의 부피(V_i)는 $\frac{x_i}{100}\times V_s\times\left(\frac{100-X_w}{100}\right)$이며, 이에 해당하는 질량($m_i$)은 $\frac{V_s}{22.4\times100}\times M_i x_i\left(\frac{100-X_w}{100}\right)$이 된다.

또한 배출가스 중의 수증기의 부피 백분율이 X_w이므로 수증기의 질량은 $\frac{V_s}{22.4\times100}\times18X_w$ 이 된다. 따라서 수증기를 포함한 각 모든 성분들의 질량의 합(Σm_i)은 $\frac{V_s}{22.4\times100}\times\left\{(M_1x_1+M_2x_2+\ldots+M_nx_n)\left(\frac{100-X_w}{100}\right)+18X_w\right\}$이 되므로

표준상태로 환산한 배출가스의 밀도(γ_o)는

$$\gamma_o=\frac{\Sigma m_i}{V_s}=\frac{1}{22.4\times100}\times\left\{(M_1x_1+M_2x_2+\ldots+M_nx_n)\left(\frac{100-X_w}{100}\right)+18X_w\right\}$$ 이 된다.

4.1.2.4 배출가스의 정압 및 동압 측정

1) 배출가스의 동압 측정방법

배출가스의 동압을 측정하는 기구로서는 피토관 계수가 정해진 피토관이나 경사마노미터 등의 미압계를 사용한다.

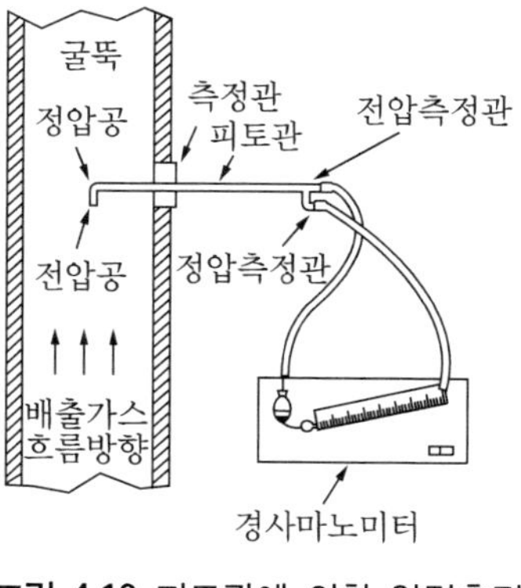

그림 4.10 피토관에 의한 압력측정

측정기구의 보기는 그림 4.10과 같다. 피토관이 전압공을 측정점에서 가스의 흐르는 방향에 수직으로 놓고 동압을 측정한다.

2) 배출가스의 정압 측정방법

측정기구는 피토관 또는 정압관 및 U자형 마노미터 또는 미압계을 사용하여 각 측정점에서 정압을 측정한다. 단, 측정점의 수는 줄여도 좋다.

4.1.2.5 유속 및 유량 계산

다음 식들을 이용하여 배출가스 유속 및 유량을 산출한다.

(1) 배출가스 평균유속

$$\overline{V} = C\sqrt{\frac{2gh}{\gamma}}$$

여기서, $\overline{V}$: 배출가스 평균유속 (m/s)

C : 피토관 계수

h : 배출가스 동압측정치 (mmH_2O)

g : 중력가속도 ($9.8\ m/s^2$)

γ : 굴뚝내의 습한 배출가스 밀도 (kg/m^3)

배출가스 유속의 측정에는 피토관으로 교정한 풍속계 등의 가스 유속계를 써도 좋다. 단, 배출가스의 성상(온도, 압력 및 조성) 및 성질에 따라 지시값이 달라질 때에는 피토관에 의한 측정치로 보정한다.

(2) 건조 배출가스 유량

1) 원형, 직사각형 또는 정사각형 단면일 때

$$Q_N = \overline{V} \times A \times \frac{273}{273 + \overline{\theta_s}} \times \frac{P_a + \overline{P_s}}{760} \times \left(1 - \frac{X_w}{100}\right) \times 3,600$$

여기서, Q_N : 건조 배출가스 유량 (m^3/hr)

$\overline{V}$: 배출가스 평균유속 (m/s)

A : 굴뚝 단면적 (m^3)

$\overline{\theta_s}$: 배출가스 평균온도 (°C)

P_a : 대기압 (mmHg)

$\overline{P_s}$: 배출가스 평균정압 (mmHg)

X_w: 배출가스 중의 수분량 (%)

2) 상부원형, 아치형 단면일 때

$$Q_N = (A_1 \overline{V_1} + A_2 \overline{V_2}) \times \frac{273}{273 + \overline{\theta_s}} \times \frac{P_a + \overline{P_s}}{760} \times \left(1 - \frac{X_w}{100}\right) \times 3,600$$

여기서, Q_N : 건조 배출가스 유량 (m^3/hr)

A_1 : 반원형부분 단면적 (m^2)

$\overline{V_1}$: 반원형부분 평균유속 (m/s)

A_2 : 사각형부분 단면적 (m^2)

$\overline{V_2}$: 사각형부분 평균유속 (m/s)

3) 기타 모양의 단면일 때

1) 및 2)에 준하여 산출한다.

4.1.3 가스상 물질의 시료채취방법

굴뚝을 통하여 대기 중으로 배출되는 가스상 물질을 분석하기 위한 시료의 채취방법에 대하여 설명하기로 한다. 단, 이 방법에서 표시하는 가스상 물질의 시료채취량은 표준상태로 환산한 건조시료가스량을 말한다.

4.1.3.1 시료채취장치의 구성 및 취급

(1) 시료 채취장치의 구성

굴뚝으로부터 가스상 시료를 채취하기 위해 사용하는 시료채취장치는 다음의 요소로 구성된다. 굴뚝으로부터 채취된 시료는 주로 흡수병 또는 채취병 등을 이용하여 포집, 보관하며, 시료를 흡수병과 채취병으로 흡인하여 포집하기 위해 굴뚝에 장착하는 채취관, 그리고 채취관과 채취부를 연결하여주는 도관으로 구성된다.

채취관 ⟶ 도 관 ⟶ 채취부

시료 채취장치의 주요 구성 요소별로 시료 채취의 정확성을 위해 갖추어야 할 성질 등에 대하여 설명하기로 한다.

(2) 채취관

1) 재질

채취관과 채취관에 부착되는 충전(packing)및 여과재 등의 재질은 기본적으로 시험결과에 영향을 미치지 않는 것이어야 하며, 배출가스의 조성, 온도 등을 고려해서 다음의 조건을 만족시키는 것을 선택한다.

① 화학반응이나 흡착작용 등으로 배출가스의 분석결과에 영향을 주지 않는 것
② 배출가스 중의 부식성 성분에 의하여 잘 부식되지 않는 것
③ 배출가스의 온도, 유속 등에 견딜 수 있는 충분한 기계적 강도를 갖는 것.

상기의 조건들을 충족시킬 수 있는 채취관, 충전 및 여과재의 재질은 분석대상가스, 공존가스 및 사용온도 등에 따라서 표 4-4에 나타내는 것 중에서 선택한다.

표 4-4 분석대상가스의 종류별 채취관 및 도관 등의 재질

분석대상가스, 공존가스	채취관, 도관의 재질	여 과 재	비 고
암 모 니 아	①②③④⑤⑥	ⓐ ⓑ ⓒ	① 경질유리
일 산 화 탄 소	①②③④⑤⑥⑦	ⓐ ⓑ ⓒ	② 석영(quartz)
염 화 수 소	①② ⑤⑥⑦	ⓐ ⓑ ⓒ	③ 보통강철
염 소	①② ⑤⑥⑦	ⓐ ⓑ ⓒ	④ 스테인레스강
황 산 화 물	①② ④⑤⑥⑦	ⓐ ⓑ ⓒ	⑤ 세라믹(ceramic)
질 소 산 화 물	①② ④⑤⑥	ⓐ ⓑ ⓒ	⑥ 불소수지
이 황 화 탄 소	①② ⑥	ⓐ ⓑ	⑦ 염화비닐수지
포 름 알 데 히 드	①② ⑥	ⓐ ⓑ	⑧ 실리콘수지
황 화 수 소	①② ④⑤⑥⑦	ⓐ ⓑ ⓒ	⑨ 네오프렌(Neoprene)
불 소 화 합 물	④ ⑥	ⓒ	
시 안 화 수 소	①② ④⑤⑥⑦	ⓐ ⓑ ⓒ	ⓐ 알칼리 성분이 없는 유리솜
브 롬	①② ⑥	ⓐ ⓑ	또는 실리카솜
벤 젠	①② ⑥	ⓐ ⓑ	ⓑ 소결유리
페 놀	①② ④ ⑥	ⓐ ⓑ	ⓒ 카아보란덤
비 소	①② ④⑤⑥⑦	ⓐ ⓑ ⓒ	(Carborandum)

2) 치수(규격)

채취관은 흡입가스의 유량, 채취관의 기계적 강도, 청소의 용이성 등을 고려해서 안지름 6~25 mm 정도의 것을 사용한다.

채취관의 길이는 4.1.1.3에서 선정한 채취점까지 채취관의 끝을 위치시킬 수 있도록 충분한 길이를 가져야 한다. 그림 4.11에는 채취관의 보기를 나타내었다.

배출가스의 온도가 높을 때에는 관이 구부러지는 것을 막기 위한 조치를 해두는 것이 필요하며, 굴뚝 배출가스 중의 먼지가 섞여 들어오는 것을 줄이기 위해서 채취관의 앞 끝의 모양은 직접 먼지가 들어오기 어려운 구조로 하는 것이 좋다.

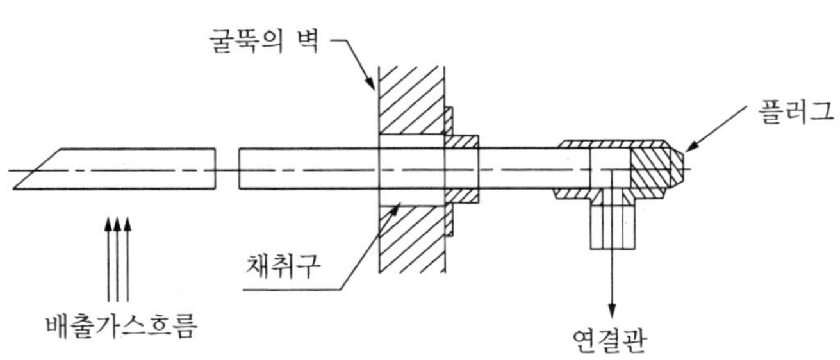

그림 4.11 채취관

3) 여과재

굴뚝 배출가스 중에 먼지가 다량 함유되어 있는 경우에는 시료 중에 먼지 등이 섞여 들어오는 것을 막기 위하여 그림 4.12와 같이 채취관의 적당한 위치에 여과재를 넣는다.

여과재로는 먼지의 제거율이 좋아야 하나, 흡착, 분해작용 등으로 시료가스의 분석결과에 영향을 주지 않아야 하며, 또한 압력손실이 적어서 시료의 흡인에 영향을 주지 않아야 한다.

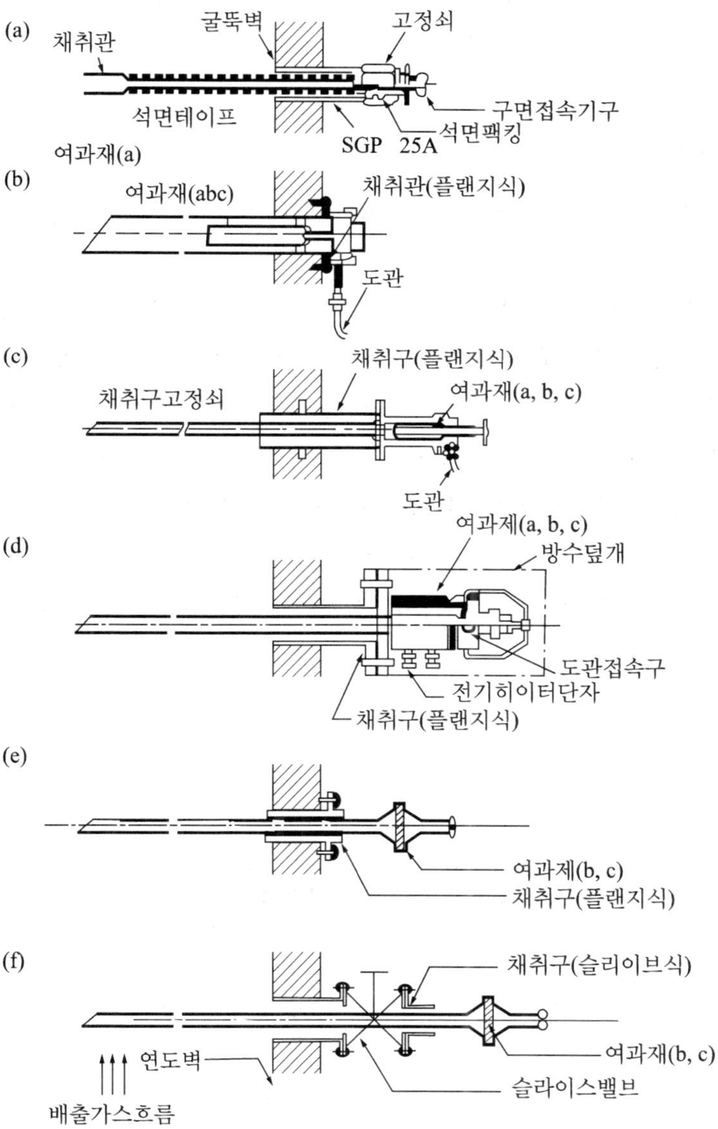

그림 4.12 채취구 및 여과재의 설치

여과재는 먼지가 쌓이면 수시로 교체해주어야 하므로 여과재를 끼우는 부분은 교환이 쉬운 구조의 것으로 한다. 여과재를 채취관 앞쪽에 넣는 경우 입자에 의해 채취관이 막히지 않도록 적절한 조치를 취한다.

4) 채취관의 고정용 기구

채취관은 측정공에 삽입한 후 위치가 변경되지 않도록 고정을 하여야 하며, 고정할 때에는 그림 4.12와 같이 여러 방법을 사용된다. 고정용 재료로서는 보통 강철 또는 스테인레스강을 쓴다.

5) 보온 및 가열

배출기체 중의 수분 또는 이슬점(露點; dew point)이 높은 가스성분이 포함된 경우에는 상대적으로 고온인 굴뚝에서 시료가 채취관을 따라 외부로 배출됨에 따라 가스의 냉각이 일어나고 수분 등이 응축하게 된다. 이렇게 배출가스 중의 수분 등이 응축이 일어나게 되면, 분석대상가스가 응축수에 용해해서 오차가 생길 수가 있으며, 여과재가 막히거나 채취관이 부식될 가능성도 증가하게 된다. 이러한 경우에는 채취관을 보온하여 수분 등의 응축을 방지하도록 조치를 취하며, 필요한 경우에는 가열하여야 한다.

일반적으로 보온 재료로는 암면, 유리섬유제 등을 사용하며, 가열은 전기가열, 수증기가열 등의 방법을 사용한다. 전기가열 채취관을 쓰는 경우에는 그림 4.13과 같이 가열용 히이터를 보호관으로 보호하는 것이 좋다. 보호관의 재질은 표 4-4에 나타난 것 중에서 적당한 것을 선정한다.

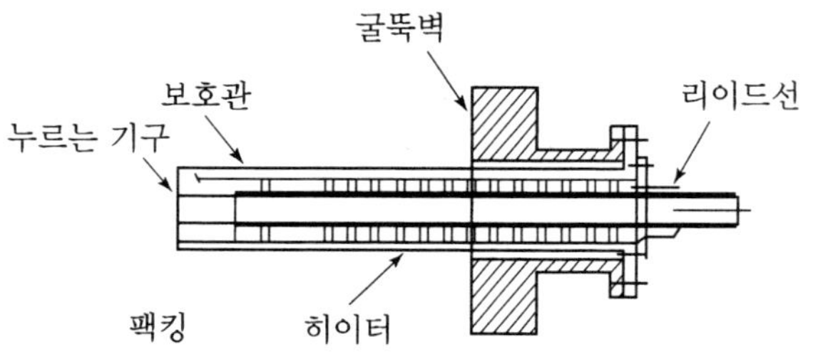

그림 4.13 보호관이 붙은 전기가열 채취관

(3) 도 관

1) 재질

도관의 재질은 앞에서 설명한 채취관의 경우에 의거하여 적당한 것을 사용한다. 이은 부분이나 팩킹 등 도관의 일부에 부득이 흡착성이 있는 재질을 사용하여야 하는 경우에는 기체와의 접촉면적을 최소화하도록 하여야 한다.

도관, 팩킹 등의 재질과 관련해서는 일반적으로 분석대상기체, 공존기체, 사용온도 등에 따라서 표 4-4에 나타낸 것 중에서 선정한다.

일반적으로 사용되는 불소수지 도관(녹는점 260°C)은 250°C 이상에서는 사용할 수 없으므로 주의하여야 한다.

2) 치수(규격)

도관의 안지름은 도관의 길이, 흡인가스의 유량, 응축수에 의한 막힘 또는 흡인펌프의 능력 등을 고려해서 4~25 mm로 한다.

수분 등의 응축을 방지하기 위하여 사용하는 가열도관은 시료 도관, 퍼지라인(purge line), 교정기체관, 열원(선), 열전대(thermocouple) 등으로 구성되어야 하며 그림 4.14에 그 보기를 나타내었다.

도관의 길이는 되도록 짧게 하고, 부득이 길게 해서 쓰는 경우에는 이음매가 없는 배관을 써서 접속 부분을 적게 하고 받침 기구로 고정해서 사용해야 하며, 최대 길이가 76 m를 넘지 않도록 한다.

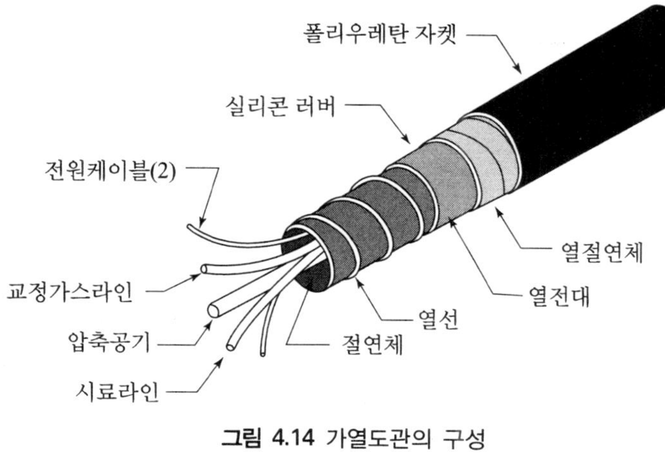

그림 4.14 가열도관의 구성

도관은 가능한 한 수직으로 연결해야 하고 부득이 구부러진 관을 쓸 경우에는 응축수가 흘러나오기 쉽도록 경사지게(5° 이상) 하여야 하며, 시료 가스는 아래로 향하게 한다. 도관은 새지 않는 구조이어야 하며, 분석계에서의 배출가스 및 바이패스 배출가스의 도관은 배후 압력의 변동이 적은 장소에 설치한다. 또한, 하나의 도관으로 여러 개의 측정기를 사용할 경우 각 측정기 앞에서 도관을 병렬로 연결하여 사용한다.

3) 보온 및 가열

입자가 제거된 고온의 습한 배출가스가 유입되는 측정시스템이나 전처리 장치가 측정기 앞부분에 있는 경우에는 시료중의 수분 및 이슬점이 높은 기체 성분이 도관 속에서 응축되는 것을 막기 위하여 보온 또는 가열한다. 전처리 시설이 시료 채취관에 있는 측정시스템의 경우에는 도관을 보온 또는 가열할 필요가 없다. 그림 4.15에 그 보기를 나타내었다.

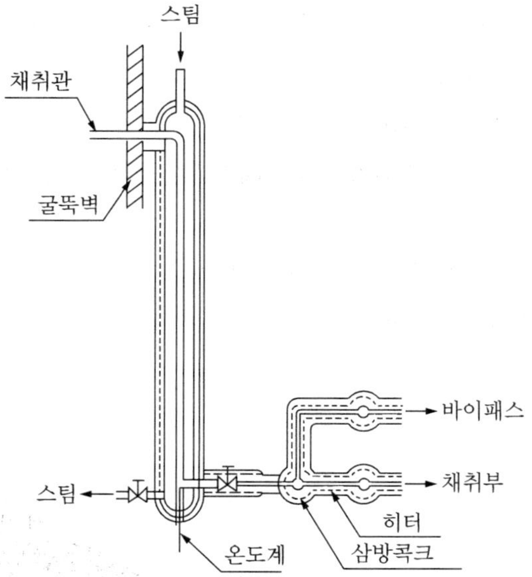

그림 4.15 가열도관

(4) 채취부

시료 가스 채취부는 기체 흡수병(또는 포집병), 바이패스(bypass)용 세척병, 펌프(pump), 가스미터(gas meter)등으로 구성된다. 그림 4.16에는 시료가스 채취부의 구성 형태를 나타내었다. 각 구성 요소 등의 접속에는 갈아 맞춤(직접접속), 실리콘 고무, 불소 고무 또는 연질 염화비닐관을 사용한다.

(a) 흡수병을 쓰는 경우(시료 채취량 10~20 L의 경우)

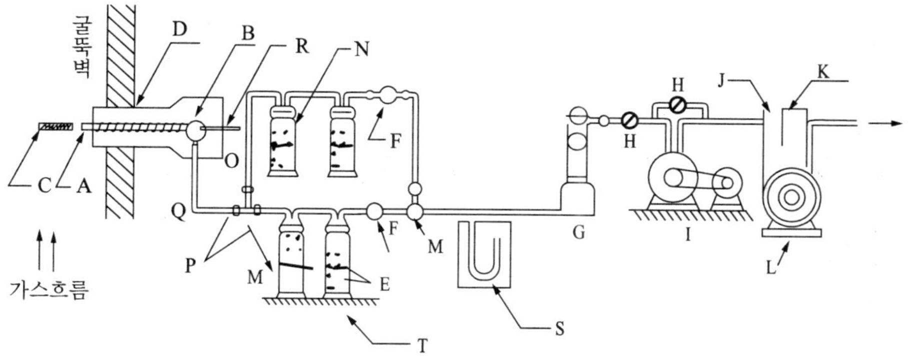

A : 시료채취관	B : 연결관	C : 여과재	D : 보온재	E : 흡수병
F : 유리여과지	G : 가스 건조탑	H : 유량조절콕	I : 밀폐식 흡인펌프	J : 온도계
K : 압력계	L : 습식가스미터	M : 3방콕	N : 바이패스용 세척병	O : 실리콘고무관
P:구면갈아맞춤이음판	Q : 히터	R : 온도계	S : 수은마노미터	T : 조절대

(b) 흡수병을 쓰는 경우(시료 채취량 100~1000 mL의 경우)

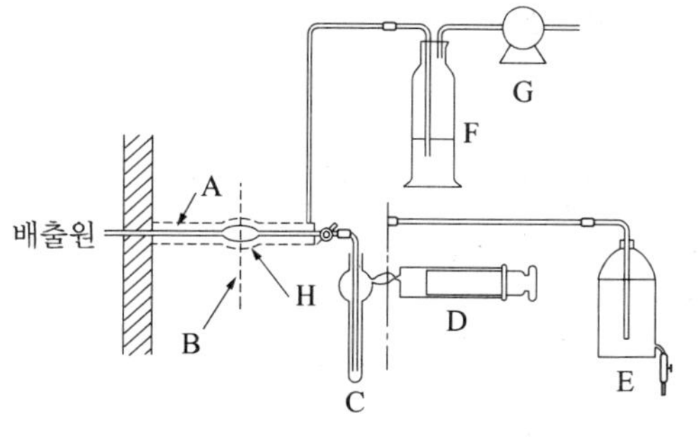

A : 시료채취관　　B : 여과재
C : 흡수병　　D : 주사통
E : 흡인병　　F : 세척병
G : 흡인펌프 또는 고무구
H : 히터

비고 : E를 쓰는 경우에는 C와 E를 접속한다.

(c) 채취병을 쓰는 경우(시료가스 채취량이 적은 경우)

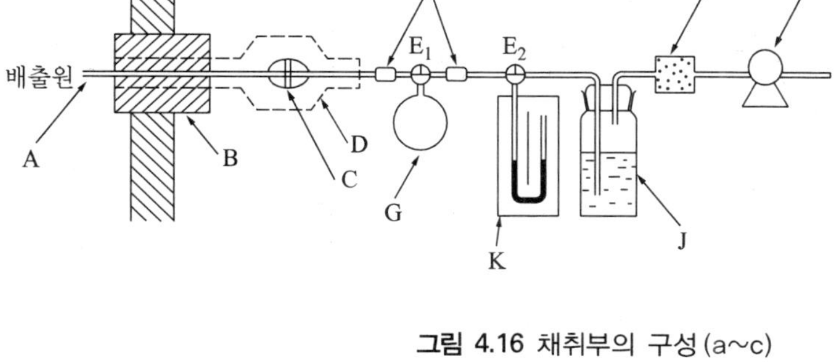

A : 시료가스채취관
B : 보온재
C : 여과재
D : 히터
E : 3방콕(E1, E2)
F : 실리콘 고무관
G : 채취병
H : 건조제
I : 흡인펌프
J : 세척병
K : 진공마노미터

그림 4.16 채취부의 구성(a~c)

(d) 채취병을 쓰는 경우(시료 채취관이 적은 경우)

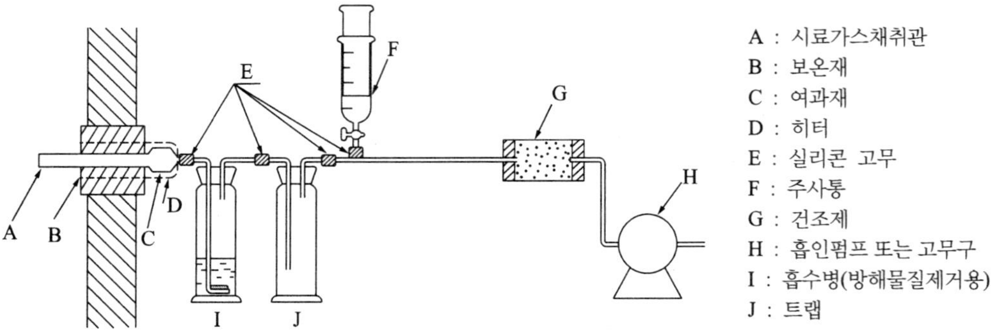

그림 4.16 채취부의 구성(d)

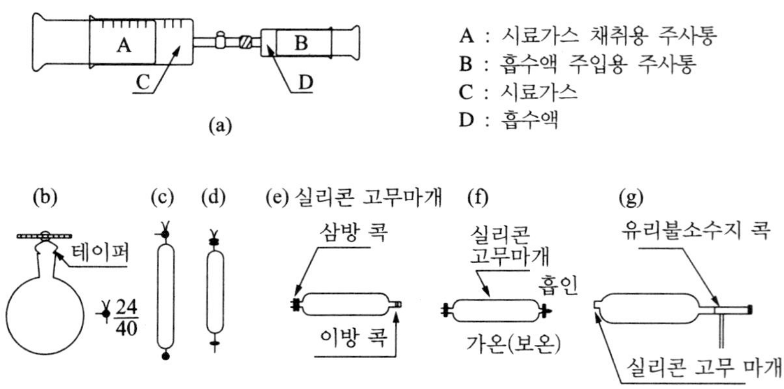

그림 4.17 채취병의 보기

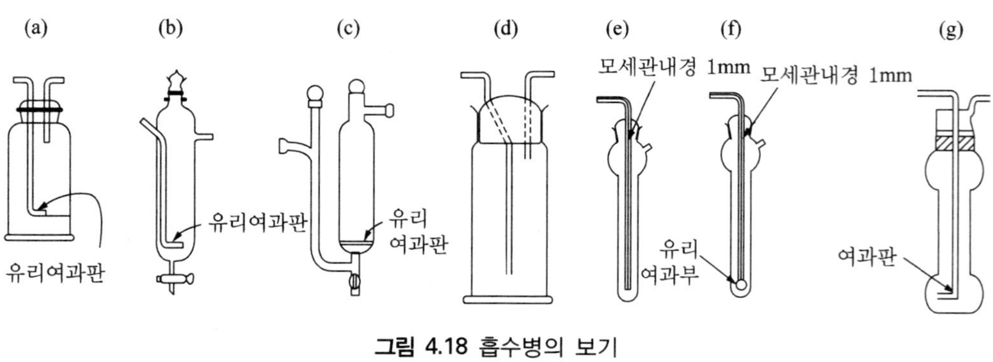

그림 4.18 흡수병의 보기

그림 4.17에는 소량의 시료채취를 위해서는 사용되는 채취병의 종류를 나타내었으며, 표 4-5에는 분석대상 가스별 사용되는 포집병의 종류와 용량을 나타내었다.

① 흡수병 : 그림 4.18에는 사용되는 흡수병의 종류를 나타내었으며, 표 4-5에는 분석대상 가스별 사용되는 흡수병의 종류와 용량을 나타내었다.
흡수병의 재질로는 유리로 만든 것을 사용한다.

② 수은 마노미터(manometer) : 흡인 펌프의 흡인력의 측정과 채취부의 누설 여부 확인을 위해 사용한다. 측정 범위가 대기와 압력차가 100 mmHg 이상인 것을 사용한다.

③ 가스건조탑 : 유리로 만든 가스건조탑을 쓴다. 이것은 펌프를 보호하기 위해서 쓰는 것이며 건조제로서는 입자상태의 실리카겔(silica gel), 염화칼슘($CaCl_2$) 등을 쓴다.

④ 펌프 : 배기능력 0.5~5 L/분 인 밀폐형인 것을 쓴다.

⑤ 가스미터 : 한번 회전에 1 L의 가스를 측정할 수 있는 것으로서 습식 또는 건식 가스미터 방식을 사용한다. 채취된 시료의 부피와 온도, 압력을 모두 측정하여야 하므로 온도계와 압력계가 붙어 있는 것을 사용하여야 한다.

표 4-5 분석대상 가스의 종류별 흡수병 및 채취병

분 석 대 상 가 스	흡수병 및 채취병	
	모양(그림번호)	용량(mL)
암 모 니 아	4.18 (a) (g)	250
염 화 수 소	4.18 (a) (b) (c) (d) (g)	100~250
염 소	4.18 (e) (f)	40
황 산 화 물	4.18 (a) (b) (c) (g)	150~250
질 소 산 화 물	4.17 (a)	100, 40
	4.17 (b)	1,000
이 황 화 탄 소	4.18 (a) (g)	150~250
포 름 알 데 히 드	4.18 (e) (f)	40
황 화 수 소	4.18 (d) (e)	40
불 소 화 합 물	4.18 (a) (b) (c) (g)	250
시 안 화 수 소	4.18 (a) (b) (c) (g)	200
	4.18 (e)	40
브 롬	4.18 (d)	100
벤 젠	4.17 (g)	1,000
	4.18 (e)	250
페 놀	4.17 (e) (f) (g)	1,000
	4.18 (a) (b) (c) (g)	150~200
비 소	4.18 (a) (b) (c) (g)	200

4.1.3.2 시료 채취장치의 조립 및 취급법

(1) 흡수병을 사용하는 경우

1) 부착

(1) 채취관

① 채취관은 굴뚝 배출가스의 흐름에 직각이 되도록 연결한다.

② 채취관은 채취구에 고정쇠를 써서 고정한다.

③ 채취구에는 그림 4.12(a)에 나타낸 것과 같이 굴뚝에 바깥 지름 34 mm 정도의 강철관을 100~150 mm의 길이로 용접하고, 끝에 나사를 낸다. 쓰지 않을 때에는 뚜껑을 덮어 둔다.

④ 채취관에 유리솜을 채워서 여과재로 쓰는 경우에는 그 채우는 길이는 50~150 mm 정도로 한다. 굴뚝가스의 압력이 부(−)압일 때는 가스의 흐름 속으로, 또 흡인속도가 너무 클 때는 도관 쪽으로 각각 여과재가 빨려 들어가지 않도록 조치를 하여야 한다.

(2) 도관

① 도관은 되도록 짧은 것이 좋으나, 부득이 길게 할 때에는 받침 기구를 써서 고정한다.

② 채취관과 도관, 도관과 채취부 등의 접속은 구면(球面) 또는 테이퍼 접속기구를 쓴다.

(3) 채취부

① 분석대상 가스 종류에 따라 적합한 흡수병(표 4-5 참조)을 1개 이상(일반적으로 2개) 준비하고 각각에 규정량의 흡수액을 넣는다. 흡수액은 배출가스 중 분석대상 가스만을 선택적으로 잘 흡수하는 성질을 가지는 것으로 분석대상 가스마다 달라지며, 분석대상 가스에 따른 적절한 흡수액과 대기공정시험기준에서 지정한 분석방법을 표 4-6에 나타내었다.

시료 채취장치 조립시에는 흡수병의 입구와 출구를 주의하여 조립하여야 한다. 입구는 연결관에 의해 흡수병 내부의 유리 여과판에 연결되어 흡인 가스가 흡수액의 내부에서 배출되도록 되어 있으며, 출구는 병 머리부분에 바로 연결되어 흡수액의 액면 위에서 배출되는 가스를 배출하도록 되어 있다.

② 시료채취장치를 굴뚝에 설치하고 채취를 시작하게 되면 초기에는 채취장치 내부에 굴뚝 배출가스가 아니라 공기가 채워져 있기 때문에 정확한 시료의 채취를 위해서

는 시료 채취장치 내부의 공기를 배출시키고 굴뚝 배출가스로 바꾸어 주어야 한다. 이를 위해서 시료 채취장치의 가동 초기에 채취장치 내부의 공기가 시료로 치환되기 전까지는 흡수병으로 채취 시료를 보내지 않고 굴뚝 배출가스를 우회 통과(bypass)시키게 된다. 그러나, 이때에 배출가스를 그대로 흘려 보내주면 배출가스 중의 산성성분이나 알칼리 성분에 의하여 흡인 펌프나 가스미터 등이 손상을 받을 우려가 있다. 따라서 채취장치의 가동 초기에 시료가 흡수병을 통과하지 않고 우회 통과시키는 시간 동안 펌프 등의 보호를 위해 산성이나 알칼리성 가스 성분을 포집해주는 역할을 하는 것이 바이패스 세척병이다. 바이패스 세척병의 구조는 흡수병과 동일하다.

바이패스(bypass) 세척병도 흡수병과 마찬가지로 1개 이상(일반적으로 2개) 준비하고 분석대상가스가 산성일 때는 수산화소듐 용액(20 %)을, 알칼리성일 때는 황산(25 %)을 각각 50 mL 씩 넣는다.

③ 흡수병과 바이패스 세척병의 입구 및 출구는 각각 3방콕으로 연결한다. 3방콕에 의해 그림 4.19에서 보는 바와 같이 흡수병과 바이패스 세척병으로 분지된 흐름에 대해 열고 닫는 조작을 동시에 할 수 있다.

④ 흡수병 등의 접속에는 구면 갈아맞춤(직접접속) 또는 실리콘 고무판 등을 쓴다.

⑤ 흡수병은 되도록 채취 위치 가까이에 놓고 필요에 따라서 냉각 중탕에 넣어서 냉각한다.

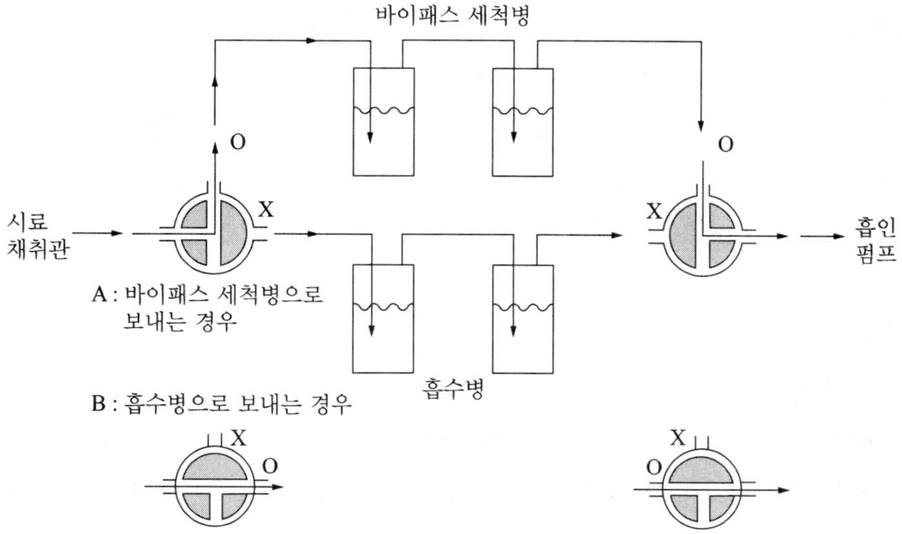

그림 4.19 3방콕의 작동 예

표 4-6 분석대상가스별 분석방법 및 흡수액

항	분석대상가스	분 석 방 법	흡 수 액
3	암모니아	•인도페놀법 •중화적정법	붕산용액(질량분율 0.5%)
5	염화수소	•싸이오시안산제2수은법 •질산은법	수산화소듐용액(0.1N)
6	염소	•오르토톨리딘법	오르토톨리딘염산염용액
7	황산화물	•침전적정법 •중화적정법	과산화수소수용액(3%)
8	질소산화물	•아연환원나프틸에틸렌다이아민법 •페놀디술폰산법	•증류수 •황산+과산화수소+증류수
9	이황화탄소	•흡광광도법 •가스크로마토그래프법	•디에틸아민동용액
10	포름알데히드	•크로모트로핀산법 •아세틸아세톤법	•크로모트로핀산+황산 •아세틸아세톤 함유 흡수액
11	황화수소	•흡수분광법 •적정법	•아연아민착염용액
12	불소화합물	•흡수분광법 •용량법	•수산화소듐용액(0.1N)
13	시안화수소	•질산은적정법 •피리딘 피라졸론법	수산화소듐용액(질량분율 2%)
14	브롬화합물	•흡수분광법 •적정법	수산화소듐용액(질량분율 0.4%)
15	벤젠	•흡수분광법 •가스크로마토그래프법	•질산암모늄+황산(1→5)
16	페놀	•흡수분광법 •가스크로마토그래프법	•수산화소듐용액(질량분율 0.4%)
17	비소	•흡수분광법 •원자흡수분광법	•수산화소듐용액(질량분율 4%)

2) 조립

(1) 조립의 보기

① 그림 4.16(a)는 굴뚝 배출가스 중의 황산화물의 농도를 분석할 때 사용되는 시료 채취장치의 보기로서 시료채취량이 10~20 L인 경우에 사용한다. 이 형태는 황산화물 이외에도 불소화합물, 염화수소, 시안화수소, 황화수소, 암모니아 등의 분석에 사용한다.

② 그림 4.16(b)는 굴뚝 배출가스 중의 황산화물을 분석할 때 사용되는 시료 채취장치

의 보기로서 시료채취량이 100~1,000 mL인 경우에 사용한다. 이 형태는 황산화물 이외에 이산화질소, 염소, 시안화수소 등의 분석에 사용한다.

(2) 조립

① 채취병에서 흡수병에 이르는 사이는 직선이 되게 조립한다. 직선으로 조립할 수가 없는 경우에는 L자형 도관 등을 써서 조작이 쉽도록 조립한다.

② 채취관 또는 도관의 접속부와 흡수병의 접속부와 위치가 일치하도록 흡수병의 높이를 조절한다.

③ 흡수병 뒤에 수은마노미터, 건조탑, 흡인펌프 및 가스미터를 배치한다. 그 배관은 연질 염화비닐관, 고무관 등을 쓴다.

④ 채취관 또는 도관과 채취부는 접속하기 전에 채취부에 새는 곳이 없는가 확인을 한다.

⑤ 새는 곳이 없으면 채취관 또는 도관과 채취부를 연결한다. 이 때 채취관과 도관, 도관과 채취부와는 새는 곳이 없도록 주의하여 접속한다.

⑥ 분석대상 가스에 따라서 채취구에서 흡수병에 이르는 사이를 가열한다. 이 때에는 채취관 및 도관에 얇은 석면 테이프를 감아준다.

3) 누출확인 시험

① 미리 소정의 흡인유량에 있어서의 장치안의 부압(대기압과 압차)을 수은 마노미터로 측정한다.

② 채취관 쪽의 3방콕을 닫고 펌프쪽의 3방콕을 연 다음 펌프의 유량조절 콕을 조작하여 분석용 흡수병을 부압(소정의 흡인유량에 있어서의 장치안의 부압의 2배정도)으로 하고 펌프 바로 앞의 콕을 닫는다.

③ 흡수병에 거품이 생기면 그 앞의 부분에 공기가 새는 것으로 본다. 또 펌프의 3방콕을 닫았을 때의 수은 마노미터의 압차가 적어지면, 펌프 바로 앞부분까지에 새는 곳이 있는 것으로 본다.

④ 새는 부분은 장치를 다시 조립해서 새는 곳이 없는 지 다시 확인한다. 흡수병이나 바이패스용 세척병의 갈아 맞춤 부분에 약간의 먼지가 붙어 있을 때에는 깨끗이 닦고, 갈아 맞춤부분을 물 1~2 방울로 적셔서 차폐한다. 공기가 새는 것을 막고 필요한 때는 실리콘 그리이스 등을 발라서 새는 것을 막는다.

4) 취급법

① 흡수병에 시료를 보내기 전에 바이패스 등을 써서 배관 속을 시료로 충분히 바꾸어 놓는다.

② 시료의 흡인유량은 최고 2 L/분 정도(염화수소등과 같이 완전히 흡수되는 것이 확실한 경우에는 4L/분)로 한다. 채취하는 시료량은 시료 중의 분석대상 성분의 농도에 따라서 증감한다.

(2) 채취병을 쓰는 경우

1) 부착

① 채취병은 미리 새는 곳이 없는가를 시험하여 새지 않는 것으로 준비한다.

② 시료가 산성인 때에는 수산화소듐 용액(질량분율 20%)을, 알칼리성인 때에는 황산(질량분율 25%)을 각각 50 mL 넣은 세척병을 흡인 펌프 앞에 설치한다. 이 때 세척병의 사용은 흡인 펌프의 보호를 위한 것이다.

③ 채취병의 접속에는 구면 접속기구 또는 실리콘 고무관을 쓴다.

④ 채취병은 가급적 채취위치 가까이에 접속한다.

2) 조립

① 조립의 보기 : 그림 4.16(c) 및 (d)는 배출가스 중의 질소산화물을 분석하는 경우의 조립의 보기로서 시료 채취량이 적을 때 쓴다.

② 조립의 요령은 흡수병을 쓰는 경우와 동일하다.

3) 누출확인 시험

⑴ 채취병

① 주사통(그림 4.17(a))는 내부를 물로 적신 다음 눈금의 1/4정도까지 공기를 넣고 콕을 닫은 다음 안통을 잡아 당겼다 놓았다 하는 조작을 수회 반복해서 안통이 매 회 먼저 위치에 되돌아가면 새지 않는 것으로 본다.

② 그림 4.17(b)에 나타낸 감압 채취병은 채취병에 진공 마노미터를 접속한 다음 절대압력 10 mmHg 정도까지 감압하고 1시간 방치하여 내압의 증가가 20 mmHg 이내이면 새지 않는 것으로 본다.

(2) 채취부

① 새는 곳을 시험하기 전에 채취관의 뒤 끝에 콕을, 세척병의 앞 또는 뒤에 수은 마노미터를 접속한다.

② 유량 1~5 L/min으로 가스를 흡입하고, 장치 내의 부압(대기압과의 압차)을 수은마노미터로 측정한다.

③ 이하 누설여부의 확인 요령은 흡수병을 쓰는 경우와 동일하다.

4) 취급법

① 채취병에 시료를 채취하기 전에 배관 속을 시료로 충분히 바꾸어 놓는다.

② 시료의 유량은 1~5 L/min 정도로 한다.

4.1.3.3 주의사항

1) 일반사항

시료 채취에 종사하는 사람의 안전을 위하여 다음의 조치를 강구할 필요가 있다.

(1) 채취에 종사하는 사람은 보통 2인 이상을 1조로 한다.

(2) 굴뚝 배출가스의 조성, 온도 및 압력과 작업환경 등을 잘 알아둔다.

(3) 옥외에서 작업하는 경우에는 바람의 방향을 확인하여 바람이 부는 쪽에서 작업하는 것이 좋다.

(4) 위험방지를 위하여 다음의 사항들에 충분히 주의한다.

① 피부를 노출하지 않는 복장을 하고, 안전화를 신는다.

② 작업환경이 고온인 경우에는 드라이아이스 자켓 등을 입는다.

③ 높은 곳에서 작업을 하는 경우에는 반드시 안전밧줄을 쓴다.

④ 교정용 가스가 들어있는 고압가스 용기를 취급하는 경우에는 안전하고 쉽게 운반, 설치를 할 수 있는 방법을 쓴다.

⑤ 측정작업대까지 오르기 전에 승강시설의 안전여부를 반드시 점검한다.

2) 채취위치

① 위험한 장소는 피한다.

② 채취위치의 주변에는 적당한 높이와 측정작업에 충분한 넓이의 안전한 작업대를 만들고, 안전하고 쉽게 오를 수 있는 설비를 갖춘다.

③ 채취 위치의 주변에는 배전 및 급수 설비를 갖추는 것이 좋다.

3) 채취구

① 수직굴뚝의 경우에는, 바람의 방향에 따라 작업 위치의 변경을 위해서 채취구를 같은 높이에 3개 이상 설치하는 것이 좋다.

② 배출가스 중의 먼지 측정용 채취구(바깥지름 115 mm 정도)를 이용하는 경우에는 지름이 다른 관 또는 플랜지 등을 사용하여 가스가 새는 일이 없도록 접속해서 배출가스용 채취구로 한다.

③ 굴뚝 내의 압력이 매우 큰 부압(−300 mmH_2O 정도 이하)인 경우에는, 시료 채취용 굴뚝을 부설하여, 용량이 큰 펌프를 써서 시료가스를 흡입하고 그 부설한 굴뚝에 채취구를 만든다.

④ 굴뚝 내의 압력이 정압(+)인 경우에는 채취구를 열었을 때 유해가스가 분출될 염려가 있으므로 충분한 주의가 필요하다.

4) 시료채취 장치

① 흡수병은 각 분석법에 공용할 수가 있는 것도 있으나, 대상 성분마다 전용으로 하는 것이 좋다. 만일 공용으로 할 때에는 대상 성분이 달라질 때마다 묽은 산 또는 알칼리 용액과 물로 깨끗이 씻은 다음 다시 흡수액으로 3회 정도 씻은 후 사용한다.

② 습식 가스미터를 이동 또는 운반할 때에는 반드시 물을 뺀다. 또 오랫동안 쓰지 않을 때에도 그와 같이 배수한다.

③ 가스미터는 100 mmH_2O 이내에서 사용한다.

④ 습식 가스미터를 장시간 사용하는 경우에는 배출가스의 성상에 따라서 수위의 변화가 일어날 수 있으므로 필요한 수위를 유지하도록 주의한다.

⑤ 가스미터는 정밀도를 유지하기 위하여 필요에 따라 기차(器差)를 측정해 둔다.

⑥ 시료가스의 양을 재기 위하여 쓰는 채취병은 미리 0°C 때의 참부피를 구해둔다.

⑦ 주사통에 의한 시료가스의 계량에 있어서 계량 오차가 크다고 생각되는 경우에는 흡인펌프 및 가스미터에 의한 채취방법을 이용하는 것이 좋다.

⑧ 시료가스 채취장치의 조립에 있어서는 채취부의 조작을 쉽게 하기 위하여 흡수병, 마노미터, 흡인펌프 및 가스미터는 가까운 곳에 놓는다. 또 습식 가스미터는 정확하게 수평으로 조정할 수 있는 곳에 놓아야 한다.

⑨ 배출가스 중에 수분과 미스트가 대단히 많을 때에는 채취부와 흡인펌프, 전기배선, 접속부 등에 물방울이나 미스트가 부착되지 않도록 한다.

5) 기타

① 시료를 채취할 때에는 조업상태를 충분히 고려해서 채취시간을 정한다.
② 측정자는 긴밀한 연락으로 채취시의 조업상태를 확인하여 둔다. 또한, 측정값을 보고할 때는 그 조업상태를 기록하여 두는 것이 바람직하다.

4.1.3.4 시료채취량의 계산

(1) 흡수병을 사용하는 경우

흡수병을 이용하여 시료를 채취할 때에는 가스미터로부터 시료의 부피를 측정함과 동시에 시료의 부피를 측정하는 위치에서의 가스의 온도(t), 압력(P_m) 및 대기압(P_a)을 측정하고, 보일-샤를의 법칙을 적용하여 표준상태(0°C, 1기압)에서의 부피(V_s)로 환산한 값을 기준으로 오염물질의 농도를 표시한다. 이때, 건조 시료 가스 채취량(V_s)은 사용한 가스미터의 형태에 따라 다음 식을 사용하여 계산한다.

① 건식가스 미터를 사용하였을 경우

$$V_s = V \times \frac{273}{273+t} \times \frac{P_a + P_m}{760}$$

② 습식가스 미터를 사용하였을 경우

$$V_s = V \times \frac{273}{273+t} \times \frac{P_a + P_m - P_v}{760}$$

V : 가스미터로 측정한 흡인가스량(L)
V_s : 건조 시료 가스 채취량(L) (표준상태기준)
t : 가스미터의 온도(°C)
P_a : 대기압(mmHg)
P_m : 가스미터의 게이지압(mmHg)
P_v : t°C에서의 포화수증기압(mmHg)

가스미터에서 측정된 흡인가스량(V)을 표준상태에서의 부피로 환산한 가스량(V_s)은 보일-샤를(Boyle-Charles)의 법칙을 적용하여 구할 수 있다. 즉, 시료 채취시 가스미터에서 측정된 시료가스의 온도(t °C), 압력(P_m mmHg) 조건으로부터 표준상태 (0°C (=273K), 1기압 (=760 mmHg))에서의 부피(V_s)로 환산한다.

이때, 건식 가스미터에서 측정한 게이지압(P_m)에 해당하는 시료가스의 절대압(absolute pressure)은 가스의 게이지압에 대기압(atmospheric pressure, P_a)을 더해 준 값이 된다. 표준상태에서의 온도, 압력, 부피를 각각 T_s, P_s, V_s 라고 하고 보일-샤를의 법칙을 적용하면 아래 식으로 나타낼 수 있다. 이때 온도는 절대온도(K)를 사용하여야 하므로 측정 시료가스의 온도는 측정 온도(t °C)에 대하여 적용 온도값은 273+t (K)가 된다.

$$\frac{(P_a + P_m)V}{(273 + t)} = \frac{P_s V_s}{T_s} = \frac{(760\ \mathrm{mmHg})V_s}{(273\ \mathrm{K})}$$

윗 식을 V_s에 대해 정리하면

$$V_s = V \times \frac{273}{273 + t} \times \frac{P_a + P_m}{760}$$ 이 된다.

한편, 시료가스 채취량 측정에 습식가스미터를 사용하는 경우에는 습식가스미터 내에 존재하는 수분에 의한 증기압이 존재하므로 가스의 게이지압에서 해당 온도에서의 포화 수증기압(vapor pressure, P_v)을 빼주어야 한다. 따라서 적용 압력값은 $(P_a + P_m - P_v)$가 된다.

즉, $$V_s = V \times \frac{273}{273 + t} \times \frac{P_a + P_m - P_v}{760}$$ 이 된다.

위의 식에서 보듯이 습식 가스미터를 사용하였을 경우에는 가스채취량을 계산하기 위해서 시료 채취시의 가스 온도에서의 물의 포화수증기압(P_v) 데이터를 필요로 한다.

표 4-7에는 온도 범위 0.0~50.9 °C에서의 물의 포화수증기압 데이터를 정리하여 나타내었다.

표 4-7 물의 포화수증기압

단위 : mmHg

온도(°C)	0	1	2	3	4	5	6	7	8	9
0	4.581	4.615	4.648	4.682	4.716	4.750	4.735	4.820	4.855	4.890
1	4.925	4.961	4.997	5.033	5.069	5.105	5.142	5.179	5.216	5.254
2	5.292	5.329	5.368	5.406	5.445	5.484	5.523	5.562	5.602	5.642
3	5.681	5.722	5.763	5.804	5.845	5.886	5.928	5.970	6.012	6.055
4	6.098	6.141	6.184	6.227	6.271	6.315	6.360	6.040	6.449	6.494
5	6.540	6.586	6.632	6.678	6.826	6.772	6.819	6.866	6.914	6.962
6	7.010	7.059	7.108	7.157	7.207	7.257	7.307	7.357	7.408	7.459
7	7.510	7.562	7.614	7.666	7.719	7.772	7.825	7.879	7.933	7.987
8	8.042	8.097	8.152	8.208	8.263	8.320	8.377	8.433	8.491	8.548
9	8.606	8.665	8.723	8.782	8.841	8.901	8.961	9.021	9.082	9.143
10	9.205	9.267	9.329	9.392	9.455	9.518	9.582	9.646	9.710	9.775
11	9.840	9.906	9.972	10.04	10.10	10.17	10.24	10.31	10.38	10.45
12	10.51	10.58	10.65	10.72	10.79	10.87	10.94	11.01	11.08	11.15
13	11.23	11.30	11.38	11.45	11.52	11.60	11.68	11.75	11.83	11.91
14	11.98	12.06	12.14	12.22	12.30	12.38	12.46	12.54	12.62	12.70
15	12.78	12.87	12.95	13.03	13.12	13.20	12.29	13.37	13.46	13.54
16	13.63	13.72	13.81	13.89	13.98	14.07	14.16	14.25	14.34	14.43
17	14.53	14.62	14.71	14.81	14.90	14.99	15.09	15.18	15.28	15.38
18	15.47	15.57	15.67	15.77	15.87	15.97	16.07	16.17	16.27	16.37
19	16.47	16.58	16.68	16.79	16.89	17.00	17.10	17.21	17.32	17.42
20	17.53	17.64	17.75	17.86	17.97	18.08	18.19	18.31	18.42	18.53
21	18.65	18.76	18.88	18.99	19.11	19.23	19.35	19.46	19.58	19.70
22	19.82	19.95	20.07	20.19	20.31	20.44	20.56	20.59	20.81	20.94
23	21.07	21.19	21.32	21.45	21.58	21.71	21.84	21.98	22.11	22.24
24	22.38	22.51	22.65	22.78	22.92	23.06	23.19	23.33	23.47	23.61
25	23.76	23.90	24.04	24.18	24.33	24.47	24.62	24.76	24.91	25.06
26	25.21	25.36	25.51	25.66	25.81	25.96	26.12	26.27	26.43	26.58
27	26.74	26.90	27.05	27.21	27.37	27.53	27.70	27.86	28.02	28.18
28	28.35	28.52	28.68	28.85	29.02	29.19	29.39	29.58	29.70	29.87
29	30.04	30.22	30.39	30.57	30.75	30.92	31.10	31.28	31.46	31.64
30	31.83	32.01	32.19	32.38	32.56	32.75	32.94	33.13	33.32	33.51
31	33.70	33.89	34.08	34.28	34.47	34.67	34.87	35.07	35.27	35.47
32	35.67	35.87	36.07	36.28	36.48	36.69	36.69	37.10	37.31	37.52
33	37.73	37.95	38.16	38.37	38.59	38.81	39.02	39.24	39.46	39.68
34	39.90	40.13	40.35	40.58	40.80	41.03	41.26	41.49	41.72	41.95
35	42.18	42.41	42.65	42.89	43.12	43.36	43.60	43.84	44.08	44.33
36	44.57	44.82	45.06	45.31	45.56	45.81	46.06	46.31	46.56	46.82
37	47.08	47.33	47.59	47.85	48.11	48.37	48.64	48.90	49.17	49.43
38	49.70	49.97	50.24	50.51	50.79	51.06	51.34	51.62	51.89	52.17
39	52.45	52.74	53.02	53.31	53.59	53.88	54.17	57.46	54.75	55.04
40	55.34	55.63	55.93	56.23	56.53	56.83	57.13	57.44	57.74	58.05
41	58.36	58.67	58.98	59.29	59.60	59.92	60.24	60.55	60.87	61.19
42	61.52	61.84	62.17	62.49	62.82	63.15	63.48	63.81	64.15	64.49
43	64.82	65.16	65.50	65.84	66.19	66.53	66.88	67.23	67.58	67.93
44	68.28	68.64	68.99	69.35	69.71	70.07	70.43	70.80	71.16	71.53
45	71.90	72.27	72.64	73.01	73.39	73.77	74.15	74.53	74.91	75.29
46	75.67	76.06	76.45	76.84	77.23	77.63	78.03	78.43	78.82	79.22
47	79.63	80.03	80.44	80.84	81.25	81.67	82.08	82.49	82.91	83.33
48	83.75	84.17	84.60	85.03	85.45	85.88	86.31	86.74	87.18	87.62
49	88.06	88.50	88.94	89.39	89.84	90.29	90.74	91.19	91.64	92.10
50	92.56	93.02	93.48	93.95	94.41	94.88	95.35	95.82	96.29	96.77

(2) 채취병을 사용하는 경우

시료를 채취할 때에는 채취병의 주위에서 온도와 대기압을 측정해 두며, 건조시료 가스 채취량(V_s)은 다음 식에 따라 계산한다.

① 주사통을 사용할 시

$$V_s = V_a \times \frac{273}{273 + T_f} \times \frac{P_a - P_{vf}}{760}$$

② 감압 채취병을 이용할 시

$$V_s = V_a \times \frac{273}{760} \left(\frac{P_f - P_{vf}}{273 + T_f} - \frac{P_i - P_{vi}}{273 + T_i} \right)$$

V_s : 건조 시료 가스 채취량(L)
V_a : 채취병의 용적(L)
P_a : 대기압(mmHg)
P_i : 시료를 채취하기 전의 채취병 내의 압력(mmHg)
P_f : 시료를 채취하고 방치 후의 채취병 내의 압력(mmHg)
P_{vi} : T_i°C에 있어서의 포화수증기압(mmHg)
P_{vf} : T_f°C에 있어서의 포화수증기압(mmHg)
T_i : P_i를 측정하였을 때의 온도(°C)
T_f : P_f를 측정하였을 때의 온도(°C)

4.1.4 입자상 물질의 시료채취방법

물질의 파쇄, 선별, 퇴적, 이적 기타 기계적 처리 또는 연소, 합성분해시 굴뚝에서 배출되는 먼지, 매연, 검댕 및 액적 등 입자상물질을 분석하기 위한 시료의 채취방법에 대하여 설명하기로 한다.

4.1.4.1 시료채취방법

먼지 시료채취 방법으로는 직접채취법, 이동채취법, 대표점채취법 등이 있다.

① 직접 채취법 : 측정점마다 1개의 먼지 채취기를 사용하여 시료를 채취한다.

② 이동 채취법 : 1개의 먼지 채취기를 사용하여 측정점을 이동하면서 각각 같은 흡입시간으로 먼지시료를 채취한다.

③ 대표점 채취법 : 4.1.1.3의 규정에 따라 정해진 대표점에서 1개 또는 수 개의 먼지채취기를 사용하여 먼지시료를 채취한다.

4.1.4.2 시료 채취장치의 구성 및 취급법

굴뚝에서 배출되는 먼지시료를 채취하는 장치로는 각각 반자동식(1형 및 2형), 수동식, 자동식 채취장치가 있으며 여기에서는 반자동식 채취장치(1형)을 중심으로 설명하기로 한다.

반자동식 채취장치를 이용하여 배출가스의 유속과 같은 속도로 시료가스를 흡입 (이하 등속흡입이라 한다)하여 일정 온도로 유지되는 실리카 섬유제 여과지에 먼지를 채취한다. 먼지가 채취된 여과지를 110°C ± 5°C에서 1시간~3시간 충분히 건조시켜 부착 수분을 제거한 후 먼지의 중량농도를 계산한다. 다만, 배연탈황시설과 황산미스트에 의해서 먼지농도가 영향을 받은 경우에는 여과지를 160°C 이상에서 4시간 이상 건조시킨 후 먼지농도를 계산한다.

(1) 채취장치의 구성

시료 채취장치는 흡입노즐, 흡입관, 피토관, 여과지 홀더, 여과지 가열장치, 임핀저 트레인, 가스흡입 및 유량측정부 등으로 구성되며 여과지 홀더의 위치에 따라 1형과 2형으로 구별되는데 여기에서는 여과지 홀더가 채취관 전단에 부착된 1형(그림 4.20)에 대해서 설명하기로 한다.

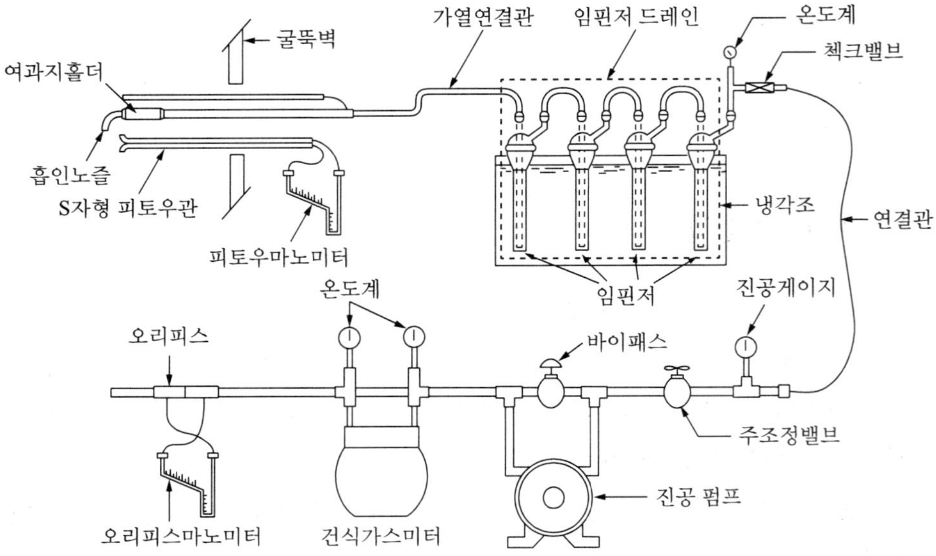

그림 4.20 반자동식 먼지시료채취장치 (1형)

1) 흡입노즐

흡입노즐은 스테인리스강, 경질유리, 또는 석영 유리제로 만들어진 것으로 다음과 같은 조건을 만족시키는 것이어야 한다.

① 흡입노즐의 안과 밖의 가스흐름이 흐트러지지 않도록 흡입노즐 안지름(d)은 3 mm 이상으로 한다. 흡입노즐의 안지름 d는 정확히 측정하여 0.1 mm 단위까지 구하여 둔다.

② 흡입노즐의 꼭지점은 그림 4.21과 같이 30° 이하의 예각이 되도록 하고 매끈한 반구모양으로 한다.

③ 흡입노즐 내외면은 매끄럽게 되어야 하며 흡입노즐에서 먼지채취부까지의 흡입관은 내부면이 매끄럽고 급격한 단면의 변화와 굴곡이 없어야 한다.

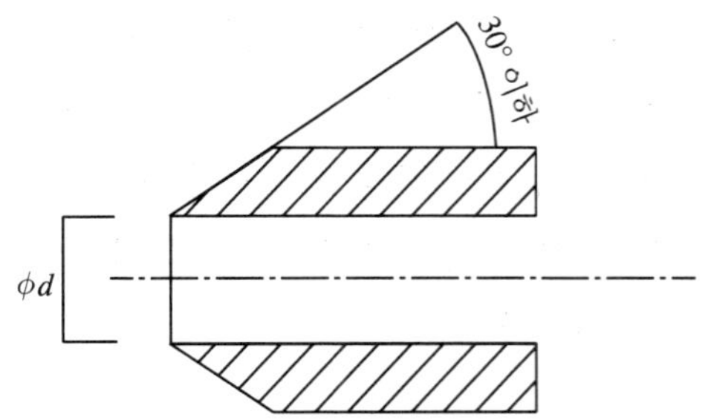

그림 4.21 흡입 노즐의 꼭지부분

2) 흡입관

수분응축 방지를 위해 시료가스 온도를 120°C ± 14°C로 유지할 수 있는 가열기를 갖춘 보로실리케이트 (borosilicate), 스테인리스강 또는 석영 유리관을 사용한다.

3) 피토관

피토관 계수가 정해진 L형 피토관 (C : 1.0 전후) 또는 S형 (웨스턴형) 피토관 (C : 0.85 전후)으로서 배출가스 유속의 계속적인 측정을 위해 흡입관에 부착하여 사용한다.

4) 차압 게이지

2개의 경사마노미터 또는 이와 동등의 것을 사용한다. 하나는 배출가스 동압 측정을 다른 하나는 오리피스압차 측정을 위한 것이다.

5) 여과지 홀더

여과지 홀더는 원통형 또는 원형의 먼지채취 여과지를 지지해주는 장치를 말한다. 이 장치는 유리제 또는 스테인리스강 등으로 만들어진 것으로 내식성이 강하고 여과지 탈착이 쉬워야 한다. 또 여과지를 끼운 곳에서 공기가 새지 않아야 한다.

6) 임핀저 트레인 및 냉각 상자

일렬로 연결된 4개의 임핀저로 구성되며 접속부는 가스 누출이 없도록 갈아 맞춤 또는 실리콘관으로 연결한다. 첫 번째, 세 번째 및 네 번째 임핀저는 변형 그리인버그 스미드형 (임핀저 헤드가 직선관임)으로서 탑을 플라스크 바닥에서 1.3 cm (1/2 inch) 되는 지점까지 이르는 안지름 1.3 cm (1/2 inch)의 유리관으로 대체한 것을 사용한다. 두 번째 임핀저는 표준팁이 그리인버그 스미드형을 사용한다. 임핀저에는 유해가스 흡수액을 넣고 배출가스를 통과시켜 유해가스를 흡수시켜 수분 및 유해가스로부터 기기를 보호한다. 체크밸브는 부압이 형성될 때 임핀저를 통해 굴뚝으로 역류하는 것으로부터 채취된 수분과 먼지를 보호하는 역할을 한다. 그러나 역류 현상은 시스템이 가동정지 상태에서 일어나므로 시료는 사용치 못하게 되며 다시 시료채취를 해야 한다.

7) 가스흡입 및 유량측정부

진공게이지, 진공펌프, 온도계, 건식가스미터 등으로 구성되며 등속흡입유량을 유지하고 흡입 가스량을 측정할 수 있게 되어 있다.

4.1.4.3 시료채취절차

1) 4.1.1.3과 같이 측정점 수를 선정한다.
2) 4.1.2.1과 같이 배출가스의 온도를 측정한다.
3) S자형 피토관과 경사마노미터로 배출가스의 정압과 평균동압을 각각 측정한다.
4) 피토관을 측정공에서 굴뚝 내의 측정점까지 삽입하여 전압공을 배출가스 흐름방향에 수직으로 놓고 압력계에 의하여 동압을 측정한다.
5) 동압은 원칙적으로 0.1 mmH_2O의 단위까지 읽는다. 이때, 피토관의 배출가스 흐름방향에 대한 편차를 10°C 이하가 되어야 한다.
6) 4.1.2.2와 같이 배출가스 중의 수분량을 측정한다.
7) 측정점을 선정하여 시료채취부의 노즐을 상부방향으로 측정점에 도달시킨 후 측정과 동시에 노즐을 하부방향으로 돌린다.
8) 매 채취점마다 동압을 측정하여 계산자(노모그래프) 또는 계산기를 이용하여 등속흡입을 위한 적정한 흡입노즐 및 오리피스 압차를 구한 후 유량조절밸브를 그 오리피스 차압이 유지되도록 유량을 조절하여 시료를 채취한다.
9) 한 채취점에서의 채취시간을 최소 2분 이상으로 하고 모든 채취점에서 채취시간을 동일하게 한다.
10) 흡입가스량은 원칙적으로 포집량이 원형 여과지일 때 포집면적 1 cm^2 당 1 mg 정도, 원통형 여과지일 때는 전체 포집량이 5 mg 이상 되도록 한다. 단, 동 채취량을 얻기 곤란한 경우에는 흡입가스량을 400 L 이상 또는 흡입 시간을 40분 이상으로 한다.
11) 시료채취 중에 굴뚝 내 배출가스 온도, 건식가스미터의 입구 및 출구온도, 여과지홀더 온도, 최종 임핀저 통과 후의 가스온도, 진공게이지압 등을 측정 기록한다.
12) 채취가 끝날 때마다 측정점에서의 가스 시료채취량을 기록해 둔다. 이러한 수치들을 기록하기 위한 기록지 양식의 한 예가 표 4-8에 나타나 있다.

표 4-8 먼지시료채취 기록지

사업장명 ______________

측정대상명 ______________

작성자명 ______________

측정일 ______________

측정번호 ______________

오리피스미터, △H

산소량(%) ______________

등속계수(%) __________

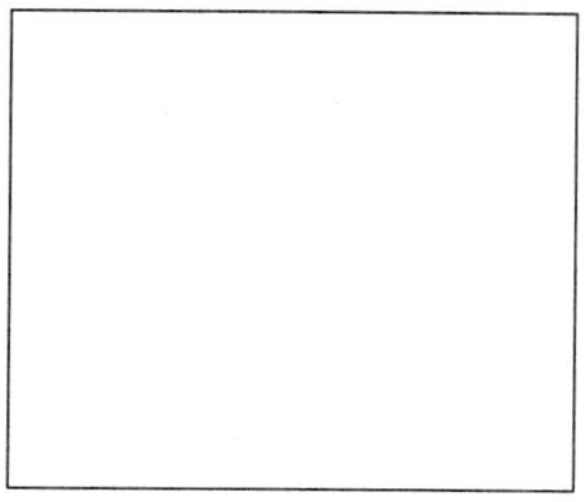

굴뚝단면 및 측정점 배열

피토관계수 __________

기온(°C) __________

기압(mmHg) __________

수분량(%) __________

흡입관 길이(m) __________

흡입노즐 직경(cm) __________

배출가스정압(mmHg) __________

여과지 번호 __________

채취점 번호	시료 채취시간 (분)	진공 게이지압 (mmHg)	배출가스 온도 (°C)	배출가스 동압 (mmH_2O)	오리피스 압차 (mmH_2O)	시료 채취량 (m^3)	건식가스미터에서의 온도(°C)		여과지 홀더온도 (°C)	최종 임핀저 출구온도 (°C)
							입구	출구		
합계							평균	평균		
평 균							평 균			

※비고:

1. 시료채취 중 임핀저 통과 후의 가스온도가 20°C가 넘을 경우엔 잘게 부순 얼음을 더 채우거나 소금을 첨가하도록 한다.
2. 먼지가 포집됨에 따라 여과지에 전후의 압력이 너무 높아져 등속흡입을 유지하기가 어려울 경우에 새 여과지로 교환 (여과지홀더도 같이 교환하는 것이 좋다.)한 후 시료채취를 계속한다. 이때 총포집먼지량은 각 여과지에 포집된 먼지량의 합이 된다.

13) 등속흡입 정도를 보기 위해 다음 식 또는 계산기에 의해서 등속계수를 구하고 그 값이 (95~110)% 범위 내에 들지 않는 경우에는 다시 시료채취를 행한다.

$$I(\%) = \frac{T_s[0.00346\,V_{ic} + V_m/T_m(P_a + \Delta H/13.6)]}{P_s \cdot t \cdot v \cdot A_n} \times (1.667 \times 10^4)$$

여기서, I : 등속계수 (%)

P_s : 배출가스 압력 (mmHg: 760 + P_s')

P_s' : 배출가스 정압

T_s : 배출가스 평균 절대온도(K: 273 + θ_s(°C))

V_{ic} : 임핀저와 실리카겔에 채취된 물의 총량 (mL)

V_m : 건식가스미터에서 읽은 가스시료 채취량 (m^3)

T_m : 건식가스미터의 평균 절대온도 (K: 273 + θ_m(°C))

P_a : 측정공 위치의 대기압 (mmHg)

ΔH: 오리피스 압차 (mmH_2O)

t : 총시료 채취시간 (분)

v : 배출가스 유속 (m/s)

A_n : 노즐의 단면적 (cm^2)

등속흡입(isokinetic sampling)이란 배출가스 흐름 중에서 채취관을 이용하여 먼지 농도 측정을 위한 시료를 채취할 때 채취관내의 흡입 유속(V_s)을 주위의 기류속도 (V_g)와 같게 하는 것을 가리킨다(그림 (a)). 왜냐하면, 시료 채취시 채취관내의 흡입 유속이 기류의 유속과 달라지면 크기가 큰 먼지 입자는 관성력의 영향으로 과다 또는 과소하게 채취되기 때문에 시료의 먼지 농도는 기류 중의 먼지의 실제 농도와는 달라지게 되기 때문이다.

아래의 그림에서 주위의 기류 유속에 비해 흡입 유속이 느리면(그림 (b)), 가스는 빠른 기류의 유속에 의해 채취관으로 유입되지 않고 지나쳐 가지만, 관성력이 큰 먼지 입자는 운동 방향을 쉽게 바꾸지 못하고 채취관 안으로 유입된다. 따라서 채취 시료의 먼지 농도는 기류 중의 실제 먼지농도에 비해 높게 된다. 반대로 흡입 유속이 빠른 경우(그림 (c)), 가스는 채취관 내부로 빠르게 유입되지만 먼지시료는 채취관으로 흡입되지 못하여 채취 시료의 먼지 농도는 실제 먼지농도에 비해 낮아지게 된다.

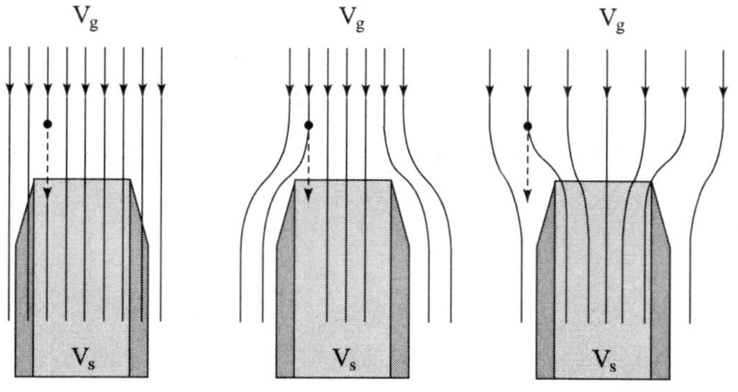

(a) $V_g = V_s$ 등속 흡입 (Isokinetic Sampling)   (b) $V_g > V_s$ 흡입속도가 느림   (c) $V_g < V_s$ 흡입속도가 빠름

4.1.5 휘발성 유기화합물의 시료채취방법

이 방법은 산업시설 등에서 굴뚝 등으로 배출되는 배출가스 중 휘발성 유기화합물(VOCs, volatile organic compounds)의 시료채취에 적용하며, 실내 공기나 배출원에서 일시적으로 배출되는 미량 휘발성 유기화합물의 채취 및 누출 확인, 굴뚝 환경이나 기기의 분석조건 하에서 매우 낮은 증기압을 갖는 휘발성 유기화합물의 측정에는 적용하지 않는다. 또한, 알데히드류 화합물질에 대해서도 적용하지 않는다.

4.1.5.1 시료채취장치

시료 채취장치로는 흡착관법과 시료채취주머니(테들러 백)방법이 있다.

(1) 흡착관법

휘발성 유기화합물질 시료채취장치 (VOST, volatile organic sampling train)는 시료채취관, 밸브, 응축기 (2세트), 흡착관 (2세트), 응축수트랩 (2세트), 건조제 (실리카겔), 유량계, 진공펌프 및 진공게이지와 건식가스미터로 구성되며, 각 장치의 모든 연결부위는 진공용 윤활유를 사용하지 않고 불소수지 재질의 관을 사용하여 연결한다. 장치의 구성은 그림 4.22와 같다.

① 채취관 : 채취관 재질은 유리, 석영, 불소수지 등으로, 120°C 이상까지 가열이 가능한 것이어야 한다.

② 밸브 : 불소수지, 유리 및 석영재질로 밀봉 윤활유 (sealing grease)를 사용하지 않고 가스의 누출이 없는 구조이어야 한다.

③ 응축기 및 응축수 트랩 : 응축기 및 응축수 트랩은 유리재질이어야 하며, 응축기는 가스가 앞쪽 흡착관을 통과하기 전 가스를 20°C 이하로 낮출 수 있는 용량이어야 하고 상단 연결부는 밀봉윤활유를 사용하지 않고도 누출이 없도록 연결해야 한다.

④ 흡착관 : 흡착관은 스테인리스강 (예 : 5 × 89 mm) 또는 파이렉스 (pyrex) 유리 (예 : 5 × 89 mm)로 된 관에 측정대상 성분에 따라 흡착제를 선택하여 각 흡착제의 파과부피(breakthrough volume)를 고려하여 일정량 이상 (예, 200 mg)으로 충전한 후

에 사용한다. 흡착관은 시판되고 있는 별도규격 제품을 사용할 수 있다. 각 흡착제는 반드시 지정된 최고온도범위와 가스유량을 고려하여 사용하여야 하며, 흡착관은 사용하기 전에 반드시 안정화 (conditioning)단계를 거쳐야 한다. 보통 350°C (흡착제의 종류에 따라 조절가능)에서 99.99% 이상의 헬륨가스 또는 질소가스 50~100 mL/min으로 적어도 2 시간 동안 안정화 (시판된 제품은 최소 30 분 이상)시키고, 흡착관은 양쪽 끝단을 테플론 재질의 마개를 이용하여 밀봉하거나, 불활성 재질의 필름을 사용하여 밀봉한 후 마개가 달린 용기 등에 넣어 이중 밀봉하여 보관한다. 흡착관은 24 시간 이내에 사용하지 않을 경우 4°C의 냉암소에 보관하고, 반드시 시료채취 방향을 표시해주고 고유번호를 적도록 한다.

⑤ 유량 측정부 : VOST의 유량측정부는 진공게이지, 펌프, 건식가스미터 및 이와 관련된 밸브와 장비들로 구성된다. 앞쪽의 응축기와 흡착관사이의 가스온도를 앞쪽응축기 바깥표면에 연결된 열전대(thermocouple)를 이용하여 측정하되 이 지점의 온도는 20°C 이하가 되어야 하고, 만약 그렇지 않다면 다른 응축기를 사용하여야 한다. 기기의 온도 및 압력 측정이 가능해야 하며, 최소 100 mL/min의 유량으로 시료채취가 가능해야 한다.

⑥ 시료채취 연결관 : 시료채취관에서 응축기 및 기타부분의 연결관은 가능한 짧게 하고, 밀봉 윤활유 등을 사용하지 않고 누출이 없어야 하며, 불소수지 재질의 것을 사용한다.

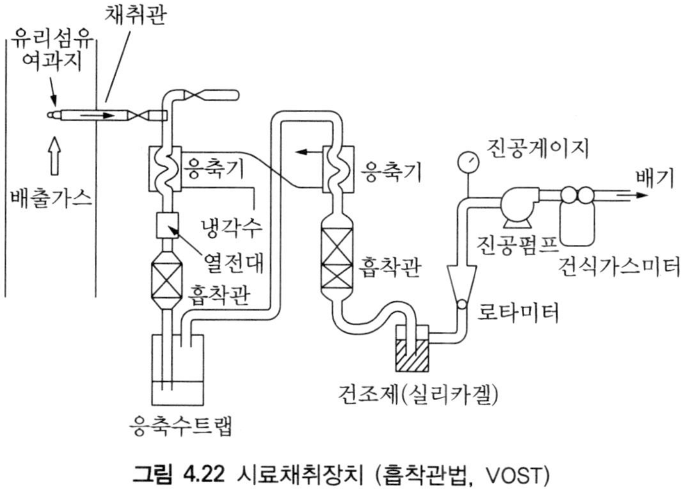

그림 4.22 시료채취장치 (흡착관법, VOST)

(2) 시료채취주머니(테들러 백) 방법

시료채취관, 응축기, 응축수트랩, 진공흡입상자, 펌프로 구성되며, 각 장치의 모든 연결부위는 불소수지 재질의 관을 사용하여 연결한다 (그림 4.23). 시료채취주머니는 시료채취 동안이나 채취 후 보관 시 반드시 직사광선을 받지 않도록 하여 시료성분이 시료채취주머니 안에서 흡착, 투과 또는 서로간의 반응에 의하여 손실 또는 변질되지 않아야 한다. 진공흡입상자를 사용하여 시료를 채취하는 것이 가장 안전하다. 이러한 시료채취 시스템의 원리는 통 내부의 공기를 진공펌프로 빨아들여 진공상태로 만든 뒤 외부의 시료를 시료채취주머니 내부로 서서히 유입시키는 방법으로서 간단히 제작하여 쓸 수 있다. 시료채취의 입구는 되도록 유리섬유 (glass wool)와 같은 여과재를 채워 먼지의 유입을 막아야 한다.

또한 기존의 복잡한 진공흡입장치를 현장에서 간편하게 휴대하여 사용할 수 있도록 휴대용 케이스형태로 제작하여 사용하기도 한다 (그림 4.24). 또한, 배출가스의 온도가 100 ℃ 미만으로 시료채취주머니 내에 수분응축의 우려가 없는 경우 응축기 및 응축수 트랩을 사용하지 않아도 무방하다.

① 채취관 : 흡착관법에서의 규정과 동일한 조건을 갖추어야 한다.
② 응축기 및 응축수 트랩 : 흡착관법에서의 규정과 동일한 조건을 갖추어야 한다.
③ 진공용기 : 진공용기는 1~10 L 테들러 백을 담을 수 있어야 하며, 용기가 완전진공이 되도록 밀폐된 구조의 것을 사용하여야 한다.

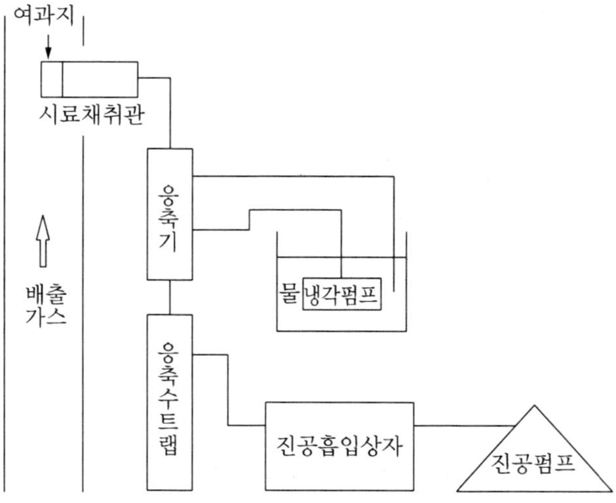

그림 4.23 시료채취장치 (Tedlar bag)

④ 진공펌프 : 시료채취펌프는 흡입유량이 1~10 L/min의 용량과 격막펌프 (diaphragm pump)로 VOC 흡착성이 낮은 재질 (테플론 재질)로 된 것을 사용한다.

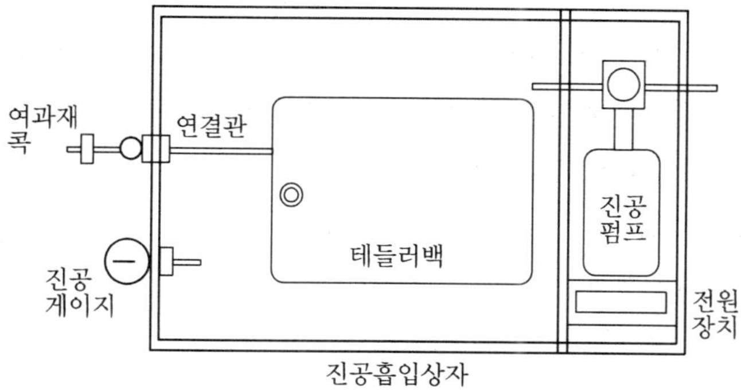

그림 4.24 휴대용 시료채취주머니 시료채취장치

4.1.5.2 시료채취방법

(1) 흡착관법

① 흡착관은 4.1.5.1의 (4)에서 규정한 것과 같이 사용하기 전에 적절한 방법으로 안정화한 후 흡착관을 그림 4.22의 시료채취장치에 연결한다. 단, 흡착관은 물과의 친화력에 따라 응축기 뒤쪽 또는 응축수 트랩 뒤쪽에 각각 연결할 수 있다.

② 누출시험을 실시한 후 시료를 도입하기 전에 가열한 시료채취관 및 연결관을 시료로 충분히 치환한다.

③ 시료흡입속도는 100~250 mL/min 정도로 하며, 시료채취량은 1~5 L 정도가 되도록 한다.

④ 시료가스미터의 유량, 온도 및 압력을 측정한다.

⑤ 시료를 채취한 흡착관은 양쪽 끝단을 테플론 재질의 마개를 이용하여 단단히 막고 불활성 재질의 필름 등으로 밀봉하거나 마개가 달린 용기 등에 넣어 이중으로 외부 공기와의 접촉을 차단하여 분석하기 전까지 4°C 이하에서 냉장 보관하여 가능한 빠른 시일 내에 분석한다.

(2) 시료채취주머니(테들러 백) 방법

① 시료채취주머니는 새 것을 사용하는 것을 원칙으로 하되 만일 재사용 시에는 제로가스와 동등 이상의 순도를 가진 질소나 헬륨가스를 채운 후 24시간 혹은 그 이상 동안 시료채취주머니를 놓아둔 후 퍼지 (purge)시키는 조작을 반복하고, 시료채취주머니 내부의 가스를 채취하여 가스크로마토크래피를 이용하여 사용 전에 오염여부를 확인하고 오염되지 않은 것을 사용한다.

② 누출시험을 실시한 후 시료를 채취하기 전에 가열한 시료채취관 및 도관을 통해 시료로 충분히 치환한다.

③ 시료채취주머니를 시료채취장치에 연결한다.

④ 1~10 L 규격의 시료채취주머니를 사용하여 1~2 L/min 정도로 시료를 흡입한다.

⑤ 시료채취주머니는 빛이 들어가지 않도록 차단하고 시료채취 이후 24 시간 이내에 분석이 이루어지도록 한다. 시료채취 전에는 테들러 백의 바탕시료를 확인 후 시료채취에 임하도록 한다.

참고자료

1. 대기오염공정시험기준 – 배출가스 중 굴뚝시료 채취방법 (ES01114), 국립환경과학원, 2016년

4.1장 내용확인문제

[Part 1] 시료 채취위치

01. 대기오염물질의 배출농도를 측정하고자 시료의 채취위치를 결정하는 원칙에 대한 설명이다. (　　　　)에 알맞은 말을 넣어라.

> 측정위치는 원칙적으로 굴뚝에서 하며, (　　　) 부분을 피하여 배출가스의 흐름이 안정되고 측정작업이 쉬우며, 안전한 곳을 선정한다.
>
> ① 직경이 일정한 원형 굴뚝의 경우에는 하부 끝단으로부터 위를 향하여 직경의 (　　)배 이상 떨어진 곳으로 하며, 상부 끝단으로부터는 아래쪽으로 직경의 (　　)배 이상 떨어진 곳으로 한다. 만약, 굴뚝의 길이가 짧아서 위의 기준을 충족하는 위치를 구할 수 없을 경우에는, 차선책으로 하부 끝단으로부터 위를 향하여 직경의 (　　)배 이상 떨어지고, 상부 끝단으로부터는 아래쪽으로 직경의 (　　)배 이상 떨어진 곳을 택한다.
>
> ② 단면이 사각형인 굴뚝에서는 직경이라는 개념이 없으므로, 마치 원형 굴뚝인 것처럼 직경값을 정의해서 사용하는데, 이렇게 정의한 직경값을 (　　　　)이라 하며, 이 값을 구한 뒤 ①번 항의 원형 굴뚝에 적용한 원칙을 적용하여 채취위치를 결정한다.

02. 다음 경우에 있어서 환산직경(equivalent diameter)을 계산하여라.

① 가로 4.5 m, 세로 2.5 m로 되어있는 직사각형 굴뚝

② 내경이 D_i이고 외경이 D_o인 환형(annulus)관

03. 높이가 25 m, 하부 단면의 가로와 세로가 각각 2.5 m, 2.0 m이고 상부 단면의 가로와 세로가 각각 2.0 m, 1.5 m인 단면이 변하는 사각형 굴뚝이 있다. 시료 채취점의 높이를 결정하기 위하여 하부로부터 19 m가 되는 지점을 정하고 이 위치에서 단면의 가로와 세로의 길이를 측정해보니 각각 2.3 m, 1.8 m이었다. 이 위치는 시료채취점의 위치로 적절한지 설명하여라.

04. 다음의 경우 시료 채취를 위해 필요한 측정점의 수와 측정점의 위치를 구하여라.

① 직경이 2 m인 원형 굴뚝

② 가로가 2 m, 세로가 1.8 m인 직사각형 굴뚝

[Part 2] 유속, 유량, 수분량 측정

01. 직경이 1.2 m인 굴뚝에서 배출가스 유속을 피토관으로 측정했더니 동압이 15 mmH_2O 였다. 다음과 같은 조건에서 배출가스량(m^3/min)은 얼마인가? (피토관 계수: 0.85, 배출가스 온도: 120°C, 정압: 0 mmH_2O, 표준가스 밀도: 1.29 kg/Sm^3)

02. 어떤 연도를 흐르고 있는 가스를 피토관을 이용해 측정한 결과 동압이 50 mmH_2O이고 유속이 20 m/s 이었다. 덕트의 밸브를 열어 동압을 측정하였더니 30 mmH_2O가 되었다면 이 때의 유속은 얼마(m/s)인가?

03. 배출가스 유량이 500 m^3/min, 목부 유속이 85 m/s, 액가스비 1 L/m^3, 배출가스 온도가 100°C 일 때 목부 직경(m)을 구하여라.

04. 연도 내를 흐르는 연소가스의 온도는 133°C이고 정압은 15 mmHg, 대기압은 745 mmHg 이었다. 연도 내를 흐르는 연소가스의 밀도는 얼마(kg/m^3)인가?

05. 굴뚝 배출가스중의 수분을 측정하기 위하여 흡습관에 배출가스 20 L를 흡인하여 흡입시킨 결과 흡습관의 중량증가는 1.3206 g이었다. 이 때 가스흡입은 건식가스미터로 측정하였고 그 가스미터의 가스 게이지압은 5 mmH_2O, 온도는 24°C이었다. 그리고 대기압은 760 mmHg이었다. 이 배출가스중의 수분량은 몇 [%]인가?

06. 연소 배기가스 중의 수분량을 측정한 결과 건조가스 1 m^3 당 80 g 이었다. 건조가스에 대한 수분의 용량비(%)는?

[Part 3] 가스상 물질 채취방법

01. 굴뚝에서 가스 시료를 채취하기 위해 사용하는 채취관이 갖추어야 할 특성을 설명하여라.

02. 소각로 배출가스중의 염화수소(HCl) 농도를 측정하기 위하여 굴뚝에서 시료를 채취하려고 한다. 이 때 시료채취관으로 사용 가능한 재질을 아는대로 열거하여라. 또, 이 때 먼지의 유입을 막기 위해 사용하는 여과재의 재질로 적합한 것을 아는대로 열거하여라.

03. 시료 채취관과 도관을 보온을 하거나 가열을 해주어야 하는 경우가 있는데, 어떠한 경우인가 ? 또 그 보온 또는 가열을 하는 무엇인가?

04. 흡수병을 사용하며, 시료 채취량 10~20 L인 시료채취장치를 구성하여라. 그리고 각 부품의 명칭과 역할에 대하여 설명하여라.

05. 다음의 시료를 채취할 때 사용하는 흡수액은 각각 무엇을 사용하는가?
또, 바이패스 세척병에는 어떤 용액을 넣어야 하는가?

채취대상 가스	흡수액	바이패스 세척액
암모니아		
염화수소		
황산화물		
시안화수소		
질소산화물		

06. 다음은 가스상 시료물질 채취장치 및 채취시의 주의사항에 대한 설명이다. (　　)안에 알맞은 말을 넣어라.

① 수직굴뚝의 경우에는, 바람의 방향에 따라 작업 위치의 변경을 위해서 채취구를 같은 높이에 (　　)개 이상 설치하는 것이 좋다.

② 굴뚝내의 압력이 매우 큰 부압(- (　　) mmH_2O 정도 이하)인 경우에는, 시료 채취용 굴뚝을 부설하여, 용량이 큰 펌프를 써서 시료가스를 흡입하고 그 부설한 굴뚝에 채취구를 만든다.

③ 흡수병은 대상 성분마다 전용으로 하는 것이 좋으나 만일 공용으로 할 때에는 대상 성분이 달라질 때마다 묽은 산 또는 알칼리 용액과 물로 깨끗이 씻은 다음 다시 흡수액으로 (　　)회 정도 씻은 후 사용한다.

④ 가스미터는 (　　) mmH_2O 이내에서 사용한다.

07. 어떤 굴뚝 배출가스중의 암모니아 농도를 측정하기 위하여 흡수병을 이용하여 시료를 채취하였다. 다음과 같은 측정치를 얻었을 때 건조 시료가스 채취량[L]은 얼마인가?

1. 습식가스미터로 측정한 흡인 가스량: 29.7 L
2. 습식가스미터 게이지 압: 15.5 mmHg
3. 습식가스미터 흡인 가스온도: 26.3°C
4. 측정공에서의 대기압: 765 mmHg

[Part 4] 입자상 물질 채취방법

01. 원형 굴뚝 단면의 반경이 2.2m 인 경우 측정점의 수는?

02. 등속흡입(Isokinetic sampling)이란 무엇인가? 또, 먼지 시료를 채취할 때에 등속 흡입을 하여야 하는 이유를 설명하여라.

03. 보통형 흡인 노즐을 이용하여 굴뚝배출가스를 등속흡인을 위한 흡인유량(L/min)을 구하여라.

-흡인노즐의 내경: 6 mm	-배출가스의 유속: 7.5 m/s
-대기압: 765 mmHg	-건식 가스미터의 게이지압: 1 mmHg
-측정점에서의 정압: − 1.5 mmHg	-건식 가스미터의 흡인온도: 20°C
-배출가스 온도: 125°C	-배출가스 중 수증기의 부피백분율: 10%

04. 굴뚝배출가스 중 먼지를 채취하기 위하여 흡인형 노즐을 통해 10분간 흡인한 가스량이 습식가스미터 기준으로 60 L 이었다. 이 때 등속흡인이 이루어지기 위한 가스미터에서의 등속흡인유량의 적정 범위는 얼마인가?

05. 다음은 굴뚝 배출가스 중 먼지농도를 측정하기 위한 반자동식 시료채취방법에 대한 설명이다. (　　　)안에 적합한 말을 넣어라.

> ① S자형 피토관과 경사마노미터를 사용하여 배출가스의 정압과 평균동압을 측정한다. 이 때 동압은 원칙적으로 (　　) mmH_2O의 단위까지 읽으며, 피토관의 배출가스 흐름방향에 대한 편차는 (　　　)°C 이하가 되어야 한다.
>
> ② 한 채취점에서의 채취시간을 최소 (　　)분 이상으로 하고 모든 채취점에서 채취시간을 동일하게 한다.
>
> ③ 흡입가스량은 원칙적으로 포집량이 원형여과지일 때 포집면적 1 cm^2 당 (　　) mg 정도, 원통형여과지일 때는 전체포집량이 (　　) mg 이상 되도록 한다.

4.2절 가스상 오염물질의 농도 측정

4.2.1 적정법에 의한 분석

4.2.1.1 적정법의 기초

(1) 용량분석의 종류

화학반응을 이용한 용량 분석방법에는 화학반응의 종류에 따라 다양한 방법이 존재하나, 일반적으로 많이 사용되는 방법으로 중화적정법(neutralization titration), 산환-환원적정법(oxidation-reduction titration), 침전적정법(precipitation titration), 킬레이트적정법(chelatometric titration) 등이 있다.

이와 같은 용량 분석방법들의 특징은 이용되는 화학반응이 반응속도가 빠르고, 반응이 정량적으로 진행되며, 역반응이나 부반응을 동반하지 않으며, 반응이 종료되는 지점의 확인이 용이하다.

① 중화적정법(neutralization titration)

산-염기의 중화반응을 이용하여 정량하는 방법으로 산-염기적정법이라고도 한다.

② 산화-환원적정법(oxidation-reduction titration)

산화제 또는 환원제를 이용하여 정량대상 물질이 산화 또는 환원되는 반응을 이용하여 정량하는 방법으로 과망간산포타슘 적정법(permanganate titration), 중크롬산포타슘 적정법(dichromate titration), 아이오딘 적정법(iodometry) 등이 있다.

③ 침전적정법(precipitation titration)

침전을 생성시키는 반응을 이용하는 방법으로 황산화물을 정량하는데 사용하는 아르세나조 Ⅲ 법 등이 한 예이다.

④ 킬레이트 적정법(chelatometric titration)

금속이온과 킬레이트 시약의 반응에 의해서 킬레이트 화합물이 생성하는 반응을 이용하여 정량하는 방법이다.

(2) 표준물질과 표준용액

1) 표준물질(standard substance)

정확한 표준용액을 제조할 때에는 조성을 잘 알고 있는 안정한 물질로서 가능한 순도가 높으며, 일정한 조성을 가진 물질들을 이용하게 되는 데 이와 같은 물질을 표준물질(standard substances)이라 한다.

표준물질로서 사용되기 위해서는 다음과 같은 조건을 갖추어야 한다.

① 순수상태로 얻을 수 있거나 정제가 쉽게 되며, 일정한 조성을 가질 것
② 흡습성, 조해성이 없고 칭량하기 쉬우며 공기 중의 산소, 이산화탄소 및 햇빛 등에 의해 변하지 않는 것으로 보존하여 사용할 수 있는 것
③ 가열, 건조에 의하여 일정한 중량이 되고, 결정수(結晶水)는 가급적 없을 것
④ 수용액에서 안정한 상태를 유지하며, 변하지 않을 것. 즉, 비가역적이며, 가수분해가 일어나지 않을 것
⑤ 물에 대한 용해도가 크며, 가열하지 않아도 잘 녹는 것
⑥ 반응이 정량적으로 일어나는 것
⑦ 당량이 커서 상대적으로 오차가 적을 것

한편, 표준물질은 사용하기 전에 건조하여야 하며, 황산데시케이터 내에서 방냉하여 보관하여야 한다. 표준물질 별로 적용하는 건조 조건은 표 4-9에 정리하여 나타내었다.

건조 온도가 500°C 전후인 경우에는 백금도가니 중에 5 g 이내를 취하며 건조온도가 200°C 이하일 경우에는 적당한 크기의 칭량병에 넣어 평평하게 고르고 두께를 5 mm 이하로 한다. 황산데시케이터에 사용할 황산은 아황산이나 기타 휘발성 불순물이 함유되지 않은 순수한 것을 사용한다.

표 4-9 표준 물질의 종류와 건조 조건

표준물질	건조조건
아연(Zn)	염산(1+3), 물, 아세톤 순서로 세척한 후 황산데시케이터에서 24시간 이상 보관한다.
염화소듐(NaCl)	백금도가니에 넣고 500~600°C에서 40~50분간 건조시킨다.
삼산화비소(As_2O_3)	105°C에서 3~4시간 건조시킨다.
중크롬산포타슘($K_2Cr_2O_7$)	막자사발에서 분쇄한 후 100~110°C에서 3~4시간 건조시킨다.
옥살산소듐($Na_2C_2O_4$)	150~200°C에서 1~1.5시간 건조시킨다.
설팜산($HOSO_2NH_2$)	감압황산데시케이터에서 약 48시간 보관한다.
무수탄산소듐(Na_2CO_3)	백금도가니에 넣고 500~650°C에서 40~50분간 건조시킨다.
구리(Cu)	아세트산(1+49), 물, 에탄올 순서로 세척한 후 황산데시케이터에서 24시간 이상 보관한다.
플루오르화소듐(NaF)	백금도가니에 넣고 500~550°C에서 40~50분간 건조시킨다.
아이오딘산포타슘(KIO_3)	120~140°C에서 1.5~2시간 건조시킨다.

2) 표준용액(standard solution)

용량분석에 사용하는 정확한 농도의 용액을 표준용액이라고 하고, 보통 농도는 규정 농도(N)를 사용한다. 다만, 킬레이트 적정에서는 몰농도(M)를 사용하기도 한다. 일반적으로 적정에 사용되는 표준액의 농도는 취급하기 쉬운 농도인 0.1 N의 것을 많이 사용한다.

① 1차 표준용액

앞에서 서술한 순수한 표준물질을 정확하게 칭량하여 물에 녹여 제조한 용액을 1차 표준용액이라고 한다.

예) NaO, $Na_2C_2O_4$, NaCl 표준용액

② 2차 표준용액

시약이 불순물을 포함하거나, 결정수의 함량이 변하거나, 공기 중의 수분을 흡수하거나, 이산화탄소에 의해 변질되는 경우에는 정확히 칭량하는 것이 어려워진다.

이런 경우에는 대략적으로 칭량을 하여 목적하였던 농도에 가까운 용액을 제조한 다음,

농도를 알고 있는 1차 표준용액이나 기타 순수물질을 기준으로 하여 정확한 농도를 산출하고 그 농도를 보정해주는 절차를 거치게 된다. 이와 같이 제조하는 용액을 2차 표준용액이라고 한다.

예) NaOH, $KMnO_4$, HCl 표준용액

3) 적정(titration)

용량분석에서 가장 중요한 조작은 적정이다. 뷰렛에 표준용액을 넣고 한 방울씩 시료용액에 첨가하면서 표준용액의 성분과 시료 용액중의 성분 간의 화학반응을 이용하여 종말점을 구하고 그 때까지 첨가된 표준용액의 양으로부터 시료 용액 중의 측정하고자 하는 성분의 양을 알아내는데, 이와 같이 정량하는 조작을 적정(titration)이라고 한다. 또 필요에 따라서는 시료용액을 과량 가하여 충분히 반응시켜 반응이 완료된 후에도 남아 있는 과잉량을 다른 적당한 표준용액으로 적정하는 경우도 있는데 이와 같은 방법을 역적정(back titration)이라고 한다.

적정에 있어서 정량하려는 성분의 당량값과 같은 당량값의 표준용액이 가해지게 되는 점을 당량점(또는 종말점; end point)이라고 한다. 당량점과 적정 조작에 있어서 적정 종점과의 차이가 클수록 적정오차는 커지게 된다.

4) 표정(standardization) 및 규정도 계수(normality factor)

적정 실험에 있어서 사용하는 표준용액의 정확한 농도를 적정에 의해 결정하는 조작을 표정(standardization)이라고 한다.

대부분의 적정 실험에 있어서 적정에 사용하기 위해 제조한 표준용액의 규정 농도는 실제 목표로 했던 농도와 미세한 차이가 있게 되며 정확하게 일치하지 않는 경우가 많다. 그러나 적정법에 의한 실험에서 표준용액의 농도가 정확하지 않으면 표준 용액과의 반응을 통해 정량하고자 하는 시료 중의 측정 성분의 농도를 정확하게 산출하는 것이 불가능해진다. 따라서, 이때에는 실제 제조된 표준용액의 농도를 보정하는 작업이 필요한데, 이와 같이 표준용액의 정확한 농도를 적정에 의해 결정하는 조작을 표정(standardization)이라고 한다. 표정 작업의 결과를 토대로 적정에 사용하기 위해 제조된 표준용액의 실제 제조농도의 값을 원래 목표로 했던 소정의 농도값으로 나누어 준 값을 조제된 표준용액의 규정도 계수(normality factor, f), 또는 간단히 역가(factor)라고 한다.

$$\text{규정도계수}(f) = \frac{\text{이론(mL)수}}{\text{실제(mL)수}} = \frac{\text{표준농도}}{\text{기준농도}}$$

예) 0.1N-KIO_3 (아이오딘산포타슘)용액을 제조할 경우

0.1 N의 정확한 아이오딘산포타슘 용액을 제조하려면 아이오딘산포타슘(1g당량 = 35.67 g) 0.3567 g을 물에 녹여 1 L로 하여야 한다.

그러나, 실제 제조시에 정확한 칭량을 하지 못하여 실제로 용액 제조에 투입된 아이오딘산포타슘의 양이 0.3571 g 이었고 이것을 녹여 1 L 용액을 제조하였다면, 실제 제조된 용액의 농도는 0.10011 N (=0.3571/0.3567)가 된다. 이 때 이 표준용액의 농도를 0.10011 N로 표시할 수도 있으나, 이 용액의 원래 제조하고자 했던 농도인 0.1 N로 표시하고 농도 보정계수의 의미로서 규정도 계수(f) 값 1.0011를 붙여서 나타내도록 한다. 즉, 위에서 제조한 아이오딘산포타슘 용액은 농도 0.1 N (f = 1.0011)이라고 표시하게 된다.

즉, 제조된 0.1 N-KIO_3 용액의 규정도 계수(f)가 1.0011이라면, 실제 제조된 아이오딘산포타슘 용액의 농도는 0.10011 N이라는 뜻이며, 이 용액 1 mL는 0.1 N 용액 1.0011 mL에 대응되는 양인 것을 의미하게 된다.

4.2.1.2 황산화물(침전적정법)

[Sulfur oxides in flue gas - Precipitation titration method : Arsenazo III]

가. 시료의 채취 및 관리

1. 시료 채취장치

그림 4.25는 시료 채취장치를 나타낸다.

(1) 시료 채취관은 배출가스 중의 황산화물에 의해 부식되지 않는 재질, 예를 들면 유리관, 석영관, 스테인레스(stainless steel) 강 재질 등을 사용한다.

(2) 시료가스 중에 먼지가 섞여 들어가는 것을 방지하기 위하여 채취관의 앞 끝에 알칼리(alkali)가 없는 유리솜 등 적당한 여과재를 넣는다.

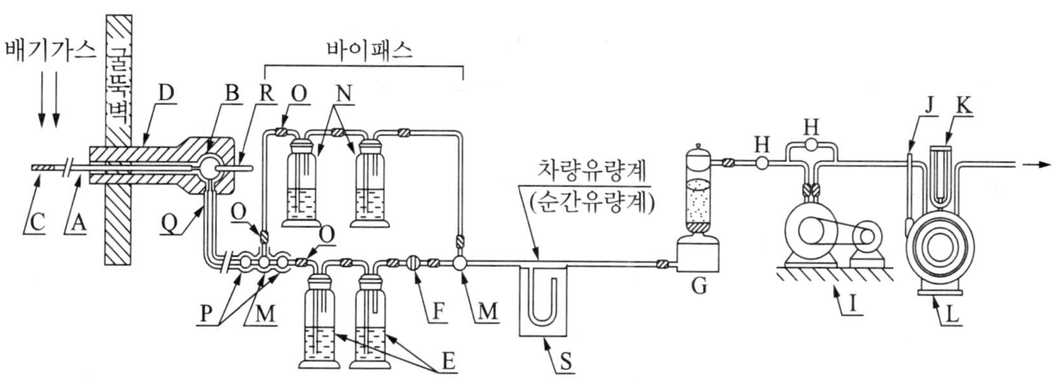

여기서,

A : 시료채취관
B : 연결관
C : 여과지
D : 보온재
E : 흡수병 (위로 향한 여과판 G2가 붙은 부피 (150~250) mL의 것)
F : 유리필터 (G4)
G : 가스건조탑 (실리카겔 입자)
H : 유량조절콕
I : 밀폐식 흡입펌프 (0.5~5 L/min)
J : 온도계
K : 압력계
L : 습식가스미터 (1회전 1 L)
M : 3방콕
N : 바이패스용 세척병[1] (E와 같은 것)
O : 실리콘 고무관
P : 구면 갈아맞춤
R : 온도계[2]
S : 마노미터

1 : 과산화수소수 (1+9) 50 mL를 넣는다.
2 : 가스의 온도를 알고 있을 경우에는 온도계를 꽂지 않아도 좋다.

그림 4.25 시료채취장치

(3) 시료가스 중의 황산화물과 수분이 응축되지 않도록 시료 채취관과 콕(M) 사이를 가열할 수 있는 구조로 한다.

(4) 배관은 될 수 있는 한 짧게 하고, 수분이 응축될 우려가 있는 경우에는 채취관에서 3방콕(M) 사이를 160°C 정도로 가열한다.

(5) 채취관과 어댑터(adapter), 3방콕 등 가열하는 접속부분은 갈아 맞춤 또는 실리콘 고무관을 사용하고 보통 고무관을 사용하면 안 된다.

2. 시료 채취위치

시료 가스의 채취위치는 대표할 수 있는 기체가 채취될 수 있는 점, 즉 기체의 유속이 현저하게 변화하지 않고 먼지 등이 쌓이지 않으며, 수분이 적은 곳을 선택하여야 한다.

3. 시료 채취방법

(1) 흡수병을 2개 이상을 준비하고 각각에 흡수액으로 50 mL씩을 넣는다. 흡수병은 위로 향한 여과판이 붙은 부피 150~250 mL의 것을 사용한다.

(2) 흡수병에 시료가스를 주입하기 전에 3방콕을 바이패스 병 방향으로 돌린 후, 흡입펌프를 작동시켜 시료 채취관으로부터 3방콕까지 시료가스로 치환한다.

(3) 흡입펌프를 정지시킨 후, 3방콕을 흡수병 방향으로 돌린 후, 가스미터의 지시값을 0.01 L 자리 수까지 읽어 취한다.

(4) 흡입펌프를 작동시켜 시료의 흡입속도는 약 1 L/min 으로 한다. 채취하는 시료가스의 양은 약 20 L로 하고 황산화물의 농도에 따라서 적당히 증감한다.

(5) 분석용 시료의 흡수장치는 될 수 있는 대로 채취위치에 가깝게 설치하고, 시료가스가 비교적 높은 온도일 때는 흡수병을 냉각조에 넣어 둔다.

(6) 시료 가스량의 측정과 동시에 가스미터에 나타난 온도와 게이지압을 측정하고 대기압을 측정한다.

4. 분석용 시료의 조제

(1) 시료가스의 흡인이 끝나면 전체 흡수병 속의 용액을 비이커에 옮기고 다시 흡수병을 흡수액으로 씻어 비이커 중의 용액에 합한 후 250 mL 부피플라스크에 옮겨 담고 물로 표시선까지 채운 것을 분석용 시료용액으로 한다.

(2) 농도가 진한 시료는 적당히 물로 묽게 하여 사용한다.

나. 시료의 분석

연소 등에 의하여 굴뚝 등에서 배출되는 배출가스 중의 황산화물(SO_2+SO_3)의 농도를 분석하는 대기오염공정시험기준은 아르세나조 Ⅲ을 지시약으로 이용하는 침전적정법(일명 아르세나조 Ⅲ 법)과 수산화소듐과의 중화반응을 이용한 중화적정법이 있으며, 여기에서는 주(主)공정시험기준인 침전적정법(아르세나조 Ⅲ법)을 설명하기로 한다.

1. 측정원리 및 적용범위

(1) 측정원리

분석용 시료를 과산화수소수[H_2O_2]에 흡수시켜 황산화물[SO_2+SO_3]을 황산[H_2SO_4]으로 만든 후, 아이소프로필알코올과 아세트산[CH_3COOH]을 가하고 아르세나조 III를 지시약으로 하여 아세트산바륨 [$(CH_3COO)_2Ba$] 용액으로 적정하여 황산화물을 정량한다. 이때 적자색이던 용액의 색깔이 청색으로 변하는 곳이 종말점이다.

$$SO_2 + H_2O_2 \rightarrow H_2SO_4$$
$$H_2SO_4 + (CH_3COO)_2Ba \rightarrow BaSO_4\downarrow + 2CH_3COOH$$
$$As\text{Ⅲ} + (CH_3COO)_2Ba \rightarrow BaSO_4\downarrow + Ba\text{-}As\text{Ⅲ}$$

(적자색) (청색킬레이트: 종말점)

위의 실험에서 아이소프로필알코올을 첨가하는 이유는 아르세나조 III(As-Ⅲ) 지시약의 변색을 뚜렷하게 하기 위해서이며, 아세트산을 첨가하는 이유는 용액을 약산성화 함(pH를 조정)으로써 아르세나조 III 지시약의 킬레이트 반응을 진행시키고 및 부반응인 탄산바륨의 생성반응을 억제하기 위해서이다.

(2) 적용범위

이 시험방법은 시료채취량 20 L에 대해 황산화물 농도가 약 50~700 ppm 정도의 시료에 적용한다.

2. 시약 및 표준 용액

(1) 흡수액

과산화수소수(H_2O_2, hydrogen peroxide, 분자량 : 34.01, 12~50%) 100 mL에 물 900 mL를 섞어 제조한다.

*흡수액은 제조 후 어둡고 서늘한 곳에 보관하여야 한다.

(2) 아세트산(CH_3COOH, acetic acid, 분자량 : 60.05, 99.7%)

*아세트산은 후드(hood) 안에서 취급한다.

(3) 0.004 N 황산

0.1 N 황산용액(H_2SO_4, sulfuric acid, 분자량: 98.07, 1% 미만)을 정확히 25배로 희석하여 사용한다.

→ 0.1 N 황산용액 10 mL를 분취하여 250 mL 용량 플라스크에 넣고 물을 표선까지 채운다.

*이 용액은 적정에 사용할 0.01 N 아세트산바륨 용액의 표정(규정도계수 산출)에 사용하므로 최대한 정확하게 제조하여야 하며, 사용할 0.1 N 황산용액의 규정도 계수 산출을 위한 표정은 아래의 방법에 의해 실시한다.

※ 0.1N 황산 용액의 표정(Standardization)

① 무수탄산소듐(Na_2CO_3, sodium carbonate, 분자량: 105.99, 99 %) (1~1.5) g을 백금 접시에 넣고 (500~650)°C에서 (40~50) 분간 가열한 후 데시케이터 속에서 식히고 그 무게를 정확히 단다.

② 이를 물에 녹여 250 mL 부피플라스크에 옮겨 넣고 물로 표시선까지 채운다.

③ 이 용액 25 mL를 200 mL 삼각플라스크에 분취한다.

④ 브롬페놀블루 지시약 ($C_{19}H_{10}Br_4O_5S$, bromphenol blue, 분자량: 669.96, 90% 이상) 0.10 g을 에탄올 (C_2H_5OH, ethanol, 분자량: 46.07, 특급) 20 mL에 녹여 물을 가하여 100 mL로 한 것 (2~3) 방울을 가한다.

⑤ 위에서 만든 0.1 N 황산 (H_2SO_4, sulfuric acid, 분자량: 98.07, 1% 미만)으로 적정한다.

⑥ 종말점 가까이에서 끓여서 탄산 (H_2CO_3, carbonic acid, 분자량: 100.09, 100%)을 제거하고 식힌 후 계속 적정한다.

⑦ 액의 색이 청색에서 황색으로 변하는 것을 종말점으로 한다.

⑧ 다음 식에 의해 규정도 계수를 계산한다.

$$f = \frac{W \times \frac{25}{250}}{V' \times 0.0053}$$

f : 0.1 N 황산의 규정도 계수(normality factor)
W : 탄산소듐의 양(g)
V' : 표정에 사용한 0.1 N 황산의 양(mL)
0.0053 : 0.1 N 황산 1 mL의 탄산소듐 상당량(g)

(4) 0.01 N 아세트산바륨 용액

아세트산바륨 1.1 g + 아세트산납 0.4 g + 물 200 mL + 아세트산 3 mL를 1 L 부피플라스크에 넣고 충분히 흔들어 녹여주고 완전히 녹은 다음 아이소프로필알코올을 표시선까지 채운다.

*아세트산바륨 ($(CH_3CO_2)_2Ba$, barium acetate, 분자량 : 255.42, 특급)

*아세트산납 ($(CH_3COO)_2Pb \cdot 3H_2O$, lead acetate, 분자량 : 325.29, 90%～100%)
(색깔변화를 뚜렷하게 하기 위해 첨가한다.)

*아세트산 (CH_3COOH, acetic acid, 분자량 : 60.05, 99.7%)

*아이소프로필알코올($(CH_3)_2CHOH$, isopropanol, 분자량 : 60.10, 95%)

*적정용 용액으로서 가능한 한 정확한 농도로 제조하여야 하며, 사용하기 전에 반드시 표정작업을 통하여 규정도 계수(또는 역가)를 구해야 한다.

표정작업은 다음과 같은 방법으로 실시한다.

※ 0.01 N 아세트산바륨 용액의 표정

① 0.004 N 황산 10 mL를 200 mL 삼각플라스크에 정확히 분취한다.
*정확히 분취하여야 하며, 홀피펫을 사용하는 것이 바람직하다.

② 아이소프로필 알코올 40 mL를 넣는다.

③ 아세트산 1 mL 및 아르세나조 III 지시약 4~6방울을 가한다.

④ 0.01 N 아세트산바륨 용액으로 적정한다.

⑤ 액의 색(적자색)이 청색이 되어 1분간 지속되는 점을 종말점으로 한다.

⑥ 다음 식에 의해 규정도 계수를 계산한다.

$$f = \frac{10 \times f'}{V'} \times \frac{100}{250}$$

f : 0.01 N 아세트산바륨 용액의 규정도 계수
f' : 0.004 N 황산의 규정도 계수(0.1 N 황산의 규정도 계수와 같다)
V' : 적정에 사용한 아세트산바륨 용액(0.01 N)의 양(mL)

(5) 아르세나조 III 지시약

아르세나조 III 0.2 g을 물 100 mL에 녹이고 거른다.

*아르세나조 Ⅲ ($(HOSO_2)_2C_{10}H_2(OH)_2(N_2C_6H_4AsO(OH)_2)_2$, arsenazo Ⅲ, 분자량 : 776.38, 특급)

*이 지시약은 갈색병에 보관하여야 하며, 1개월 이상 지나면 사용할 수 없다.

(6) 아이소프로필알코올 (IPA, isopropyl alcohol)

*아이소프로필알코올 ($(CH_3)_2CHOH$, isopropanol, 분자량 : 60.10, 95%)

3. 실험절차 (Experimental procedures)

실험은 적정용 0.01 N 아세트산바륨 용액의 표정, 바탕시험 및 본시험으로 구성되며, 각각의 실험절차는 다음과 같다. 각 실험별 적정 대상 시료의 종류는 다르지만 실험절차는 거의 유사하다.

먼저 200~250 mL 용량의 삼각플라스크 3개를 준비하고 각각에 표정용, 바탕시험용, 본시험용이라는 라벨을 부착한다.

(1) 0.01 N 아세트산바륨 용액의 표정(standardization)

① 0.004 N 황산 10 mL를 표정용이라는 라벨을 부착한 200~250mL 삼각플라스크에 정확히 분취한다.

② 아이소프로필 알코올 40 mL를 넣는다.

③ 아세트산 1 mL 및 아르세나조 III 지시약 4~6방울을 가한다.

④ 0.01 N 아세트산바륨 용액으로 적정한다.

⑤ 액의 색깔이 처음의 적자색에서 청색으로 변하여 1분간 지속되는 점을 종말점으로 한다.

⑥ 적정에 사용된 0.01 N 아세트산바륨 용액의 양(V'[mL])으로부터 다음 식을 이용하여 규정도 계수를 계산한다.

$$f = \frac{10 \times f'}{V'} \times \frac{100}{250}$$

f : 0.01 N 아세트산바륨 용액의 규정도 계수

f' : 0.004 N 황산의 규정도 계수

V' : 적정에 사용한 아세트산바륨 용액(0.01 N)의 양(mL)

(2) 바탕시험 (*본시험보다 먼저 수행한다.)

① 흡수액 10 mL를 바탕시험용이라는 라벨을 부착한 200~250 mL 삼각플라스크에 분

취한다.

② 아이소프로필알코올 40 mL를 넣는다.

③ 아세트산 1 mL 및 아르세나조 III 지시약 4~6방울을 가한다.

④ 0.01 N 아세트산바륨용액으로 적정한다.

⑤ 액의 색깔이 처음의 적자색에서 청색으로 변하여 1분간 지속되는 점을 종말점으로 한다.

⑥ 적정에 사용된 0.01 N 아세트산바륨 용액의 양 (b [mL])을 구한다.

> 바탕시험이란 분석하고자 하는 시료 용액 중에 측정하고자 하는 성분 이외의 물질과 표준 용액간의 반응이 일어나는 경우 이에 따른 측정 오차를 보상하기 위해 실시하는 시험이다. 위의 시험의 경우 정량하고자 하는 것은 시료 용액 중에 있는 황산성분과 반응하는 아세트산바륨의 양이다. 즉, 시료용액에 투입된 아세트산바륨의 양으로부터 시료 용액 중의 황산의 양을 알아내고자 하는 시험이다. 그런데, 시료 용액에는 황산 성분 이외에도 과산화수소, 아세트산이나 아이소프로필알코올 등 다른 성분들도 다량 함유되어 있다.
>
> 따라서, 첨가한 아세트산바륨의 일부가 이런 성분들과의 반응에 의해 소모될 가능성을 배제할 수는 없다. 따라서, 시료 용액 중에 황산 성분만을 제외한 나머지 성분은 동일하게 존재하는 용액을 제조하여 적정시험을 함으로써 다른 성분들에 의한 표준 용액의 소모량을 산출하여 본 시험의 결과에서 얻어진 황산 성분과 반응한 표준 용액의 소모량으로부터 이 값을 배제하여 순수하게 황산 성분과 반응한 표준 용액의 양을 정량하게 되는데, 이와 같은 목적을 위해 실시하는 시험을 바탕시험이라고 한다.

(3) 본시험

① 분석용 시료 용액 10 mL를 본시험용이라는 라벨을 부착한 200~250 mL 삼각플라스크에 분취한다.

② 아이소프로필알코올 40 mL를 넣는다.

③ 아세트산 1 mL 및 아르세나조 III 지시약 4~6방울을 가한다.

④ 0.01 N 아세트산바륨용액으로 적정한다.

⑤ 액의 색깔이 처음의 적자색에서 청색으로 변하여 1분간 지속되는 점을 종말점으로 한다.

⑥ 적정에 사용된 0.01 N 아세트산바륨 용액의 양 (a [mL])을 구한다.

(4) 황산화물의 농도계산

$$C = \frac{0.112 \times (a-b) \times f \times \frac{250}{10}}{V_s} \times 1000$$

C : 황산화물의 농도(ppm)

a : 적정에 사용한 0.01 N 아세트산바륨 용액의 양(mL)

b : 바탕시험에 사용한 0.01 N 아세트산바륨 용액의 양(mL)

f : 0.01 N 아세트산바륨 용액의 규정도 계수

V_s : 건조시료의 가스량(L)

0.112 : 0.01 N 아세트산바륨용액 1 mL에 상당하는 황산화물(SO_2+SO_3)가스의 부피 (mL) (표준상태 기준)

0.01 N 아세트산바륨 용액 1 mL에 상당하는 황산화물 가스의 부피(표준상태 기준)가 0.112 [mL]가 되는 근거는 다음과 같다.

앞의 측정원리에서 제시하였듯이 황산과 아세트산바륨은 1 : 1의 당량비로 반응을 하므로 ($H_2SO_4 + (CH_3COO)_2Ba \rightarrow BaSO_4 + 2CH_3COOH$), 0.01 N 아세트산바륨 1 mL와 반응하는 황산의 양은 0.01 N 황산 1 mL에 해당하는 양이며, (1/100 × 1/1000) g당량에 해당된다. 한편, 황산 1 g당량은 0.5 mol에 해당하므로, 위의 양은 (0.5 × 1/100 × 1/1000) mol 에 해당하는 양이며, 황산기체의 표준상태의 부피로 환산한다면, 아래의 식을 이용하여 다음과 같이 계산된다.

1 mol (98 g) : 22.4 L(표준상태) = (0.5×1/100×1/1000) mol : x L

∴ x = 0.000112 L = 0.112 mL 가 된다.

따라서, 앞의 황산화물 농도계산식의 분자항은 적정에 사용한 시료 10 mL에 대해 0.01 N 아세트산바륨의 소모량(농도보정을 고려한) (a-b) × f [mL]와 반응한 황산기체의 부피 0.112 × (a-b) × f 를 의미하여, 총 분석용 시료 250 mL를 기준으로 하여 나타내기 위하여 250/10을 곱해준 것이다. 계산식에 포함된 1000은 계산된 농도 [mL/L]를 ppm으로 나타내기 위해 곱해주는 값이다.

참고자료

1. 대기오염공정시험기준 - 배출가스 중 황산화물 : 침전적정법(아르세나조 III법) (ES 01307.1), 국립환경과학원, 2016년

황산화물(침전적정법) 내용확인문제

※ 다음은 배출가스 중의 황산화물의 농도를 측정하기 위한 대기오염공정시험방법으로서 침전적정법(아르세나조Ⅲ 법)에 대한 사항이다. 질문에 답하여라.

01. 측정원리를 서술하여라.

02. 아래의 시약제조방법에 대하여 설명하여라.

- 0.004 N 황산 100 mL (0.1 N 황산 용액을 사용하여 제조)

03. 적정법에 의한 농도 분석에서 표정작업과 바탕시험을 실시하는 이유를 설명하여라.

04. 시료가스 채취조건이 다음과 같고, 분석시료와 흡수액에 대하여 0.01 N 아세트산바륨 용액(규정도 계수(역가)=1.009)으로 적정한 결과, 종말점까지 소모된 아세트산바륨 용액의 양이 각각 3.2 mL, 0.1 mL 이었다. 배출가스중의 황산화물의 농도는 얼마[ppm]인가?

단, $C = \dfrac{0.112 \times (a-b) \times f \times \dfrac{250}{10}}{V_s} \times 1000$ 이다.

※시료가스 채취조건

습식가스미터로 측정한 흡인가스량	20.2L	습식가스미터에서 측정한 흡인가스온도	24.5°C
습식가스미터 게이지압	3.8mmHg	채취시의 대기압	760mmHg

4.2.1.3 황산화물(중화적정법)

[Sulfur oxides in flue gas - Neutralization titration method]

가. 시료의 채취 및 관리

1. 시료 채취장치

그림 4.26은 시료 채취장치를 나타낸다.

(1) 시료 채취관은 배출가스 중의 황산화물에 의해 부식되지 않는 재질, 예를 들면 유리관, 석영관, 스테인레스(stainless steel) 강 재질 등을 사용한다.

(2) 시료가스 중에 먼지가 섞여 들어가는 것을 방지하기 위하여 채취관의 앞 끝에 알칼리(alkali)가 없는 유리솜 등 적당한 여과재를 넣는다.

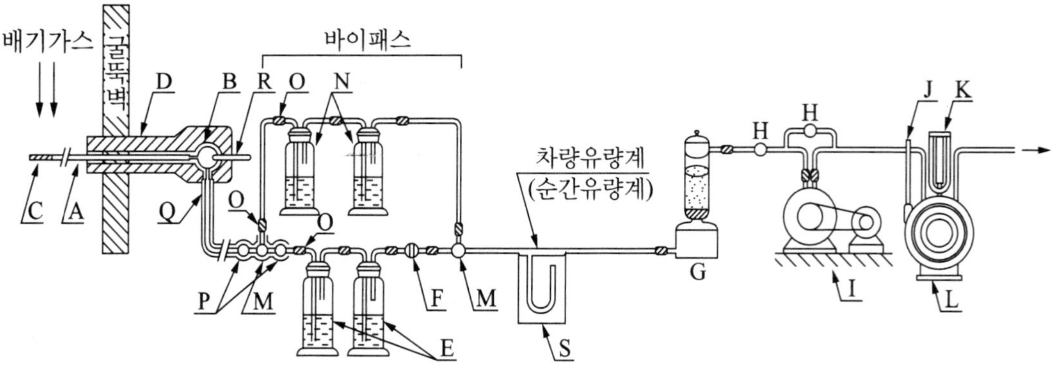

여기서, A : 시료채취관
B : 연결관
C : 여과지
D : 보온재
E : 흡수병 (위로 향한 여과판 G2가 붙은 부피 (150~250) mL의 것)
F : 유리필터 (G4)
G : 가스건조탑 (실리카겔 입자)
H : 유량조절콕
I : 밀폐식 흡입펌프 (0.5~5 L/min)
J : 온도계
K : 압력계
L : 습식가스미터 (1회전 1 L)
M : 콕
N : 바이패스용 세척병[1] (E와 같은 것)
O : 실리콘 고무관
P : 구면 갈아맞춤
R : 온도계[2]
S : 마노미터

1 : 과산화수소수 (1+9) 50 mL를 넣는다.
2 : 가스의 온도를 알고 있을 경우에는 온도계를 꽂지 않아도 좋다.

그림 4.26 시료채취장치

(3) 시료가스 중의 황산화물과 수분이 응축되지 않도록 시료 채취관과 콕(M) 사이를 가열할 수 있는 구조로 한다.
(4) 배관은 될 수 있는 한 짧게 하고, 수분이 응축될 우려가 있는 경우에는 채취관에서 3방콕(M) 사이를 160°C 정도로 가열한다.
(5) 채취관과 어댑터(adapter), 3방콕 등 가열하는 접속부분은 갈아 맞춤 또는 실리콘 고무관을 사용하고 보통 고무관을 사용하면 안 된다.

2. 시료 채취위치

시료 가스의 채취위치는 대표적인 가스가 채취될 수 있는 지점, 즉 기체의 유속이 현저하게 변화하지 않고 먼지 등이 쌓이지 않으며, 수분이 적은 곳을 선택하여야 한다.

3. 시료 채취방법

(1) 흡수병을 2개 이상을 준비하고 각각에 흡수액으로 50 mL씩을 넣는다. 흡수병은 위로 향한 여과판이 붙은 부피 150~250 mL의 것을 사용한다.
(2) 분석용 시료의 흡수장치는 될 수 있는 대로 채취위치에 가깝게 설치하고, 시료가스가 비교적 높은 온도일 때는 흡수병을 냉각조에 넣어 둔다.
(3) 흡수병에 시료를 보내기 전에 3방콕을 바이패스 병 방향으로 돌린 후, 흡입펌프를 작동시켜 시료채취관으로부터 3방콕까지 시료가스로 충분히 치환한다. 흡수장치가지의 배관이 비교적 길 때는 특히 주의가 필요하다.
(4) 흡입펌프를 정지시킨 후, 3방콕을 흡수병 방향으로 돌린 후, 가스미터의 지시값을 0.01 L 자리 수까지 읽어 취한다.
(5) 흡입펌프를 작동시켜 시료의 유량이 1 L/min 정도가 되도록 흡입한다. 채취하는 시료가스의 양은 약 20 L로 하고 황산화물의 농도에 따라서 적당히 증감한다.
(6) 시료가스량의 측정과 동시에 가스미터에 나타난 온도와 게이지압을 측정하고 대기압을 측정한다.

4. 분석용 시료의 조제

(1) 시료가스의 흡인이 끝나면 전체 흡수병 속의 용액을 비이커에 옮기고 다시 흡수병을 흡수액으로 씻어 비이커 중의 용액에 합한 후 250 mL 부피플라스크에 옮겨 담

고 물로 표시선까지 채운 것을 분석용 시료용액으로 한다.

(2) 농도가 진한 시료는 적당히 물로 묽게 하여 사용한다.

나. 시료의 분석

굴뚝 등에서 배출되는 배출가스 중의 황산화물의 농도를 분석하는 대기오염공정시험기준은 앞 절에서 설명하였듯이 침전적정법(일명 아르세나조III 법)과 중화적정법이 있으며, 이 절에서는 중화적정법을 이용한 분석방법을 설명한다.

1. 측정원리 및 적용범위

(1) 측정원리

분석용 시료를 과산화수소수[H_2O_2]에 흡수시켜 황산화물[$SO_2 + SO_3$]을 황산[H_2SO_4]으로 만든 후, 수산화소듐[NaOH] 용액으로 적정하여 시료 중의 황산화물의 농도를 정량하는 방법이다.

측정용 시료는 황산을 포함하고 있으므로 산성을 띠고 있으나, 적정에 의해 수산화소듐을 첨가됨에 따라 중화반응에 의해 황산이 소모되어 점차 중성으로 변해가며, 최종적으로 추가된 수산화소듐에 의해 알칼리성으로 변하는 성질을 이용하여 정량하는 원리이다.

이 때 측정용 시료 용액이 산성에서 알칼리성으로 변화하는 것은 메틸레드-메틸렌 블루 혼합지시약을 이용하여 용액의 색깔이 자주색에서 녹색으로 변하는 것으로부터 알아 낼 수 있다.

$$SO_2 + H_2O_2 \rightarrow H_2SO_4$$

$$H_2SO_4 + 2NaOH \rightarrow Na_2SO_4 + 2\,H_2O$$

(종말점 : 자주색→녹색)

(2) 적용범위

시료채취량 20 L에 대해 황산화물 농도가 약 250 ppm 이상인 시료에 적용하며, 다른 산성가스가 공존하지 않는 경우에 적합하다. 이산화탄소의 공존은 무방하다.

2. 시약 및 제조방법

(1) 흡수액

과산화수소수(H_2O_2, hydrogen peroxide, 분자량 : 34.01, 12~50%) 100 mL에 물 900 mL를 섞어 제조한다.

*흡수액은 제조 후 어둡고 서늘한 곳에 보관하여야 한다.

(2) 0.1 N 수산화소듐 용액

0.1 N 수산화소듐 용액을 시약으로 구입하여 사용가능하다.

만약, 수산화소듐[NaOH] 시약을 이용하여 0.1N 수산화소듐 용액을 제조하는 경우에는 농도 보정을 위한 표정을 실시하여야 하며, 아래의 방법을 따른다.

※ 0.1N 수산화소듐 용액의 제조 및 표정(standardization)

1) 제조

① 수산화소듐(NaOH, sodium hydroxide, 분자량: 40, 특급) 50 g을 달아 폴리에틸렌 병에 넣고 물 약 40 mL를 가하고 흐르는 물에서 식히면서 잘 흔들어 녹인다.

② 마개를 하고 며칠 동안 찬 곳에 방치하여 포화용액을 만든다.
이 때 불순물인 탄산소듐 및 과잉의 수산화소듐은 석출되어 결정이 된다.

③ 윗 층의 맑은 액을 약 5 mL(수산화소듐 4g에 상당) 취하고 탄산가스를 함유하지 않은 물*을 가하여 1 L로 한다.
(*물을 경질 유리플라스크에 넣고 15분간 끓인 후 소다 석회관을 부착한 마개를 하여 냉각한 것을 가리킨다.)

④ 이 용액을 폴리에틸렌 병에 넣고 소다석회관을 붙여 보관한다.

2) 표정

① 설팜산 용액 25 mL를 200 mL 삼각플라스크에 분취한다.
*설팜산 용액 : 설팜산[Sulfamine acid, NH_2SO_3H](부피분석용 표준시약)을 황산 데시케이터에서 48시간 건조시킨 후 (2~2.5) g을 정확히 달아 물에 녹여 250 mL 부피플라스크에 옮겨 넣고 물로 표시선까지 채운다.

② 메틸레드-메틸렌 블루 혼합지시약 3~4방울을 가한다.

③ 0.1 N 수산화소듐 용액으로 적정한다. (종말점: 자색 →녹색)

④ 다음 식에 의해 규정도 계수를 계산한다.

$$f = \frac{W \times \frac{25}{250}}{V' \times 0.00971}$$

f' : 0.1 N 수산화소듐 용액의 규정도 계수 W : 설팜산의 채취량(g) V' : 적정에서 사용한 수산화소듐 용액(0.1 N)의 양(mL) 0.00971 : 0.1 N 수산화소듐 용액 1 mL의 설팜산 상당량(g)

(3) 메틸레드-메틸렌 블루 혼합지시약 (변색점 pH 5.4)

메틸레드[Methyl Red] 0.10g을 에탄올(95v/v%) 100 mL에 녹인 것과 메틸렌 블루 [Metylene Blue] 0.10 g을 에탄올(95v/v%) 100 mL에 녹인 것을 사용 직전에 필요한 만큼 같은 부피로 섞어 사용한다.

*메틸레드 ($C_{15}H_{15}N_3O_2$, methyl red, 분자량: 269.33, 95%)

*메틸렌블루 ($C_{16}H_{18}N_3SCl$, methylene blue, 분자량: 319.85, 97%)

*에탄올 (C_2H_5OH, ethanol, 분자량: 46.07, 특급) (부피분율 95%)

*메틸렌 블루 용액은 갈색병에 보관한다.

*혼합 용액은 갈색병에 넣어 어둡고 서늘한 곳에 보관한다. 1주일 이상 경과한 것은 사용할 수 없다.

(4) 분석용 시료용액

굴뚝에서 시료채취시 황산화물을 포집한 흡수병 내에 있던 용액을 250 mL 부피플라스크에 옮기고 흡수병의 벽면을 흡수액으로 세척한 용액을 넣고, 흡수액을 보충하여 250 mL 표선에 맞춘다.

3. 실험절차 (Experimental procedures)

실험은 적정용 0.1 N 수산화소듐 용액의 표정 작업, 바탕시험 및 본시험으로 구성되지만, 0.1 N 수산화소듐 용액을 시약으로 구입한 경우에는 표정에 따른 규정도 계수(factor)가 이미 구해져 시약병 표지에 표시되어 있으므로 생략할 수가 있다.

본 실험에서는 표정은 생략하기로 하며, 바탕시험과 본시험의 절차는 각각 다음과 같다.

먼저 200~250 mL 용량의 삼각플라스크 2개를 준비하고 각각에 바탕시험용, 본시험용이라는 라벨을 부착한다.

(1) 바탕시험

① 흡수액 50~100 mL를 바탕시험용이라는 라벨을 부착한 200~250 mL 삼각플라스크에 분취한다.

② 메틸레드-메틸렌 블루 혼합지시약 3~5 방울을 가한다.

③ 0.1 N 수산화소듐 용액으로 적정한다.

④ 액의 색깔이 처음의 자주색에서 녹색으로 변하는 점을 종말점으로 한다.

⑤ 적정에 사용된 0.1 N 수산화소듐 용액의 양 (b [mL])을 구한다.

(2) 본시험

① 분석용 시료용액 50~100 mL를 본시험용이라는 라벨을 부착한 200~250 mL 삼각플라스크에 분취한다.

② 메틸레드-메틸렌 블루 혼합지시약 3~5 방울을 가한다.

③ 0.1 N 수산화소듐 용액으로 적정한다.

④ 액의 색깔이 처음의 자주색에서 녹색으로 변하는 점을 종말점으로 한다.

⑤ 적정에 사용된 0.1 N 수산화소듐 용액의 양 (a [mL])을 구한다.

(3) 황산화물 농도 계산

$$C = \frac{1.12 \times (a-b) \times f \times \frac{250}{V}}{V_s} \times 1000$$

C : 황산화물의 농도(ppm)

a : 적정에 사용한 0.1 N 수산화소듐 용액의 양(mL)

b : 바탕시험에 사용한 0.1 N 수산화소듐 용액의 양(mL)

f : 0.1 N 수산화소듐 용액의 규정도 계수(factor)

V : 분석용 시료용액의 분취량(mL)

V_s : 건조시료의 가스량(L)

1.12 : 0.1 N 수산화소듐 용액 1 mL에 상당하는 황산화물(SO_2+SO_3)가스의 부피(mL) (표준상태 기준)

0.1N 수산화소듐 용액 1mL에 상당하는 황산화물 가스의 부피(표준상태 기준)가 1.12 [mL]가 되는 근거는 다음과 같다.

황산과 수산화소듐은 중화반응은 NV=N'V' 로부터 0.1N 수산화소듐 1 mL와 반응하는 황산의 양은 0.1 N 황산 1 mL에 해당하는 양이며, (0.1 × 1/1000) g당량에 해당된다. 한편, 황산 1 g당량은 0.5 mol에 해당하므로, 위의 양은 (0.5 × 0.1 × 1/1000) mol 에 해당하는 양이며, 황산기체의 표준상태의 부피로 환산한다면, 아래의 식을 이용하여 다음과 같이 계산된다.

$$1\ \text{mol}\ (98\ \text{g})\ :\ 22.4\ \text{L(표준상태)} = (0.5 \times 1/10 \times 1/1000)\ \text{g}\ :\ x\ \text{L}$$

$$\therefore\ x = 0.00112\ \text{L} = 1.12\ \text{mL}\ \text{가 된다.}$$

따라서, 앞의 황산화물 농도계산식의 분자항은 적정에 사용한 시료 V mL에 대해 0.1N 수산화소듐의 소모량(농도보정을 고려한) (a-b) × f [mL]와 반응한 황산기체의 부피 1.12×(a-b)×f 를 의미하여, 채취한 총 분석용 시료는 250 mL이므로 250/V를 곱해준 것이다. 계산식에 포함된 1000은 계산된 농도 [mL/L]를 ppm으로 나타내기 위해 곱해주는 값이다.

참고자료

1. 대기오염공정시험기준 - 배출가스 중 황산화물 : 중화적정법 (ES 01307.2), 국립환경과학원, 2016년

황산화물(중화적정법) 내용확인문제

※ 다음은 배출가스 중의 황산화물의 농도를 측정하기 위한 대기오염공정시험기준으로서 중화적정법에 대한 사항이다. 질문에 답하여라.

01. 측정원리를 서술하여라.

02. 아래의 시약제조방법에 대하여 설명하여라.
- 0.1 N NaOH 용액 500 mL

03. 시료가스 채취조건이 다음과 같고, 분석시료와 흡수액에 대하여 0.1 N 수산화소듐 용액(규정도 계수 = 1.003)으로 적정한 결과, 종말점까지 소모된 수산화소듐 용액의 양이 각각 2.5 mL, 0.3 mL 이었다. 배출가스중의 황산화물의 농도는 얼마[ppm]인가?

단, $C = \dfrac{1.12 \times (a-b) \times f \times \dfrac{250}{50}}{V_s} \times 1000$ 이다.

※ 시료가스 채취조건

습식가스미터로 측정한 흡인가스량	20.2 L	습식가스미터에서 측정한 흡인가스온도	26.5 ℃
습식가스미터 게이지압	3.7 mmHg	채취시의 대기압	762 mmHg

4.2.1.4 시안화수소(HCN) (질산은 적정법)

(Hydrogen Cyanide in Flue Gas - Titration - Silver Nitrate Method)

가. 시료의 채취 및 관리

1. 시료 채취장치

시료 채취장치는 다음 조건을 구비한 것으로서 그 구성의 보기를 그림 4.27에 표시하였다.

(1) 시료 채취관은 배출가스 중의 부식성 가스에 침식되지 않는 유리관, 석영관 또는 스테인레스강관 등의 재질을 써야 한다.

(2) 시료 중의 분진 등의 혼입을 막기 위하여 시료 채취관의 적당한 곳에 여과재로, 예를 들면 알칼리가 없는 유리솜, 유리종이 또는 유리 여과재를 넣는다.

(3) 시료가스 중의 수분이 응축하는 것을 막기 위하여 시료 채취관에서부터 흡수병에 이르는 사이를 가열하여야 한다.

(4) 배관은 되도록 짧게 하고 배관 속에서 수분의 응축을 막기 위하여 120°C 이상 가열한다. 이때 수분의 응축이 없을 경우에는 가열을 생략하여도 좋다.

(5) 가열부분의 배관 접속은 갈아 맞춤 유리관 또는 실리콘 고무관을 사용한다.

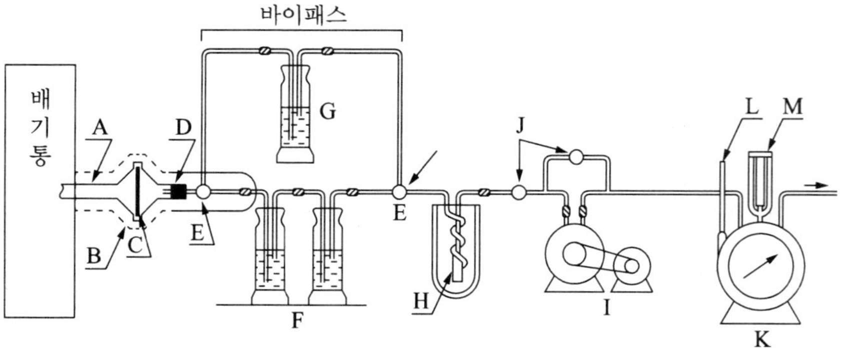

A : 시료가스 채취관
B : 히터
C : 여과지
D : 실리콘 고무
E : 3방콕
F : 흡수병
G : 세척병[1]
H : 트랩
I : 밀폐식 흡입펌프 (5 L/min)
J : 유량조절콕
K : 습식가스미터 (1회전 1 L～5 L)
L : 온도계
M : 압력계

1 : 바이패스용 세척병에는 수산화소듐 용액 (20 W/V%)을 적당량 넣는다.

그림 4.27 시료채취장치

2. 시료 채취위치

시료의 채취위치는 대표할 수 있는 가스가 채취될 수 있는 점, 즉 가스의 유속이 심하게 변하지 않는 위치를 선택하여야 한다.

시료가스가 비교적 고온인 경우와 수증기가 많이 함유하는 경우에는 흡수병을 냉각조에 넣어둔다.

3. 시료채취방법

(1) 흡수병은 여과판 또는 여과기가 있는 부피 200 mL의 것을 2개 준비하고 각각에 흡수액 70 mL ~ 80 mL를 넣는다. (그림 4.28)

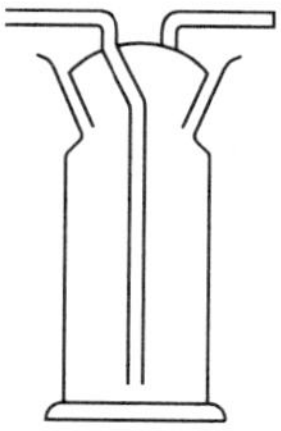

그림 4.28 흡수병

(2) 흡수병에 시료가스를 주입하기 전에 3방콕을 바이패스 병 방향으로 돌린 후, 흡입펌프를 작동시켜 시료채취관로부터 3방콕까지 시료가스로 치환한다.

(3) 흡입펌프를 정지시킨 후, 3방콕을 흡수병 방향으로 돌린 후, 가스미터의 지시값을 0.01 L 자리 수까지 읽어 취한다.

(4) 흡입펌프를 작동시키고 시료가스의 흡입속도는 약 0.5 L/min ~ 1 L/min으로 한다. 시료가스 흡입량은 10 L ~ 50 L 정도로 하고 시료가스 중의 시안화수소의 농도에 따라서 적당히 증감한다. 채취 장치까지의 배관이 긴 경우에는 특히 주의할 필요가 있다.

(5) 시료량의 측정과 동시에 가스미터에 나타난 온도와 게이지압을 측정하고, 대기압을 측정한다. 공존 산성가스에 의한 포집율의 저하를 막기 위하여 시료가스의 채취가 끝났을 때에 제 2 흡수병 속의 용액의 pH가 12 이상이 되어 있어야 한다.

4. 시료의 보존 방법

흡수액에 채집된 시안화수소 이온은 채집 후 3 주 이상 보관해서는 안 된다.

5. 분석용 시료의 조제

흡수가 끝난 다음 흡수병 속의 용액을 250 mL 부피플라스크에 옮기고 다시 흡수병을 씻어서 그 씻은 액도 가한 다음 물을 가하여 250 mL로 하고 분석용 시료용액으로 한다.

나. 시료의 분석

화학반응 등에 의하여 굴뚝 등에서 배출되는 배출가스 중의 시안화수소[HCN]의 농도를 분석하는 대기오염공정시험기준은 피리딘 피라졸론을 첨가하여 발색시킨 후 흡광도를 측정하여 정량하는 자외선/가시선 분광법-피리딘 피라졸론법(주 시험방법)과 질산은 용액을 이용하여 적정하는 질산은 적정법이 있으며, 여기에서는 질산은 적정법을 설명하기로 한다.

1. 측정원리 및 적용범위

(1) 측정원리

배출가스 중의 시안화수소[HCN]를 수산화소듐 용액에 흡수시키면 시안산소듐[NaCN]을 생성하게 되는데, 이 용액에 *p*-다이메틸아미노벤질리덴로다닌의 아세톤 용액을 지시약으로 첨가하면 용액의 색깔이 노란색(황색)을 나타내게 된다.

이 용액에 질산은[$AgNO_3$] 용액을 한방울 씩 첨가하여 주면 용액 중의 시안산소듐과 반응하여 소모되고, 용액 중의 시안산소듐이 모두 소모되면 용액의 색깔이 붉은색(적색)으로 변하게 된다

이와 같은 원리를 이용하여 질산은 용액으로 적정하여 용액 중의 시안화수소를 정량하는 방법이다. 용액 중의 시안산소듐이 질산은과 반응하는 반응식은 아래와 같다.

$$HCN + NaOH \rightarrow NaCN + H_2O$$
$$2NaCN + AgNO_3 \rightarrow NaAg(CN)_2 + NaNO_3$$

(종말점: 황색→적색)

한편, 이 시험법에서 종말점에서의 붉은색은 색깔이 매우 엷으므로 종말점을 찾아내는데 특히 세심한 주의를 필요로 한다.

(2) 적용범위

이 시험방법은 시료 채취량 50 L에 대해 시료중의 시안화수소의 농도가 0.5~100 ppm인 시료에 적용가능한 방법이며, 100 ppm 이상인 경우에는 시료채취량을 줄이든가 또는 분석용 시료용액의 분취량을 가감하여 분석에 사용한다.

이 방법의 방법검출한계는 0.16 ppm이며, 할로겐 등의 산화성 가스의 영향을 무시할 수 있는 경우에 적용한다.

2. 시약 및 제조법

(1) 흡수액 – NaOH (2w/v%) 용액

수산화소듐[NaOH] 20 g을 증류수에 녹여서 1 L로 한다.

*수산화소듐 (NaOH, sodium hydroxide, 분자량: 40, 98%)

*흡수액은 시료가스 중의 산성가스의 농도에 따라서 수산화소듐 용액의 농도를 1 N (40 g/L) 정도까지 적당히 높여서 쓴다.

(2) *p*-다이메틸아미노벤질리덴로다닌의 아세톤 용액

p-다이메틸아미노벤질리덴로다닌 0.02 g을 아세톤 100 mL에 녹인다.

**p*-다이메틸아미노벤질리덴로다닌 ($(CH_3)_2NC_6H_4CH$, p-dimethyl amino benzylidene rhodanine, 분자량: 175.23, 특급)

*아세톤 (CH_3COCH_3, acetone, 분자량: 58.08, 99%)

(3) 아세트산 (10v/v%) 용액

아세트산 10 mL를 증류수에 넣어 100 mL로 한다.

*아세트산 (CH_3COOH, acetic acid, 분자량: 60.05, 99.7%)

*이 용액은 후드(hood)안에서 제조하며, 제조된 용액은 마개로 잘 밀봉하고, 사용시에만 개봉한다.

(4) 수산화소듐 (2w/v%) 용액

100 mL 부피플라스크에 수산화소듐 (NaOH, sodium hydroxide, 분자량: 40, 98%)

2 g을 넣고 증류수로 채운다.

(5) 0.01 N 질산은 용액

시약으로 구입 가능한 0.1 N 질산은 용액을 10배 정확하게 희석하여 사용한다.

0.1 N 질산은 용액 5 mL를 50 mL 갈색 부피플라스크에 넣고 증류수를 표선까지 채운다.

*질산은 ($AgNO_3$, silver nitrate, 분자량: 169.89, 97%)

*이 용액은 갈색병에 보관하여야 한다.

3. 실험절차 (Experimental procedures)

실험은 적정용 0.01 N 질산은 용액의 표정작업, 바탕시험 및 본시험으로 구성되지만, 0.1 N 질산은 용액을 시약으로 구입하여 0.01 N 질산은 용액을 제조하였으므로 본 실험에서는 표정은 생략하고 0.1 N 질산은 용액의 규정도 계수를 사용하기로 한다.

바탕시험과 본시험의 절차는 각각 다음과 같다.

먼저 약 300 mL 용량의 삼각플라스크 2개를 준비하고 각각에 바탕시험용, 본시험용이라는 라벨을 부착한다.

(1) 바탕시험

① 흡수액 100 mL를 바탕시험용이라는 라벨을 부착한 약 300 mL 삼각플라스크에 분취한다.

② 분취한 용액의 pH가 11~12 범위에 있는지 pH미터를 사용하여 확인한다. 만약 용액의 산성도가 높으면, 수산화소듐(2w/v%) 용액을, 용액의 염기도가 높으면, 아세트산(10v/v%) 용액을 적당량 가하여 용액의 pH를 11~12로 조절한다.

③ 지시약으로서 *p*-다이메틸아미노벤질리덴로다닌의 아세톤 용액 0.5 mL를 가하고 잘 흔들어 섞는다.

④ 0.01 N 질산은 용액으로 적정하여 용액의 색이 황색에서 적색이 되는 점을 종말점으로 한다.

* 적정은 5 mL의 갈색 마이크로 뷰렛을 사용하여 행한다.

⑤ 적정에 사용된 0.01 N 질산은 용액의 양 (b [mL])을 구한다.

(2) 본시험

① 분석용 시료용액 100 mL를 바탕시험용이라는 라벨을 부착한 약 300 mL 삼각플라스크에 분취한다.

② 분취한 용액의 pH가 11~12 범위에 있는지 pH미터를 사용하여 확인한다. 만약 용액의 산성도가 높으면, 수산화소듐(2w/v%) 용액을, 용액의 염기도가 높으면, 아세트산(10v/v%) 용액을 적당량 가하여 용액의 pH를 11~12로 조절한다.

*황화물이 공존하는 경우에는 탄산납을 가하여 황화납으로서 침전시켜 거르고 염화물이 공존하는 경우에는 암모니아수 (28 w/v%) 1 mL를 가하고 그 후 각각 pH를 조절한다.

③ 지시약으로서 *p*-다이메틸아미노벤질리덴로다닌아세톤 용액 0.5 mL를 가한다.

④ 0.01 N 질산은 용액으로 적정하여 용액의 색이 황색에서 적색이 되는 점을 종말점으로 한다.

*적정은 5 mL의 갈색 마이크로 뷰렛을 사용하여 행한다.

⑤ 적정에 사용된 0.01 N 질산은 용액의 양 (a [mL])을 구한다.

(3) 시안화수소 농도 계산

$$C = \frac{0.448 \times (a - b) \times f \times \frac{250}{V}}{V_s} \times 1{,}000$$

C : 시안화 수소의 농도(ppm)

a : 본시험에 있어서 0.01N 질산은 용액의 소비량(mL)

b : 바탕시험에 있어서 0.01N 질산은 용액의 소비량(mL)

f : 0.01N 질산은 용액의 규정도 계수(factor)

V : 분석용 시료용액의 분취량(mL)

V_s : 건조시료 가스량(L)

0.448 : 0.01 N 질산은 용액 1 mL에 상당하는 시안화수소(HCN) 가스의 부피(mL) (표준상태 기준)

0.01 N 질산은 용액 1 mL에 상당하는 시안화수소 가스의 부피(표준상태 기준)가 0.448 [mL]이 되는 근거는 다음과 같다.

앞의 측정원리에서 설명하였듯이 시안화수소와 질산은은 2 : 1의 당량비로 반응을 하므로, 0.01 N 질산은 용액 1 mL와 반응하는 시안화수소의 양은 0.01 N 시안화수소 용액 2 mL에 해당하는 양이며, (2 × 0.01 × 1/1000) g당량에 해당된다. 한편, 시안화수소 1 g당량은 1 mol에 해당하므로, 위의 양은 (2 × 0.01 × 1/1000) mol에 해당하는 양이며, 시안화수소 기체의 표준상태의 부피로 환산한다면, 아래의 식을 이용하여 다음과 같이 계산된다.

$$1\ \text{mol} : 22.4\ \text{L(표준상태)} = (2 \times 0.01 \times 1/1000)\ \text{mol} : x\ \text{L}$$

$$\therefore\ x = 0.000448\ \text{L} = 0.448\ \text{mL 가 된다.}$$

따라서, 앞의 시안화수소 농도계산식의 분자항은 적정에 사용한 시료 V mL에 대해 0.01 N 질산은 용액의 소모량(농도보정을 고려한) (a-b) × f [mL]와 반응한 황산기체의 부피 0.448 × (a-b) × f 를 의미하여, 채취한 총 분석용 시료는 250 mL이므로 250/V를 곱해준 것이다. 계산식에 포함된 1000은 계산된 농도 [mL/L]를 ppm으로 나타내기 위해 곱해주는 값이다.

참고자료

1. 대기오염공정시험기준 - 배출가스 중 시안화수소 : 질산은적정법(ES 01312.2), 국립환경과학원, 2016년

시안화수소(질산은 적정법) 내용확인문제

※ 다음은 배출가스 중의 시안화수소의 농도를 측정하기 위한 대기오염공정시험기준 중에서 질산은 적정법에 대한 사항이다. 질문에 답하여라.

01. 측정원리를 서술하여라.

02. 아래의 시약제조방법에 대하여 설명하여라.

① 2 w/v% NaOH 용액 250 mL

② 10 v/v% 아세트산용액 50 mL

03. 황화물이 공존하는 경우, 사전에 제거하기 위한 방법을 설명하여라.

04. 시료가스 채취조건이 다음과 같고, 분석용 시료로 10 mL를 취하여 분석실험을 수행하였다. 분석용 시료와 흡수액에 대하여 0.01 N 질산은 용액(규정도 계수 = 1.002)으로 적정한 결과, 종말점까지 소모된 질산은 용액의 양이 각각 0.48 mL, 0.10 mL 이었다. 배출가스 중의 시안화수소의 농도는 얼마 [ppm]인가?

단, $C = \dfrac{0.448 \times (a-b) \times f \times \dfrac{250}{v}}{V_s} \times 1000$ 이다.

※ 시료가스 채취조건

습식가스미터로 측정한 흡인가스량	50.3 L	습식가스미터에서 측정한 흡인가스온도	15.5 ℃
습식가스미터 게이지압	6.3 mmHg	채취시의 대기압	762 mmHg

4.2.2 흡광광도법에 의한 분석

4.2.2.1 흡광광도법의 기초

(1) 흡광광도법에 의한 분석방법의 원리

1) 흡광광도법의 원리

시료 중 정량하고자 하는 성분물질과 반응하여 색깔을 띠는 화합물을 생성하도록 적당한 시약을 넣어 발색(發色)을 시킨 후, 발색된 용액에 빛을 쪼여주게 되면 시료 중에 있는 발색 생성물에 의해 조사된 빛의 일부가 흡수, 반사 또는 산란되어 용액 층을 투과해 나오는 빛의 양이 적어지게 된다. 이때 용액 중의 정량 대상 물질의 농도가 높을수록 용액의 색깔이 짙어지게 되고, 용액 층에 흡수, 반사 및 산란되는 빛의 양이 증가하여 용액 층을 투과해 나오는 빛의 양이 감소하게 되는데, 이 때 용액의 색깔과 투과해 나오는 빛의 강도 간에는 일정한 관계가 존재하는 것을 베르(Beer)가 발견하였다.

그림 4-29와 같이 농도 C, 빛의 투사거리 l이 되는 용액 층을 강도 I_0인 입사광이 통과하는 경우를 생각해 보자. 이 용액층을 투과함에 따라 빛이 흡수되어 입사광의 강도가 감소하게 되는데, 투과되어 나오는 빛의 강도(I_t)가 용액 중의 측정 성분의 농도 C 및 용액층의 빛의 투사거리 l이 증가할수록 지수적(exponentially)으로 감소한다는 것이 램버어트-베르(Lambert-Beer)의 법칙이며 다음과 같은 식으로 나타낼 수 있다.

$$\log\left(\frac{I_t}{I_o}\right) = -\epsilon C l \qquad (\epsilon\ :\ \text{비례상수})$$

I_0 : 입사광의 강도

I_t : 투사광의 강도

C : 농 도

l : 빛의 투사거리

ϵ : 비례상수로서 흡광계수(吸光係數)라 하고, $C = 1$ mol, $l = 10$ mm일 때의 ϵ의 값을 몰흡광계수라 하며 K로 표시한다.

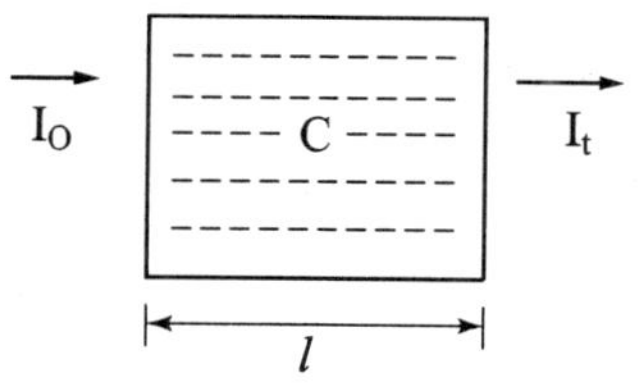

그림 4-29 흡광광도법의 원리

초기 입사광의 강도에 대한 용액 층 투과 후의 빛의 강도의 비, 즉 $I_t/I_0 = t$를 투과도(透過度)라고 하며, 이 투과도를 백분율로 표시한 것 즉, $t \times 100 = T(\%)$를 투과 퍼센트라고 표시한다. 한편, 투과도와 상대되는 개념으로서 용액 층에 흡수된 빛의 강도에 해당되는 값으로서 투과도의 역수(逆數)의 상용대수 즉 $\log(1/t) = A$를 흡광도(吸光度)라고 정의한다.

앞의 식을 투과도(t) 및 흡광도(A)를 이용하여 표시하면 다음과 같이 나타낼 수 있다.

$$\log\frac{I_t}{I_0} = \log t = -A = -\epsilon Cl$$

$$\therefore\ A = \epsilon Cl$$

즉, 램버어트-베르의 법칙을 흡광도(A)를 이용하여 식으로 표시하면 $A = \epsilon Cl$로 나타낼 수 있으며, 흡광도(A)는 용액 중의 성분의 농도(C)와 빛이 투과하는 거리(l)와 비례관계가 성립한다는 것을 알 수 있다.

따라서, 빛의 투과 거리(l)를 일정하게 고정한 상태에서 측정하고자 하는 성분의 농도(C)를 알고 있는 용액(표준액)을 제조하고 이 표준액의 흡광도(A) 값을 측정한 다음 $A = \epsilon Cl$ 식에 대입하여 비례상수인 흡광계수(ϵ)를 구해 놓으면, 측정 성분의 농도를 모르는 미지의 시료액에 대해서도 흡광도 값을 측정함으로써 $A = \epsilon Cl$ 식을 이용하여 측정 성분의 농도를 구할 수가 있다.

이와 같이 흡광광도법에 의한 분석은 램버어트-베르의 법칙을 이용하여 용액 중의 정량대상 성분의 농도와 용액 층을 투과해 나오는 빛의 강도 간의 관계식($A = \epsilon Cl$)으로부터, 용액을 투과하는 빛의 강도를 측정하여 시료 용액 중의 정량대상 성분의 농도를 알아내는 시험 방법이다.

2) 검정곡선(또는 검량선)(calibration curve)의 작성

흡광광도계는 시료에 빛을 쪼여 주었을 때, 시료 중의 측정하고자 하는 성분의 농도에 따라 시료를 투과해 나오는 빛의 양이 달라지는 것을 측정하는 기구로서, 흡광광도계에서 구한 흡광도 값을 이용하여 측정하고자 하는 성분을 농도를 구하기 위해서는 측정성분의 농도와 흡광도 간의 관계식(검정곡선)을 구해야 하며, 검정곡선을 정확하게 구하는 것이 시험의 정확도를 높이는 데 매우 중요하다.

그런데 농도가 C_1, C_2, C_3로 서로 다른 몇 가지 표준액에 대하여 $A = \epsilon C l$ 식을 적용하여 구한 흡광계수 값이 각각 ϵ_1, ϵ_2, ϵ_3로 서로 다른 값을 나타내는 경우에 비례상수로서 어떤 흡광계수(ϵ) 값을 사용하는 것이 적절한가 하는 문제가 발생하게 된다. 이와 같은 경우에는 농도가 서로 다른(최소 4개 이상) 표준액을 제조하고 각각의 흡광도를 측정한 다음 측정된 흡광도와 농도간의 관계를 가장 정확하게 나타낼 수 있는 최적의 흡광도와 농도간의 관계식(검정곡선)을 구하여야 하는데, 측정된 흡광도 값과 검정곡선에 의해 계산되어진 흡광도 값과의 오차를 최소화하기 위해 최소제곱법(Least Square Method)을 적용한다.

다음과 같이 실험을 통해 서로 다른 농도(x_i)를 가진 용액 n개에 대해 측정한 각각의 흡광도 값을 y_i라 하자. 즉 실험을 통해 n개의 (x_i, y_i) 데이터를 얻었고, 이 데이터를 토대로 x와 y의 관계식을 도출하여 보자. 이 때 x와 y의 관계를 식으로 나타냄에 있어서 다양한 관계식(다항식, 지수함수 등)을 만들어 낼 수 있지만 가장 손쉽게 사용할 수 있는 단순한 형태의 관계식은 1차식인 $y = ax + b$, 즉 기울기가 a이고, y절편이 b인 직선의 형태로 나타내는 것이다.

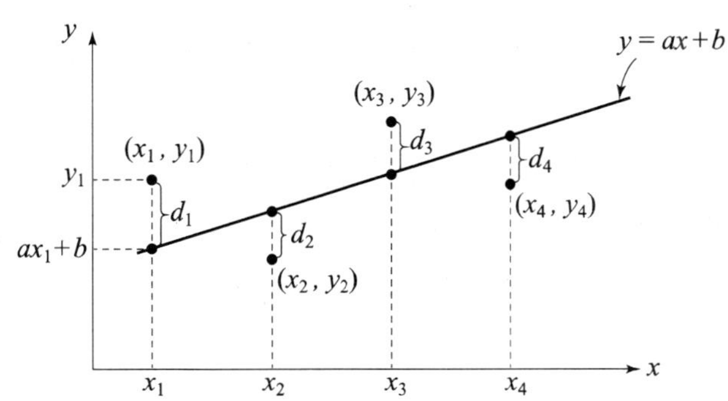

그림 4-30 최소제곱법에 의해 직선식 구하는 방법

그림 4-30에는 4개$(n=4)$의 실험 데이터를 그래프 상에 점으로 나타내었다. 그림에서 보듯이 농도(x_i)가 증가함에 따라 흡광도(y_i)도 증가하는 경향을 보이며, 이것을 토대로 흡광도(y_i)를 농도(x_i)의 1차식으로 나타내어 보자.

이와 같은 과정을 통해서 x와 y의 관계를 간단한 식으로 나타낼 수 있다면, 실험을 통해 얻어낸 데이터 이외의 임의의 x값에 대해서도 얻어진 관계식을 이용하여 y값을 구해낼 수 있다. 즉, 임의의 x_i 값에 대해 이에 대응하는 $y_i(=ax_i+b)$ 값을 결정할 수 있다.

그림에서 보듯이 주어진 x_i 값에 대하여 실험을 통해 측정된 y_i 값과 실험 결과를 토대로 도출해 낸 $y=ax+b$ 식을 이용하여 계산한 ax_i+b 값에는 차이가 발생하며, 이 차이가 실제 측정값과 관계식으로 계산한 값 사이의 차이 즉, 오차(d_i)가 된다. 즉 오차를 식으로 나타내면 다음과 같다.

$$d_i = y_i - (ax_i + b) \tag{1}$$

여기서, $i=1, 2, 3, \cdots, n$

이상적으로 모든 실험 데이터가 직선 위에 존재한다면 오차는 0이 되지만, 실제의 경우에 모든 실험 데이터가 직선 위에 모두 존재하는 것은 거의 불가능하며, 가급적 오차를 최소화 할 수 있는 직선의 관계식을 구해야 하는 것이 필요해진다. 즉, 모든 측정점에서의 오차를 최소화하기 위해서는 모든 오차의 합$(\sum d_i)$을 최소로 하는 직선식을 구하는 것이 필요하다.

그런데, 단순하게 오차의 합을 최소로 하는 직선식을 구하는 것은 오류를 범할 가능성이 있다. 왜냐하면 오차는 경우에 따라 양(+)의 값(실제 측정값이 직선식보다 위쪽에 존재하는 경우; 그림에서 d_1, d_3의 경우)이 될 수도 있고, 음(−)의 값(실제 측정값이 직선식보다 아래쪽에 존재하는 경우; 그림에서 d_2, d_4의 경우)이 될 수도 있기 때문에 실제로 오차가 존재한다 하더라도 양의 오차의 합과 음의 오차의 합이 같으면 총 오차의 합은 0이 될 수도 있기 때문이다. 따라서 오차의 크기를 작게 하기 위해서는 오차의 부호를 배제하고 크기만을 나타내기 위하여 절대값을 사용하던가 제곱값을 사용하여 그 값을 최소로 하는 방법을 사용하여야 하는데, 오차의 제곱값의 합을 최소로 하는 방법이 최소제곱법(Least Square Method)이다.

앞에서 정의한 오차의 제곱의 합은 다음과 같이 표시할 수 있다.

$$\phi(a,b) = \sum_{i=1}^{n} d_i^2 = \sum_{i=1}^{n} (y_i - ax_i - b)^2 \tag{2}$$

즉, 윗 (2)식을 최소로 하는 a, b값을 결정하면, 실험데이터와 오차가 가장 작게 할 수 있는 직선의 식을 구할 수 있게 된다.

(2)식은 a, b에 대해 2차 함수이므로 미분값이 0이 될 때, 즉, $\dfrac{\partial\phi(a,b)}{\partial a} = 0$, $\dfrac{\partial\phi(a,b)}{\partial b} = 0$에서 최소값을 갖는다.

$$\frac{\partial\phi(a,b)}{\partial a} = -2\sum_{i=1}^{n} x_i(y_i - ax_i - b) = 0 \tag{3}$$

$$\frac{\partial\phi(a,b)}{\partial b} = -2\sum_{i=1}^{n} (y_i - ax_i - b) = 0 \tag{4}$$

(3), (4) 식을 정리하여 나타내면,

$$\sum_{i=1}^{n} x_i y_i - a\sum_{i=1}^{n} x_i^2 - b\sum_{i=1}^{n} x_i = 0 \tag{5}$$

$$\sum_{i=1}^{n} y_i - a\sum_{i=1}^{n} x_i - nb = 0 \tag{6}$$

표시의 편의를 위하여 $S_x = \sum_{i=1}^{n} x_i$, $S_y = \sum_{i=1}^{n} y_i$, $S_{xx} = \sum_{i=1}^{n} x_i^2$, $S_{xy} = \sum_{i=1}^{n} x_i y_i$ 라고 표시하여 (5), (6)식을 정리하면 다음과 같다.

$$S_{xy} - aS_{xx} - bS_x = 0 \tag{7}$$

$$S_y - aS_x - nb = 0 \tag{8}$$

위의 (7), (8) 2개의 연립방정식을 풀어서 a, b 값을 구하면 다음과 같다.

$$a = \frac{nS_{xy} - S_x S_y}{nS_{xx} - (S_x)^2} \tag{9}$$

$$b = \frac{S_{xx}S_y - S_{xy}S_x}{nS_{xx} - (S_x)^2}$$

즉, 오차의 제곱합을 최소로 하는 직선식은 기울기(a)와 절편(b)을 위의 값으로 하는 직선 ($y = ax + b$)이다.

만약 x와 y의 관계식을 원점을 통과하는 직선($y = ax$, $b = 0$인 경우)으로 표시하고자 한다면, 앞의 (2)식은 다음과 같은 형태가 된다.

$$\phi(a) = \sum_{i=1}^{n} d_i^2 = \sum_{i=1}^{n} (y_i - ax_i)^2$$

따라서, 최소가 되는 조건으로부터 $\frac{d\phi(a)}{da} = -2\sum_{i=1}^{n} x_i(y_i - ax_i) = 0$이 되며, 이것으로부터 a 값을 구하면 다음과 같다.

$$a = \frac{\sum_{i=1}^{n} x_i y_i}{\sum_{i=1}^{n} x_i^2} \qquad (10)$$

한편, 위와 같은 방법에 의해 결정된 x와 y의 관계식이 x와 y의 관계를 얼마나 잘 묘사하고 있는지를 정량적으로 표시하는 방법 중의 하나가 두 변수 사이의 상관계수 (correlation coefficient; R)를 나타내는 것이다.

상관계수를 구하는 방법은 여러 가지가 있으나, 공정시험법에서 구해진 검정곡선의 신뢰성 검증을 위하여 많이 사용하는 것은 Pearson의 상관계수이며, 아래의 식에 의해 구한다.

$$R = \frac{nS_{xy} - S_x S_y}{\sqrt{(nS_{xx} - (S_x)^2)(nS_{yy} - (S_y)^2)}} \qquad (11)$$

구해진 상관계수의 절대값이 1에 가까울수록 변수 x와 y간에는 강한 상관관계가 있다는 것을 의미하며, 위의 방법에 의해 결정된 직선식이 임의의 x값에 대해 대응하는 y값을 구해내는데 유용하게 사용될 수 있다는 것을 의미한다. 반면에 상관계수 값이 0에 가깝다는 것은 x와 y간에는 상관관계가 없으며, y를 x의 식으로 표시한다는 것이 의미가 없다는 것을 뜻한다.

예제) 검정곡선 작성 및 농도 측정 연습

시료 중의 질소산화물의 농도를 흡광광도법을 이용하여 측정하는 과정을 예를 들어 설명하기로 한다.

1) 검정곡선 작성

검정곡선 작성을 위하여 시료 중에 포함된 질소산화물(NO_2)의 양을 알고 있는 서로 다른 농도의 용액을 4개 이상 준비한다. 이를 위해서는 먼저 질소산화물(NO_2)의 양을 알고 있는 표준용액을 제조하고, 표준용액을 단계별로 희석하여 검정곡선 작성을 위한 시료를 제조한다.

① 질산이온 표준용액(1 μL@STP NO_2/mL)을 제조한다.
질산포타슘[KNO_3] 표준시약 0.451 g을 증류수에 녹여 1,000 mL로 한 후 이 용액을 100배 희석하여 표준용액을 제조한다.
이 용액 1 mL는 NO_2 기체 1 μL(표준상태)에 상당한다.

② 검정곡선 작성용 시료 제조
질산이온 표준용액을 각각 10, 20, 30, 40, 50 mL를 넣은 서로 다른 농도의 4개의 검정곡선 작성용 시료를 준비한다.

③ 5개의 검정곡선 작성용 시료에 적당한 용액을 첨가하여 발색시킨다.
이 때 발색 용액은 질산 이온의 양에 따라 진해지며, 흡광도가 커지게 된다.

④ 각각의 검정곡선 시료에 대해 흡광도를 측정한다. 각 시료에 대해 측정된 흡광도 값을 아래의 표와 같다고 하자.

검량시료	표준용액량 [mL]	시료 내의 이산화질소 양(μL)	측정된 흡광도값
1	10	10 mL × 1 μL/mL = 10	0.128
2	20	20 mL × 1 μL/mL = 20	0.276
3	30	30 mL × 1 μL/mL = 30	0.422
4	40	40 mL × 1 μL/mL = 40	0.505
5	50	50 mL × 1 μL/mL = 50	0.672

⑤ ④의 결과를 아래와 같이 질소농도(x축)와 흡광도(y축)의 그래프로 나타낸다.

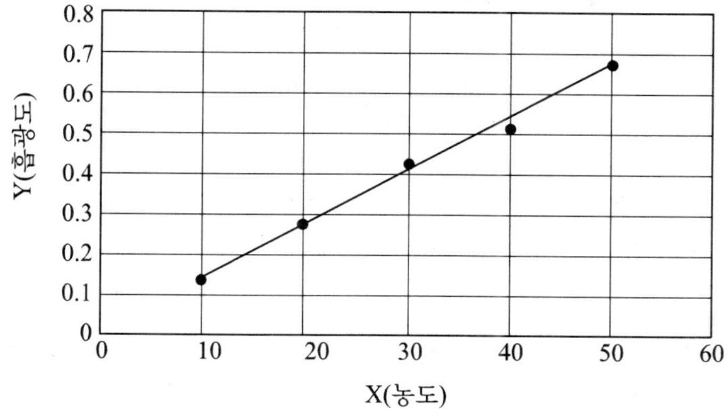

위의 그래프에서 보듯이 시료 중의 질소농도와 흡광도 간의 측정 데이터(그래프에 점으로 표시)는 직선의 식으로 잘 나타내어 질 수 있음을 확인할 수 있다.

⑥ ④의 표의 결과를 이용하여 검정곡선 작성을 위한 계산을 위한 다음과 같은 표를 작성하고 계산한다.

	X(질소량)	Y(흡광도)	XY	X^2	Y^2
시료 수(n) = 5	10	0.128	1.28	100	0.016384
	20	0.276	5.52	400	0.076176
	30	0.422	12.66	900	0.178084
	40	0.515	20.6	1600	0.265225
	50	0.672	33.6	2500	0.451584
$\sum$	150	2.013	73.66	5500	0.987453

⑦ 검정곡선의 결정($Y = aX + b$)

농도(X)와 흡광도(Y) 간의 직선식의 기울기 a는 다음과 같이 계산한다.

$$a = \frac{n(\sum XY) - (\sum X)(\sum Y)}{n(\sum X^2) - (\sum X)(\sum X)}$$

$$= \frac{(5)(73.66) - (150)(2.013)}{(5)(5500) - (150)(150)} = 0.01327$$

농도(X)와 흡광도(Y) 간의 직선식의 Y절편 b는 다음과 같이 계산한다.

$$b = \frac{(\sum X^2)(\sum Y) - (\sum X)(\sum XY)}{n(\sum X^2) - (\sum X)(\sum X)}$$

$$= \frac{(5500)(2.013) - (150)(73.66)}{(5)(5500) - (150)(150)} = 0.0045$$

따라서 질소농도와 흡광도간의 직선의 관계식,

즉 검정곡선은 $Y = 0.01327X + 0.0045$ 로 나타낼 수 있다.

한편, 위에서 구한 직선식의 적합성을 상관계수(R)를 구하여 확인할 수 있다. 즉,

$$\text{상관계수}(R) = \frac{n(\sum XY) - (\sum X)(\sum Y)}{\sqrt{[n\sum X^2 - (\sum X)^2][n\sum Y^2 - (\sum Y)^2]}}$$

$$= \frac{(5)(73.66) - (150)(2.013)}{\sqrt{[(5)(5500) - (150)^2][(5)(0.987453) - (2.013)^2]}}$$

$$= 0.9974$$

위의 계산결과에서 보듯이 주어진 직선식의 상관계수는 0.9974로 거의 1에 가깝다. 이것은 구해진 직선의 식이 측정된 실험 데이터의 결과를 잘 묘사하고 있다는 것을 의미한다. 참고로 상관계수의 값이 1에 가까울수록 도출된 검정곡선이 측정 결과를 잘 묘사하는 것을 의미하며, 반대로 상관계수 값이 0에 가까우면, 측정 결과를 직선식으로 나타내는 것은 의미가 없는 것임을 나타낸다.

2) 미지시료의 농도 결정

검정곡선을 이용하여 미지 시료의 흡광도를 측정하여 시료 중의 질소 농도를 정량한다. 예를 들어 미지시료의 흡광도 값이 0.315, 대조액의 흡광도 값이 0.102라고 하자. ⑦에서 구한 검정곡선 $Y = 0.01327X + 0.0045$에 $Y = (0.315 - 0.102) = 0.203$을 대입하여 X에 대해 정리하면 아래와 같다.

$$X = (0.203 - 0.0045)/0.01327 = 14.95$$

따라서, 미지시료중의 이산화질소 양(μL)은, 14.95 μL가 된다.

(2) 흡광광도계(Spectrophtometer) 사용방법

가. 장치의 구성

일반적으로 사용하는 흡광광도계는 그림 4-31과 같이 광원부(光源部), 파장선택부(波長選擇部), 시료부(試料部) 및 측광부(測光部)로 구성되고 광원부에서 측광부까지의 광학계(光學系)에는 측정목적에 따라 여러 가지 형식이 있다.

광 원 부 — 파 장 선 택 부 — 시 료 부 — 측 광 부

그림 4-31 흡광광도계의 구성

1) 광원부

흡광광도법에서 사용하는 빛의 파장범위는 200~1200 nm로 근적외선(Infrared; IR) 및 가시광선(visible light)에서 자외선(Ultraviolet; UV)에 이르는 영역이며, 측정 대상 성분에 따라 램버어트-베르의 법칙이 잘 적용되는 특정 범위의 파장을 선정하여 사용한다. 필요에 따라 다양한 파장 범위의 빛을 조사할 수 있도록 흡광광도계에는 보통 2개의 광원을 사용하고 있는데, 가시부(可視部)와 근적외부(近赤外部)의 빛을 제공하는 광원으로는 주로 텅스텐(W)램프를 사용하고 자외부(紫外部)의 광원으로는 주로 중수소(D) 방전관을 사용한다.

2) 파장선택부

특정 영역의 파장의 빛을 공급을 위해 여러 개의 광원 램프를 사용함과 동시에 해당 파장 영역에서의 특정 파장의 선택을 위하여 단색화 장치(Monochrometer) 또는 필터(Filter)를 사용한다. 단색화 장치로는 프리즘, 회절격자 또는 이 두 가지를 조합시킨 것을 사용하며 단색광을 내기 위하여 슬릿(slit)을 부속시킨다. 필터에는 색유리 필터, 젤라틴 필터, 간접필터 등을 사용한다.

3) 시료부

시료부에는 일반적으로 시료액을 넣은 흡수셀(Cell, 시료셀)과 대조액을 넣는 흡수셀(대조셀)이 있고 이 셀을 보호하기 위한 셀홀더(Cell Holder)와 이것을 광로(光路)에 올려놓을 시료실(試料室)로 구성된다.

4) 측광부

측광부의 광전측광에는 광전관(光電管), 광전자증배관(光電子增倍管), 광전도셀 또는 광전지 등을 사용하고 필요에 따라 증폭기(增幅器), 대수변환기(對數變換器)를 설치하며, 지시계(指示計), 기록계 등을 부착한다.

광전관, 광전자증배관은 주로 자외선 내지 가시광선 파장 범위에서의 광선측광(光電測光)에 사용되며, 광전도셀과 광전지는 각각 근적외선(近赤外) 파장범위 및 가시광선 파장범위 내에서의 광선측광(光電測光)에 사용된다.

지시계는 투과율, 흡광도, 농도 또는 이를 조합하여 표시하는데, 표시방식에 따라 아날로그 방식과 디지털 방식이 있으며, 최근에 주로 사용되는 것은 주로 디지털 방식이다.

기록계는 투과율, 흡광도, 농도 등을 자동 기록하며, 저장한다.

5) 광전분광광도계

파장선택부에 단색화장치를 사용한 장치로 구조에 따라 단광속형(單光速型)과 복광속형(複光速型)이 있고 복광속형에는 흡수 스펙트럼을 자동 기록할 수 있는 것도 있다. 또 광전분광광도계에는 미분측광(微分測光), 2파장측광(二波長測光), 시차측광(示差測光)이 가능한 것도 있다.

6) 광전광도계

파장선택부에 필터를 사용한 장치로 단광속형이 많고 비교적 구조가 간단하여 작업분석용에 적당하다.

7) 흡수셀(吸收 Cell)

흡수셀은 일반적으로 그림 4-32(1)과 같이 4각형 또는 시험관형의 것을 사용한다.

그림 4-32(2)의 ⓐ는 시료의 액량 1 mL 이하이고 액층(液層)의 길이 10 mm 이상일 경우, ⓑ는 시료액을 흘려보내면서 그 농도를 측정할 때, ⓒ는 시료액이 휘발성이 있는 경우에 휘발을 막기 위해 마개를 사용하는 경우, ⓓ는 액층의 길이가 50 mm 이상으로 저농도 시료를 측정할 때 사용하는 특수용도용 흡수셀의 형태이다.

흡수셀의 재질로는 유리, 석영, 플라스틱 등을 사용한다. 유리 셀은 주로 가시(可視) 및 근적외(近赤外)부 파장범위, 석영 셀은 자외부 파장범위, 플라스틱 셀은 근적외부 파장범위를 측정할 때 사용한다.

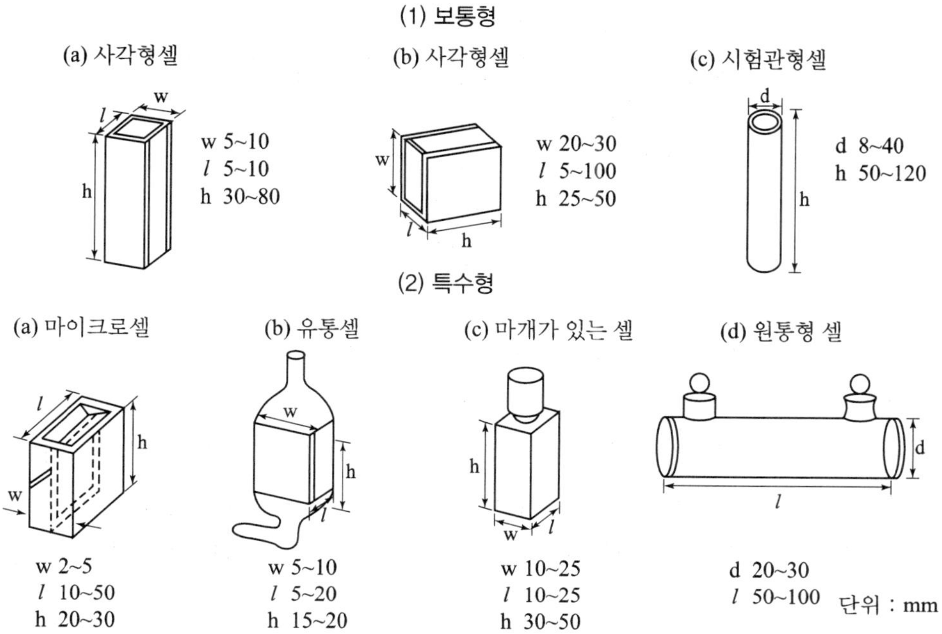

그림 4-32 흡수셀의 모양

나. 장치의 보정

1) 파장눈금의 보정

① 광전분광 광도계에서는 안정한 휘선 스펙트럼(Line Spectrum)을 갖는 적당한 광원을 사용하고 그 휘선을 중심으로 전후의 좁은 파장범위에서 스펙트럼의 강도를 측정하여 그림 4-33과 같은 그래프 용지위에 그 눈금의 값을 기록하고 양측의 직선부분을 연장하여 그 교차점으로부터 파장 λ_m을 구한다.

이 파장 λ_m와 진파장(眞波長) λ_t와의 차 $\Delta\lambda$가 파장오차를 표시하는 것이므로 단색화 장치의 파장조절기구를 조절하여 $\Delta\lambda$가 영(Zero)이 되도록 한다.

파장눈금의 교정은 일반적으로 표 4-10에 따른다.

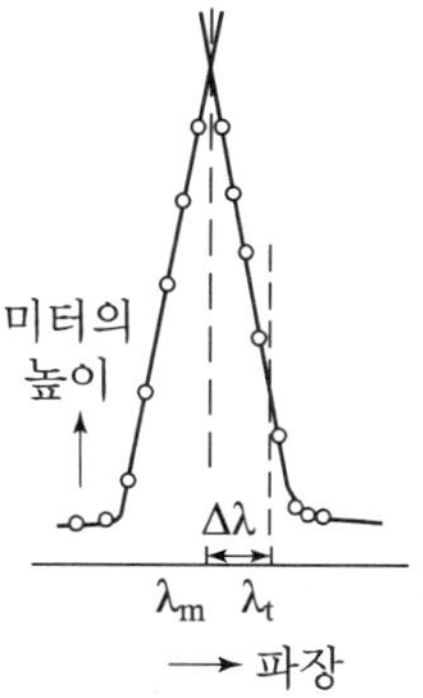

그림 4-33 파장눈금교정을 위한 선스펙트럼 측정보기

표 4-10 파장눈금의 교정

광 원 의 종 류	사용하는 휘선스펙트럼의 파장(nm)	
수소방전관	486.13	656.28
중수소방전관	486.00	656.10
석영저압수은	253.65	365.01
방전관	435.88	546.07

② 자동기록식 광전분광광도계의 파장교정은 홀뮴(Holmium) 유리의 흡수스펙트럼을 이용한다. 그림 4-34는 1 nm 파장 폭에서 측정한 홀뮴유리의 흡수스펙트럼을 표시한 보기이다. 파장을 교정할 때 주사속도(走査速度)가 너무 크면 흡수 피크(Peak)의 파장이 달라지는 수가 있으므로 적당한 속도로 주사(走査)해야 한다. 또 홀뮴유리나 간섭필터를 사용하여 파장을 교정할 때도 파장 폭이 너무 크면 파장이 달라지는 수가 있으므로 주의해야 한다.

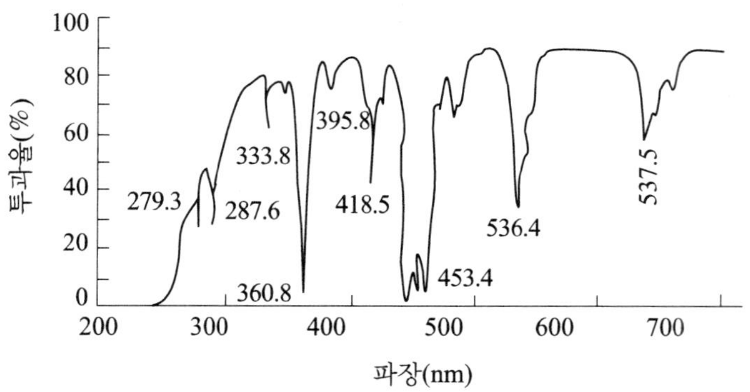

그림 4-34 홀뮴유리의 흡수스펙트럼과 피크의 파장

2) 흡광도 눈금의 보정

110°C에서 3시간 이상 건조한 중크롬산포타슘(1급이상)을 N/20 수산화포타슘 용액에 녹여 중크롬산포타슘 용액을 만든다. 그 농도는 시약의 순도를 고려하여 $K_2Cr_2O_7$으로서 0.0303 g/L가 되도록 한다. 이 용액의 일부를 신속하게 10.0 mm 흡수셀에 취하고 25°C에서 1 nm이하의 파장 폭에서 흡광도를 측정한다. 이 때 각 파장에 있어서의 흡광도 및 투과율은 이상이 없는 한 표 4-11의 값을 나타내야 하며 만일 다른 값을 나타내면 표 2에 의하여 흡광도 눈금을 보정한다.

표 4-11 중크롬산포타슘 용액의 흡광도와 투과율(%)(25° C)

파 장(nm)	흡 광 도	투 과 율(%)	파 장(nm)	흡 광 도	투 과 율(%)
220	0.446	35.8	340	0.316	48.3
230	0.171	67.4	350	0.559	27.6
240	0.295	50.7	360	0.830	14.8
250	0.496	31.9	370	0.987	10.3
260	0.633	23.3	380	0.932	11.7
270	0.745	18.0	390	0.695	20.2
280	0.712	19.4	400	0.396	40.2
290	0.428	37.3	420	0.124	75.1
300	0.149	70.9	440	0.054	88.2
310	0.048	89.5	460	0.018	96.0
320	0.063	86.4	480	0.004	99.1
330	0.049	71.0	500	0.000	100.0

3) 미광(迷光, Stray Light)의 유무조사

광원이나 광전측광 검출기에는 한정된 사용파장역(限定使用波長域)이 있어 표 4-12에 표시한 파장역에서는 미광(迷光, Stray Light)의 영향이 크기 때문에 그림 4-35에 표시한 것과 같은 투과특성을 갖는 컷 필터(Cut Filter)를 사용하며 미광의 유무를 조사하는 것이 좋다.

표 4-12 광원 또는 광전측광검출기의 사용파장 한계

파장역(nm)	한계파장이 생기는 이유
200~220	검출기 또는 수은방전관, 중수소방전관의 단파장 사용한계
300~330	텅스텐램프의 단파장 사용한계
700~800	광전자 증배관의 장파장 사용한계

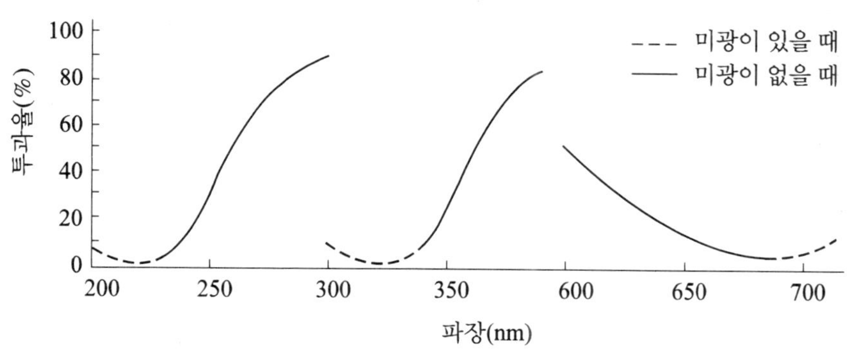

그림 4-35 미광조사용 커트필터의 투과율(%)

다. 측정

1) 장치의 설치

장치는 되도록 다음과 같은 조건을 구비한 실내에 설치한다.

① 전원의 전압 및 주파수의 변동이 적을 것

② 직사광선을 받지 않을 것

③ 습도가 높지 않고 온도변화가 적을 것

④ 부식성 가스나 먼지가 없을 것

⑤ 진동이 없을 것

2) 흡수셀의 준비

흡수셀의 준비는 다음과 같이 한다.

① 시료액의 흡수파장이 약 370 nm 이상일 때는 석영 또는 경질유리 흡수셀을 사용하고 약 370 nm 이하일 때는 석영 흡수셀을 사용한다.

② 따로 흡수셀의 길이(l)를 지정하지 않았을 때는 10 mm 셀을 사용한다.

③ 시료셀에는 시험용액을, 대조셀에는 따로 규정이 없는 한 증류수를 넣는다. 넣고자 하는 용액으로 흡수셀을 씻은 다음 적당량(셀의 약 8부까지)을 넣고 외면이 젖어 있을 때는 깨끗이 닦는다. 필요하면(휘발성 용매를 사용할 때와 같은 경우) 흡수셀에 마개를 하고 흡수셀에 방향성(方向性)이 있을 때는 항상 방향을 일정하게 하여 사용한다.

④ 흡수셀은 미리 깨끗하게 씻은 것을 사용한다.

흡수셀의 세척방법은 다음과 같이 한다.

· 탄산소듐용액(2w/v%)에 소량의 음이온 계면활성제(보기 : 액상 합성세제)를 가한 용액에 흡수셀을 담가 놓고 필요하면 40~50°C로 약 10분간 가열한다.

· 흡수셀을 꺼내 물로 씻은 후 질산(1+5)에 소량의 과산화수소를 가한 용액에 약 30분간 담가 놓았다가 꺼내어 물로 잘 씻는다. 깨끗한 거즈나 흡수지 위에 거꾸로 놓아 물기를 제거하고 실리카겔을 넣은 데시케이터 중에서 건조하여 보존한다. 급히 사용하고자 할 때는 물기를 제거한 후 에틸알코올로 씻고 다시 에틸에테르로 씻은 다음 드라이어(Dryer)로 건조해도 무방하다. 또 빈번하게 사용할 때는 물로 잘 씻은 다음 증류수를 넣은 용기에 담가 두어도 된다.

· 질산과 과산화수소의 혼합액 대신에 새로 만든 크롬산과 황산용액에 약 1시간 담

근 다음 흡수셀을 꺼내어 물로 충분히 씻어내도 무방하다. 그러나 이 방법은 크롬의 정량이나 자외역(紫外域) 측정을 목적으로 할 때 또는 접착하여 만든 셀에는 사용하지 않은 것이 좋다. 또 세척 후에는 지문이 묻지 않도록 주의하고 빛이 통과하는 면에는 손이 직접 닿지 않도록 주의해야 한다.

3) 측정준비

흡광도의 측정준비는 다음과 같이 한다.

① 측정파장에 따라 필요한 광원과 광전측광 검출기를 선정한다.

② 전원을 넣고 잠시 방치하여 장치를 안정시킨 후 감도와 영점(Zero)을 조절한다.

③ 단색화 장치나 필터를 이용하여 지정된 측정파장을 선택한다.

4) 흡광도의 측정

흡광도의 측정은 원칙적으로 다음과 같은 순서로 한다.

① 눈금판의 지시가 안정되어 있는지 확인한다.

② 대조셀을 광로(光路)에 넣고 광원으로부터의 광속(光速)을 차단하고 영점을 맞춘다. 영점을 맞춘다는 것은 투과율 눈금으로 눈금판의 지시가 영이 되도록 맞추는 것이다.

③ 광원으로부터 광속을 통하여 눈금 100에 맞춘다.

④ 시료셀을 광로(光路)에 넣고 눈금판의 지시치(指示値)를 흡광도 또는 투과율로 읽는다. 투과율로 읽을 때는 나중에 흡광도로 환산해 주어야 한다.

⑤ 필요하면 대조셀을 광로에 바꿔 넣고 영점과 100에 변화가 없는 가를 확인한다.

⑥ 위 ②, ③, ④의 조작 대신에 농도를 알고 있는 표준액 계열을 사용하여 각각의 눈금에 맞추는 방법도 무방하다.

5) 흡수곡선의 측정(吸收曲線의 測定)

흡수곡선의 측정은 다음과 같이 한다.

필요한 파장범위에 대해서 10 nm 마다의 흡광도를 측정하여 가로 축에 파장을, 세로 축에 흡광도를 표시하고 그래프용지에 양자의 관계곡선을 작성하여 흡수곡선을 만든다.

이때 흡수 최대치(Peak) 부근에서는 파장간격을 1~5nm까지 좁게 하여 흡광도를 측정하는 것이 좋다.

또 흡광도의 변화가 적은 파장에서는 파장간격을 적당히 넓게 하여도 상관없다.

이때 흡광도 대신에 투과율을 세로 축에 표시해도 된다.

또한 흡수곡선을 작성하는 데는 자기분광광전광도계(自記分光光電光度計)를 사용하는 것이 편리하다.

그림 4-36은 흡수곡선의 보기를 표시한 것이다.

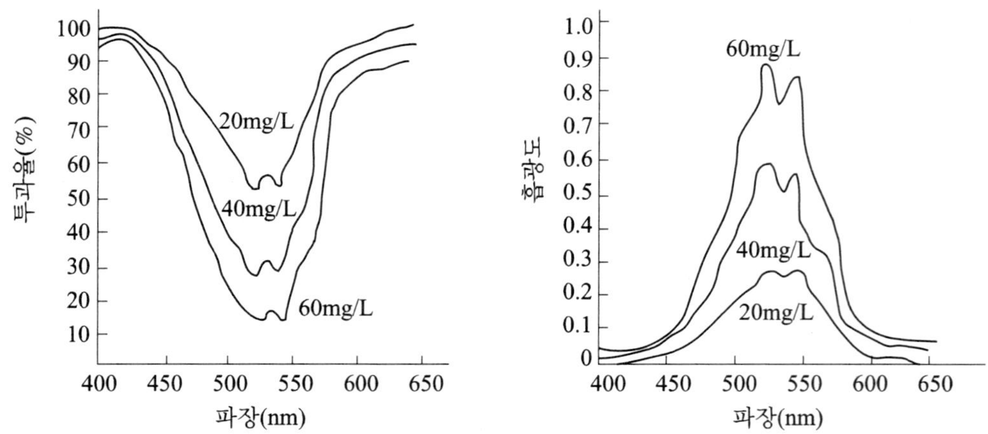

그림 4-36 흡수곡선(과망간산포타슘 용액의 흡수곡선)

6) 성적의 정리

측정결과에는 다음과 같은 사항을 기록하여 둔다.

① 사용한 장치의 명칭과 형식

② 광전분광광도계를 사용했을 때는 측정파장, 슬릿의 폭 및 밴드 폭

③ 광전광도계를 사용했을 때는 필터의 번호

④ 흡수셀의 재질, 모양, 셀의 길이 또는 직경

⑤ 대조액의 성분

⑥ 시험용액 또는 발색된 액의 성분

⑦ 시험용액의 액성

⑧ 시약첨가에서부터 흡광도 측정까지의 시간

⑨ 측정시의 시험용액 온도

⑩ 기타 필요사항

라. 정량방법

흡광광도 분석방법으로 정량분석을 하려면 이미 흡광도와 시료성분의 농도와의 비례와 같은 시료에 대한 흡광도의 재현성을 검토하여야 한다.

일반적으로 정량분석에는 검정곡선을 미리 작성해 놓는 방법을 이용하며 경우에 따라서는 ϵ의 값(몰 흡광계수)을 미리 구해 놓는 방법도 이용한다.

1) 검정곡선의 작성

검정곡선은 표준액의 여러 가지 농도에 대하여 적당한 대조액을 사용하며 흡광도를 측정하고 표준액의 농도를 가로 축, 흡광도를 세로 축에 취하여 그래프 용지위에 양자의 관계선을 구하여 작성한다.

검정곡선은 거의 직선을 나타내는 범위 내에서 사용하는 것이 좋다. 시약이 바뀌거나 시험자가 바뀔 때에는 검정곡선을 다시 작성하는 것이 좋다. 단, 투과율을 측정하여 흡광도로 환산하지 않고 검정곡선을 작성할 때는 편대수(片對數) 그래프 용지를 사용하여 대수축에 투과율을 취하여 검정곡선을 작성한다.

① 표준용액 : 분석하려는 성분의 순물질(純物質) 또는 일정농도의 표준용액을 단계적으로 취하여 규정된 방법에 따라 표준용액 계열을 만든다. 이때의 표준용액 농도는 시험용액 중의 분석하려는 성분의 추정농도와 거의 같은 농도범위로 한다.

② 대조액 : 일반적으로 용매를 사용하며 분석하려는 성분이 들어있지 않은 같은 종류의 시료를 사용하여 규정된 방법에 따라 제조한다.

2) 정량조건의 검토

흡광광도법으로 정량분석을 할 때는 다음과 같은 조건을 검토하여 결정하여야 한다.

(1) 발색반응의 검토

① 발색한 시험용액에 대한 흡수곡선과 최대흡수파장

② 바탕시험액의 흡수곡선과 바탕시험치

③ 액성의 변화에 따른 흡광도의 변화

④ 최적 pH 범위와 완충액의 종류 및 첨가량

⑤ 마스킹이 필요할 때는 마스킹제의 종류와 첨가량

⑥ 안정제, 산화방지제 등의 종류와 첨가량

⑦ 온도변화 및 방치시간에 의한 흡광도의 변화
⑧ 시약의 농도 첨가량 첨가순서의 영향
⑨ 시료액 중의 피검성분의 최적농도 범위
⑩ 시료액에 대한 빛(光)의 영향
⑪ 용매 추출을 할 때는 최적용매의 선정

(2) 측정조건의 검토

① 측정파장은 원칙적으로 최고의 흡광도가 얻어질 수 있는 최대 흡수파장을 선정한다. 단, 방해성분의 영향, 재현성 및 안정성 등을 고려하여 차선(次善)의 측정파장 또는 필터를 선정하는 수도 있다.
② 대조액은 용매, 바탕시험액 기타 적당한 용액을 선정한다.
③ 측정된 흡광도는 되도록 0.2~0.8의 범위에 들도록 시험용액의 농도 및 흡수셀의 길이를 선정한다.
④ 부득이 흡광도를 0.1 미만에서 측정할 때는 눈금 확대기를 사용하는 것이 좋다.

3) 정량조작

정량조작은 원칙적으로 다음과 같은 순서로 한다.

① 피검액(被檢液)을 부피플라스크 같은 용기에 달아 넣는다.
② 발색시약, 산, 알칼리, 완충액, 마스킹제, 안정제 등 각각 규정된 순서에 따라 가한다.
③ 충분한 발색이 되도록 필요하면 가열 또는 방치한다.
④ 용매를 가하여 일정용적으로 희석한다.
⑤ 광도계의 측정파장 또는 필터, 슬릿의 폭, 흡수셀 등을 규정한 방법에 따라 조절 또는 준비한다.
⑥ 발색액의 일부를 흡수셀에 넣어 흡광도를 측정한다.
⑦ 측정한 흡광도를 검정곡선과 비교하여 목적하는 성분의 농도를 구한다.

※ 비고 : 시료중의 목적성분 농도가 낮을 때는 발색액에 잘 녹지 않는 피검성분을 다시 잘 녹는 용매로 추출하여 흡광도를 측정하고 농도를 구해도 무방하다.

참고자료

1. 대기오염공정시험기준 (ES01202) - 자외선/가시선 분광법, 국립환경과학원, 2016년

흡광광도법 내용확인문제

01. 흡광광도 측정에서 최초광의 75%가 흡수되었을 때 흡광도는?

02. 길이(l): 0.2m, 농도(C): 0.02 mol/L인 $CaSO_4$ 용액의 투과도 및 흡광도를 계산하여라. (단, 흡광계수 ϵ=90 이다.)

03. 흡광광도법에서 주로 사용되는 3가지의 흡수셀의 종류를 구분하고 각각 사용가능한 파장 범위를 서술하여라.

04. 흡광도 눈금의 보정방법을 설명하여라.

05. 흡광광도계에 사용하는 흡수셀의 세척방법에 대하여 설명하여라.

06. 다음은 흡광광도법에 대한 설명이다. (   )안에 알맞은 말을 넣어라.

① 광전광도계는 파장선택부에 (   )를 사용한 장치로 단속광형이 많고, 비교적 구조가 간단하여 작업 분석용에 적합하다.
② 광원부에서 가시부와 근적외부의 광원으로는 주로 (   )을 사용하고, 자외부의 광원으로는 주로 (   )를 사용한다.
③ 파장선택부에서 단색화장치로는 (   ), (   ) 또는 이 두가지를 조합시킨 것을 사용하며 단색광을 내기위하여 슬릿(slit)를 부속시킨다.
④ 측광부에서 (   ), (   )은 주로 자외 내지 가시파장 범위에서 (   )은 근적외 파장범위에서, (   )는 주로 가시파장 범위내에서의 광전측광에 사용된다.

4.2.2.2 암모니아 – 자외선/가시선분광법 : 인도페놀법

(Ammonia in Flue Gas - UV/VIS Spectrometry : Indophenol Method)

가. 시료의 채취

1. 시료 채취위치

시료의 채취위치는 원칙적으로 굴뚝의 굴곡부분이나 단면 모양이 급격히 변하는 부분을 피하여 배출가스 흐름이 안정되고 측정 작업이 쉽고 안전한 곳을 선정한다. 측정위치로 선정된 굴뚝단면의 모양과 크기에 따라 적당수의 등면적으로 구분하고 구분된 각 면적마다 측정점을 선정한다. 단, 보일러 굴뚝과 같이 배출가스의 농도가 균일하다고 인정되는 경우에는 임의의 한 점을 측정점으로 선정하여도 무방하다.

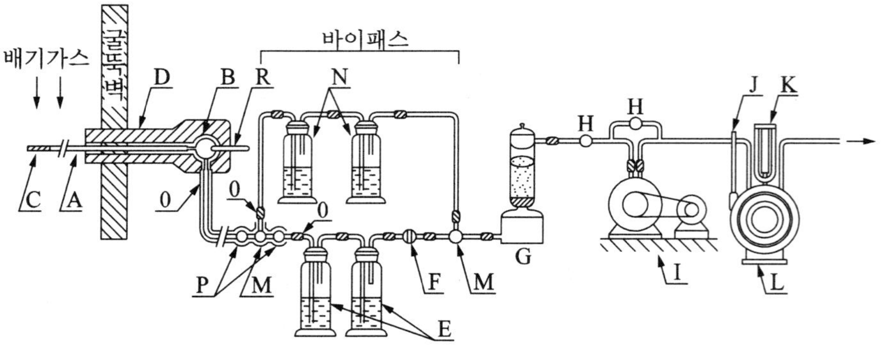

여기서,

A : 시료가스 채취관	J : 온도계
B : 어댑터	K : 압력계
C : 여과지[1]	L : 습식 가스미터 (1회전 (1~5) L)
D : 보온제	M : 3방콕
E : 흡수병 (부피 250 mL)	N : 바이패스용 세척병[2]
F : 유리필터	O : 실리콘 고무관
G : 가스 건조탑 (입자상 실리카겔 또는 염화칼슘)	
H : 유량조절 콕	P : 구면 갈아맞춤
I : 밀폐식 흡입펌프	Q : 히터

1 : 여과지로는 유리섬유여과지 또는 유리여과기를 쓴다.
2 : 바이패스용 세척병에는 황산 (10 v/v%)을 적당량 넣는다.

그림 4.37 시료채취장치의 구성

2. 시료 채취장치

시료 채취장치는 다음 조건을 구비한 것으로 그 구성은 그림 4.37과 같다.

(1) 시료채취관은 배출가스 중의 암모니아 공존 성분에 의하여 부식되지 않는 재질, 예컨대 유리관, 스테인레스강 재질, 석영관 및 불소수지관 등을 쓴다.

(2) 가스 중에 먼지가 섞여 들어가는 것을 막기 위하여 시료채취관의 적당한 곳에 여과재를 넣는다.

(3) 배관 중에 수분이 응축할 염려가 있을 때에는 시료채취관으로부터 흡수병에 이르는 사이를 120°C 이상 가열하여야 한다.

(4) 가열부분에 있어서의 배관 접속에는 채취관과 같은 재질 또는 실리콘 고무관을 쓴다.

(5) 염화수소, 황산화물, 질소산화물 등의 산성성분이 분석결과에 영향을 미칠 때에는 황산화물 분석방법에 따라 시료를 채취하고 흡수병을 실험실에 옮겨 그림 4.38에 나타낸 암모니아가스 추출장치를 사용하여 암모니아를 흡수액에 흡수시킨다.

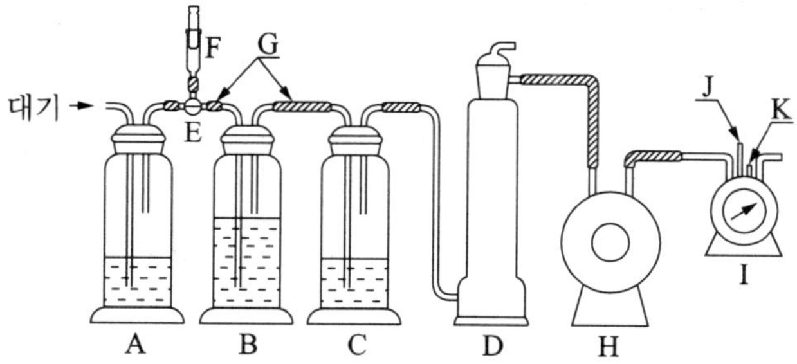

여기서,
A : 암모니아제거용 세척병 (황산 (2 N)용액 50 mL)
B : 흡수액 (시료가스 채취용액 약 120 mL)
C : 암모니아 흡수병 (붕산용액 (질량분율 0.5 %) 50 mL)
D : 건조탑 (실리카겔)
E : 플루오르화 수지제 3방콕
F : 플라스틱제 주사통 (수산화소듐 용액 ((8 N) 5 mL)
G : 실리콘튜브 (수분농축이 되지 않게 주의하고 농축 시에는 가온)
H : 흡입펌프
I : 습식 가스미터 및 유량계
J : 온도계
K : 압력계

그림 4.38 암모니아가스 추출장치

3. 시료의 흡수

3.1 산성가스가 없는 경우

(1) 여과관 또는 여과구가 붙은 흡수병 1개 이상을 준비하고 각각에 흡수병으로 붕산용액 (0.5v/v%) 50 mL를 넣는다.

(2) 흡수병은 될 수 있는 대로 채취위치 근처에 놓는다.

(3) 흡수병에 시료를 도입하기 전에 바이패스를 사용하여 배관 속을 시료로 충분히 치환해야 한다.

(4) 시료의 흡인속도는 (1~2) L/min 정도로 한다.

(5) 채취하는 가스량은 배출가스중의 암모니아 농도에 따라서 증감한다.

(6) 시료가스량의 측정에서는 시료가스의 부피 측정 위치에서 동시에 온도 및 압력을 측정해 놓는다.

3.2 산성가스가 있는 경우

(1) 흡수병을 2개 이상을 준비하여 각각에 흡수액으로 과산화수소(1+9)를 50 mL씩 넣고 흡수병은 위로 향한 여과판이 있는 부피 (150~250) mL의 것을 사용한다.

(2) 3.1의 (2)~(4)조작을 행한 후 흡수병을 암모니아 추출장치에 접속한다.

(3) 유량 2 L/min 정도로 암모니아를 제거시킨 공기를 흡입한다.

(4) 다음에 3방콕을 사용하여 수산화소듐용액(8 N)을 가하여 pH 13 이상으로 하고 발생하는 암모니아 가스를 붕산용액에 흡수시킨다. 추출시간은 약 100분으로 한다.

4. 분석용 시료용액의 조제

(1) 시료의 흡인이 끝난 후 전체 흡수병 속의 용액을 비커에 옮겨 담고 가열부분 이외의 채취관과 흡수병을 흡수액으로 씻는다.

(2) 비커 중의 용액에 합한 후 250 mL 부피플라스크에 옮겨 담는다.

(3) 흡수액을 가하여 250 mL로 하고 이 용액을 분석용 시료용액으로 한다.

나. 시료의 분석

화학반응 등에 의하여 굴뚝 등에서 배출되는 배출가스 중의 암모니아의 농도를 분석하는 대기오염공정시험기준은 흡광광도계를 이용하는 인도페놀(Indophenol)법과 황산을 이용하여 적정하는 중화적정법이 있는데, 본 시험에서는 주(主)공정시험기준인 인도페놀법(자외선/가시선분광법)을 설명한다.

1. 측정원리 및 적용범위

(1) 측정원리

분석용 시료용액 중의 암모늄 이온이 알칼리성 용액 중에서 나이트로프루시드소듐을 촉매로 하여 페놀 및 하이포아염소산소듐과 반응하여 인도페놀 블루를 생성(푸른색으로 발색)시키는 것을 흡광광도계를 이용하여 측정하는 방법이다.

시료용액 중에 암모늄 이온의 양이 많을수록 생성되는 인도페놀블루의 양이 많아지게 되고 발색된 용액의 푸른색이 짙어지므로 용액을 투과하는 빛의 흡광도는 증가하는 것을 이용하여 분석용 시료용액 중의 암모니아를 정량하게 된다. 이 때 발색 시료에는 파장 640 nm의 빛을 쪼여 흡광도를 측정한다. 인도페놀 블루가 생성되는 과정의 반응식은 아래와 같다.

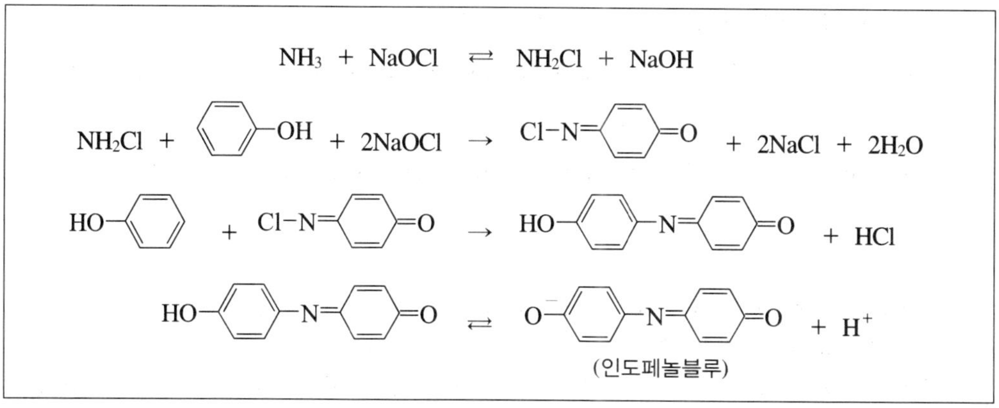

(2) 적용범위

시료채취량 20 L인 경우 시료 중의 암모니아의 농도가 약 (1~10) ppm인 것의 분석에 적합한 방법이며, 만약, 측정된 암모니아의 농도가 10 ppm 이상인 것으로 나타나면, 가스채취량을 줄이든가 또는 분석용 시료용액을 흡수액으로 적당히 묽게 하여 분석한 후 농도

계산 때 보정하도록 한다.

이 시험방법은 암모니아 농도에 대하여 이산화질소[NO_2]가 100배 이상, 아민류[R-NH_2]가 수 십배 이상, 아황산가스[SO_2]가 10배 이상, 황화수소[H_2S]가 같은 양 이상 각각 공존하지 않는 경우에 적용할 수 있는 방법이다.

2. 시약 및 제조법

(1) 흡수액

붕산(Boric acid) (0.5w/v%) 용액 1L 제조

: 붕산 5 g을 1 L 부피플라스크에 넣고 증류수를 표시선까지 채운다.

*붕산 (H_3BO_3, boric acid, 분자량: 61.84, 특급)

(2) 수산화소듐 (50w/v%) 용액

100 mL 부피플라스크에 수산화소듐 (NaOH, sodium hydroxide, 분자량: 40, 특급) 50 g을 넣고 증류수로 표시선까지 채운다.

(3) 페놀-나이트로프루시드소듐 용액

페놀 5 g과 나이트로프루시드소듐 25 mg을 물에 녹여서 500 mL로 한다.

*페놀(C_6H_5OH, phenol, 분자량: 94.11, 특급)

*나이트로프루시드소듐($C_5FeN_6O_2Na$, sodium nitroprusside, 분자량: 261.94, 99%)

*페놀-나이트로프루시드소듐 용액

($Na_2[Fe(Cn)_5NO] \cdot 2H_2O$, phenol-sodium nitroprusside, 분자량: 313.85, 99%)

> 페놀은 상온에서 고체 상태이며, 분말이 아닌 덩어리 상태이므로 5 g을 정확하게 정량하기가 어렵다. 따라서 페놀을 녹여서 액체 상태로 만든 후, 피펫으로 분취하도록 한다. 페놀은 녹는 온도가 대략 40°C 정도이므로 물중탕을 이용하여 40°C 이상으로 가열한 후 피펫으로 분취하여 정량한다. 한편, 녹인 페놀을 옮길 때 피펫 안에 잔류하고 있던 페놀은 상온에서 다시 쉽게 응고되므로 신속하게 배출하여야 한다. 신속한 정량을 위하여 저울로 정량하는 대신 페놀의 밀도 1.07 g/mL를 이용하여 5 g에 해당하는 4.7 mL (= 5.0 g/ (1.07g/mL))를 분취하여도 좋다. 단, 페놀은 인체에 유해하므로 가열 및 분취작업은 반드시 후드(hood) 안에서 작업하도록 한다.

(4) 하이포아염소산소듐 용액

하이포아염소산소듐 용액(대개 유효염소농도가 (3~10) v/v% 범위에 있다.) 100/C mL (C는 유효염소 v/v%를 나타내며, 예를 들어 하이포아염소산소듐 시약의 유효염소농도가 5v/v%라고 하면 100/5 mL = 20 mL에 해당하는 양)와 수산화소듐 15 g을 물에 녹여 1 L로 한다. 이 용액은 사용할 때에 조제하여야 한다.

*하이포아염소산소듐 용액 (NaClO, sodium hypochlorite, 분자량: 74.45, 유효염소 ((3~10) v/v%)

*수산화소듐(NaOH, sodium hydroxide, 분자량: 40, 특급)

*이 용액을 제조하기 위해서는 하이포아염소산소듐 용액의 유효염소량을 알아야 하며, 유효염소농도를 측정하는 방법은 다음과 같다.

※ 하이포아염소산소듐 용액의 유효염소농도를 측정하는 방법

1) 시약 및 용액의 제조

① 하이포아염소산소듐 용액 (NaClO, sodium hypochlorite, 분자량: 74.45)

② 아이오드화포타슘 (KI, potassium iodide, 분자량: 165.99, 99%)

③ 아세트산(CH_3COOH, acetic acid, 분자량: 60.05, 99.7%) (1+1) 30 mL
아세트산 15 mL에 물 15 mL를 가하여 잘 섞는다. 이 작업은 hood 내에서 하며, 제조된 시약은 마개를 사용하여 잘 밀봉하고 필요시에만 개봉하여 사용한다.

④ 전분용액 지시약
용성전분(soluble starch) 1 g에 물 10 mL를 넣어 혼화하고 열수 100 mL 중에 넣고 1분간 끓인 후 냉각하여 정치한다. 상징액을 사용한다.

⑤ 0.05 N 싸이오황산소듐 용액 1 L
0.1 N 싸이오황산소듐 용액 ($Na_2S_2O_3$, sodium thiosulfate solutions, 분자량: 158, 0.6~22.9 %) 500 mL를 취해 1 L 부피플라스크에 넣고 증류수를 표선까지 채운다.

2) 실험절차

① 하이포아염소산소듐 용액 10 mL를 200 mL 부피플라스크에 넣고 증류수를 표선까지 채운다.

② 이 액 10 mL를 취하여 100 mL 부피플라스크에 넣고 증류수를 표선까지 채운다.

③ 이 액 100 mL를 약 250 mL 용량의 삼각플라스크에 옮기고 본시험용으로 표시한다.

④ 아이오드화포타슘 (1~2) g 및 아세트산(1+1) 6 mL를 넣은 후 밀봉하고 흔들어 섞는 다음 암소에 약 5분간 방치한다. (노란색으로 변한다.)

⑤ 0.05 N 싸이오황산소듐 용액을 이용하여 적정한다.

⑥ 액의 노란색이 엷어지면 전분용액 지시약을 1 mL를 넣는다.
(시료는 청색을 띠게 된다.)
⑦ 0.05 N 싸이오황산소듐 용액으로 다시 적정을 계속한다.
⑧ 시료의 청색이 사라지고 무색이 된 때를 종말점(end point)으로 하고, 그때까지 투입된 0.05 N 싸이오황산소듐 용액의 양을 기록한다. (a [mL])
⑨ 별도의 약 250 mL 용량의 삼각플라스크에 증류수 100 mL를 넣고 바탕시험용으로 표시한다.
⑩ ④~⑦의 적정 작업을 바탕시험용 시료에 대해 반복한다.
⑪ 시료의 청색이 사라지고 무색이 된 때를 종말점(end point)으로 하고, 그때까지 투입된 0.05 N 싸이오황산소듐용액의 양을 기록한다. (b [mL])
⑫ 아래의 식을 이용하여 유효염소농도를 계산한다.

3) 유효염소농도 계산

$$\text{유효염소농도(w/v\%)} = (a-b) \times f \times \frac{200}{10} \times \frac{1}{V} \times 0.001773 \times 100$$

여기서, a : 본 시험에서의 0.05 N 싸이오황산소듐 용액의 소비량 (mL)
b : 바탕 시험에서의 0.05 N 싸이오황산소듐 용액의 소비량 (mL)
f : 0.05 N 싸이오황산소듐 용액의 규정도 계수(factor)
V: 하이포아염소산소듐 용액을 취한 양(mL)

※ 0.05 N 싸이오황산소듐 용액의 규정도 계수(f) 결정 (=표정(standardization))

① 아이오딘산포타슘(KIO_3, potassium iodate, 분자량: 214.0, 99.7%)을 (120~140)°C에서 약 2시간 건조시킨 후 데시케이터(실리카겔)에서 식힌다.
② 식혀진 아이오딘산포타슘 (0.35~0.36) g을 0.1 mg 단위까지 정확히 취하여 250 mL 부피플라스크에 넣고 잘 녹인 후 물을 표시선까지 채운다.
③ 제조된 아이오딘산포타슘 용액 25 mL를 정확히 취하여 유리마개가 있는 삼각플라스크에 넣는다.
④ 아이오드화포타슘 (1~2) g 및 아세트산(1+1) 6 mL를 넣은 후 바로 밀봉하고 조용히 흔들어 암소에 5분간 방치한다.(노란색으로 변한다.)
⑤ 0.05 N 싸이오황산소듐 용액을 이용하여 적정한다.
⑥ 액의 노란색이 엷어지면 전분용액 지시약을 1 mL를 넣는다.
(시료는 청색을 띠게 된다.)
⑦ 0.05 N 싸이오황산소듐 용액으로 다시 적정을 계속한다.
⑧ 시료의 청색이 사라지고 무색이 된 때를 종말점(end point)으로 하고, 그때까지 투입된 0.05 N 싸이오황산소듐용액의 양을 기록한다. (a [mL])

⑨ 다음의 식을 이용하여 0.05 N 싸이오황산소듐 용액의 규정도 계수(factor) f를 계산한다.

$$f = \frac{m \times \frac{25}{250}}{a \times 0.001783}$$

여기서, f : 0.05N 싸이오황산소듐 용액의 규정도 계수(factor)
m: 아이오딘산포타슘의 채취량(g)
a : 0.05 N 싸이오황산소듐 용액의 적정량(mL)
0.001783 : 0.05 N 싸이오황산소듐 용액 1 mL에 해당되는 아이오딘산포타슘의 질량(g)

(5) 암모니아 검정곡선용 표준용액

① 130°C에서 건조한 황산암모늄($(NH_4)_2SO_4$, ammonium sulfate, 분자량: 132.13) 2.9498 g을 증류수에 녹여 1 L로 한다.

② 이 용액을 흡수액으로 1000배 묽게 희석하여 암모니아 표준액으로 한다.
→ 1 L 부피플라스크에 ①에서 제조한 용액 1mL를 넣고 흡수액을 표시선까지 채운 후 잘 섞어준다.
*이 암모니아 표준액 1 mL는 NH_3 1 μL (0°C, 760 mmHg)에 상당한다.
= 이 암모니아 표준액 1mL에 녹아 있는 암모늄 이온의 양은 기체상태의 암모니아(NH_3)가 표준상태(0°C, 1기압)의 부피를 기준으로 1 μL(=0.001 mL)가 녹았을 때 생성되는 암모늄 이온의 양과 동일하다.

황산암모늄[$(NH_4)_2SO_4$]은 분자량이 132이고 용액 중에서 $2NH_4^+ + SO_4^{2-}$로 용해가 되므로 1 mol (132 g)이 용해되면 2 mol의 암모늄 이온(NH_4^+)이 용액 중에 존재하게 된다. 한편, 기체상의 암모니아(NH_3)가 녹아서 용액 중에 2 mol의 NH_4^+ 이온을 생성하려면 표준상태(0°C, 1기압)의 부피를 기준으로 2×22.4 L가 용액 중에 용해되어야 한다.

따라서, 용액 1 L 중에 2.9498 g의 $(NH_4)_2SO_4$를 녹였을 때 용액 중에 존재하는 NH_4^+ 이온의 양과 동일한 양의 NH_4^+ 이온이 존재하도록 표준상태의 암모니아 기체를 녹인다면, 그 부피는 132 g : 2×22.4 L = 2.9498 g : x L 로 계산하면, x=1.0 L 가 된다.

그런데 암모니아 표준액은 위의 용액을 1000배 희석한 것이므로 표준액 1 L에 녹아있는 암모늄 이온의 양은 암모니아 기체가 표준상태 부피기준으로 1/1000 L, 즉 1.0 mL 녹아있는 것과 같은 양이다. 따라서, 암모니아 표준액 1 mL 중에 있는 암모늄 이온의 양은 암모니아 기체가 표준상태 부피기준으로 0.001 mL 녹아서 생성된 양과 같은 양이 된다.

3. 실험절차 (Experimental procedures)

① 100 mL 부피플라스크(또는 유리마개가 있는 시험관) 3개를 준비하고 각각에 분석용 시료, 암모니아 표준액, 대조액이라고 표시한다.

② 각각의 부피플라스크에 분석용 시료용액 10 mL, 암모니아 표준액 10 mL, 흡수액 10 mL 씩을 넣는다.

③ 각각에 페놀-나이트로프루시드소듐 용액 5 mL씩을 가하고 잘 흔들어 섞는다.

④ 각각에 하이포아염소산소듐 용액 5 mL씩을 가한 다음 마개를 닫고 조용히 흔들어 섞는다.

⑤ 용액의 온도가 (25~30)°C인 조건에서 1시간 방치한다.

⑥ 용액이 푸른색으로 발색이 된 것을 확인하고 흡광도를 측정할 준비를 한다.
발색된 용액의 색깔은 대조액 < 분석용 시료 < 암모니아 표준액의 순서로 진한 것이 정상이다.

⑦ 발색된 분석용 시료, 암모니아 표준액, 대조액을 10 mL의 흡수 셀(cell)에 옮기고 광전분광광도계 또는 광전도계로 640 nm 부근의 파장에서 흡광도를 측정하여 기록한다.

⑧ 측정된 흡광도 값으로부터 아래의 식을 이용하여 암모니아 농도를 계산한다.

$$\text{암모니아 농도(ppm)} = \frac{0.001 \times \frac{A}{A_s} \times 250}{V_s} \times 1000$$

A : 분석용 시료용액의 흡광도

A_s : 표준용액의 흡광도

V_s : 굴뚝에서 채취한 건조시료가스의 부피(L)(표준상태 기준)

위의 식에서 분모(V_s)는 표준상태를 기준으로 환산된 시료가스 채취량(L)이며, 분자 $(0.001\times\frac{A}{A_s}\times 250)$은 시료 채취시 흡수병 안에 녹아들어간 암모니아 기체의 양을 표준상태에서의 부피(mL)로 환산한 양이다. 따라서, 위의 식에서 계산된 암모니아의 농도는 mL/L 의 단위로 표시한 것이므로 ppm 단위로 나타내기 위해서는 식에서 나타낸 것과 같이 1000 배를 해준 것이다.

한편, 분자항에서 0.001은 암모니아 표준액 1 mL 중에 녹아 있는 암모니아 기체의 표준상태에서의 부피(mL)를 나타내며, 250은 굴뚝에서 시료를 채취할 때 흡수병 안의 시료를 흡수액을 첨가하여 총 250mL로 제조하였기 때문에 암모니아 기체가 녹아 들어간 총 흡수액의 양(mL)를 의미한다.

위의 식에서 분석용 시료용액과 표준용액의 흡광도 값인 A, A_s는 측정된 시료 용액과 표준용액의 흡광도 값에서 대조액의 흡광도 값(A_o)을 빼 준 값을 사용하여야 한다. 왜냐하면 시료 용액 및 표준용액 내에는 흡광도 값을 측정하여 정량해 내고자 하는 암모니아에 의해 생성된 인도페놀블루이외에도 여러 성분들이 함께 공존하고 있는데 이들 성분에 의한 흡광도 값은 배제한 순수한 인도페놀블루만의 흡광도 값을 사용하기 위해서이다.

예를 들면, 분석용 시료용액에는 암모니아에 의해 생성된 인도페놀블루이외에도 인도페놀블루를 생성시키기 위해 첨가해준 페놀, 하이포아염소산소듐, 나이트로프루시드소듐 등의 물질과 흡수액 제조시 사용한 붕산 등의 물질이 함유되어 있고 이러한 물질도 일부 빛을 흡수, 산란시킬 수 있기 때문에 이들 이물질들에 의한 흡광도를 측정하여 이들 값을 배제하여야 인도페놀블루에 의한 흡광도 값을 구할 수 있다. 이를 위해서 분석용 시료용액에 함유되어 있는 기타 물질들만을 함유한 대조액을 별도로 제조하고 이것의 흡광도 값을 측정하여 시료 용액의 흡광도 값에서 빼주게 되면 시료용액 중의 인도페놀블루의 흡광도 값을 구할 수 있게 된다.

참고자료

1. 대기오염공정시험기준 - 배출가스 중 암모니아 : 자외선/가시선분광법 - 인도페놀법 (ES 01303.1), 국립환경과학원, 2016년

암모니아(인도페놀법) 내용확인문제

01. 대기오염공정시험기준에 준하여 암모니아의 농도를 인도페놀법으로 분석하고자 한다. 인도페놀법의 측정원리를 서술하여라.

02. 아래의 시약제조방법에 대하여 설명하여라.

① 붕산(0.5w/v%) 용액 250 mL
② 과산화수소수(1+9) 용액 200 mL
③ 수산화소듐 50w/v% 용액 100 mL
④ 0.05 N 싸이오황산소듐 용액 1 L (0.1 N 싸이오황산소듐 용액 사용)

03. 암모니아 표준용액 1 mL에 녹아 있는 암모늄 이온의 양은 암모니아(NH_3) 기체가 표준상태(0°C, 1기압)의 부피를 기준으로 0.001 mL에 해당하는 양이 되는 근거를 설명하여라.

04. 암모니아 농도 계산 시에 사용하는 분석용 시료용액의 흡광도 값은 측정된 흡광도 값에서 대조액에 대한 흡광도 값을 빼주는 이유를 설명하여라.

05. 어느 화학공장 배출가스중의 암모니아의 농도를 분석하기 위하여 인도페놀법으로 암모니아 농도를 분석하고자 한다. 분석시료와 표준용액, 대조액에 대하여 흡광도를 측정한 결과가 다음과 같을 때, 해당 화학공장 배출가스중의 암모니아의 농도는 얼마[ppm]인가?

구분	대조액	암모니아 표준액	분석시료
흡광도	0.053	0.358	0.257

단, 시료가스 채취조건은 아래와 같다.

습식가스미터로 측정한 흡인가스량	20.8 L	습식가스미터에서 측정한 흡인가스온도	24.8 °C
습식가스미터 게이지압	3.8 mmHg	채취시의 대기압	763 mmHg

4.2.2.3 염화수소 – 싸이오시안산제이수은 자외선/가시선분광법

(Hydrogen Chloride in Flue Gas - Mercury Thiocyanate UV/VIS Spectrometry)

가. 시료의 채취

1. 시료 채취위치

시료의 채취위치는 대표할 수 있는 기체가 채취될 수 있는 점, 즉 기체의 유속이 현저하게 변화하지 않고 먼지 등이 쌓이지 않으며 수분이 적은 곳을 선택하여야 한다.

2. 시료 채취장치

시료채취장치는 다음 조건을 구비한 것으로서 그 구성의 보기를 그림 4.39에 표시하였다.

(1) 시료채취관은 배출가스 중의 염화수소에 의해 부식되지 않는 재질의 관, 예를 들면 유리관, 석영관, 불소수지관 등을 사용한다.

(2) 시료채취관은 굴뚝의 중앙에 오도록 끼워 넣는다.

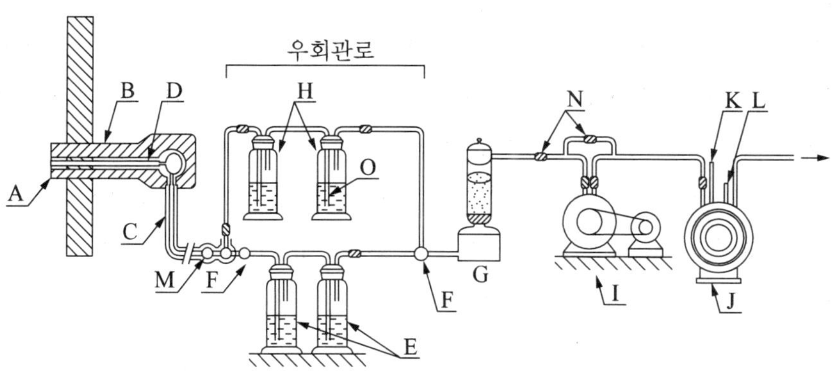

A: 시료기체 채취관　B: 보온재　C: 히터
D: 여과재 (기체중의 성분과 화학반응을 하지 않는 물질, 즉 무알칼리 유리섬유여과지, 유리여과기등을 사용)
E: 흡수병 (흡수액)　F: 3방콕　G: 건조제 (입자상 실리카겔 또는 염화칼슘)
H: 우회관로용 씻기병 (수산화소듐 용액(20v/v%) 50 mL를 넣은 것)
I: 흡입펌프　J: 습식가스미터 (1회전 (1~5)L)　K: 온도계　L: 압력계
M: 구면 갈아맞춤유리관　N: 유량조절용 콕　O: 거름판 또는 거름구

그림 4.39 흡수액 이용한 시료기체 채취 장치 구성도

(3) 기체 중에 먼지가 섞여들어 오는 것을 방지하기 위하여 시료채취관의 적당한 곳에 여과지를 넣는다.

(4) 배관 속에 수분이 농축되는 경우가 있을 때는 시료채취관과 흡수병 사이를 120°C 이상 가열하여야 한다.

(5) 가열부분의 배관 접속은 갈아 맞춤 유리관 또는 실리콘 고무관을 사용한다.

(6) 흡수병으로 부피 250 mL를 2개 연결하여 사용하고, 단 염화수소가 완전히 채취되는 것이 확인되는 경우에는 흡수병을 1개 연결하여 사용해도 무방하다. 염화소듐 (NaCl), 염화암모늄 (NH_4Cl) 등의 입자상 물질들이 흡수액에 녹아 염소 이온을 발생시킬 우려가 있는 경우에는 시료채취관 전단에 여과지(0.45 μm 또는 0.8 μm)를 사용하여 영향을 최소화하여야 한다.

3. 시료 채취조작

(1) 부피 250 mL의 흡수병에 흡수액 50 mL를 각각 넣는다.

(2) 3방콕을 우회관로용 씻기병 방향으로 돌린 후, 흡입펌프를 작동시켜 시료기체 채취관로부터 3방콕까지 시료기체로 치환한다.

(3) 흡입펌프를 정지시킨 후, 3방콕을 흡수병 방향으로 돌린다. 다음에 가스미터의 지시값 (V_1)을 0.01 L 자리 수까지 읽어 취한다.

(4) 흡입펌프을 작동시켜 시료기체를 흡수병으로 흘려보낸다. 이때 유량조절용 콕을 조절하여, 유량을 1 L/min 정도로 한다. (염화수소가 흡수액에 완전히 흡수되는 것이 확실한 경우에는 유량을 4 L/min까지 증가시켜도 된다.)

시료기체를 약 40 L (염화수소 농도에 따라 적절히 증감 가능하다.) 채취한 후, 흡입펌프을 정지하고, 3방콕을 닫고 가스미터의 지시값 (V_2)을 0.01 L의 자리 수까지 읽어 취한다. 동시에 가스미터에 나타난 온도와 게이지압 및 대기압을 측정한다.

4. 분석용 시료용액 제조

(1) 굴뚝에서 시료채취 후 300 mL 비커에 흡수병의 내용 액을 증류수로 씻어 옮긴다.

(2) 250 mL 부피플라스크에 비커의 내용 액을 증류수로 씻어 옮긴 후에, 증류수를 표시선까지 넣어 이것을 분석용 시료용액으로 한다.

나. 시료의 분석

굴뚝 등에서 배출되는 배출가스 중의 염화수소의 농도를 분석하는 대기오염공정시험기준은 이온크로마토그래프법과 싸이오시안산제이수은 자외선/가시선분광법이 있으며, 이온크로마토그래프법이 주 시험방법이다. 여기에서는 싸이오시안산제이수은 자외선/가시선분광법을 설명하기로 한다.

1. 측정원리 및 적용 범위

(1) 측정원리

분석용 시료용액중의 염소이온[Cl^-]이 싸이오시안산제이수은[$Hg(SCN)_2$]과 반응하여 싸이오시안산 이온[SCN^-]이 유리되고, 유리된 싸이오시안산 이온과 제2철 이온[Fe^{3+}]이 반응하여 싸이오시안산제이철의 착염[$Fe(SCN)^{2+}$]을 생성(등적색으로 발색)하는 것을 분광광도계를 이용하여 측정하는 방법이다.

시료용액 중에 염소 이온의 양이 많을수록 생성되는 싸이오시안산제이철의 착염의 양이 많아지고, 따라서 발색된 용액의 등적색이 짙어지는 것을 이용하여 발색시료에 파장 460 nm의 빛을 쪼여 측정된 흡광도로부터 분석용 시료용액 중의 염소 이온를 정량한다.

싸이오시안산제이철의 착염이 생성되는 과정의 반응식은 아래와 같다.

$$Hg(SCN)_2 + 2Cl^- \rightarrow HgCl_2 + 2SCN^-$$
$$2SCN^- + 2Fe^{3+} \rightarrow \underset{\text{(등적색)}}{2Fe(SCN)^{2+}}$$

(2) 적용범위

시료채취량 40 L 정도를 기준으로 정량범위는 (0.4~80) ppm 이며, 방법검출한계는 0.13 ppm 이다. 이 시험법은 이산화황, 기타 할로겐화물, 시안화물 및 황화합물의 영향이 무시되는 경우에 적합한 방법이다.

배출가스 중에 염화수소와 염소가 공존하는 경우에는 삼산화비소 (1 g/L)를 가한 수산화소듐 용액 (0.1 mol/L)을 흡수액으로 하여 시료기체를 채취한 뒤 염소 이온 농도 (a mg Cl^-/mL)를 구한다. 동시에 오르토톨리딘 자외선/가시선분광법 등으로 시료기체 중의 염소 농도를 측정하고, 염소 이온 농도로부터 염소 농도에 상응하는 염소 이온 농도 (b mg

Cl^-/mL)를 빼준 (a－b)로부터 시료기체 중의 염화수소 농도(mg/Sm^3)를 구한다. 시안화물의 경우는 흡수액에 아세트산염 완충액(비커(500 mL)에 아세트산소듐(3수화물) 100 g과 질산포타슘 50 g을 취해 물을 가하여 약 300 mL로 하고, 아세트산을 넣어 pH를 5.1~5.2로 조정하고 물을 가하여 500 mL로 한다.)을 첨가하여 pH 5로 조정하는 것으로 100 μmol/L 정도까지, 황화합물의 경우에는 같은 농도의 과망간산포타슘을 흡수액에 첨가하여 피할 수 있다.

2. 시약 및 제조법

(1) 흡수액－0.1 M NaOH 용액

수산화소듐 4.0g을 정확하게 취하여 증류수에 녹여 1 L로 한다.

*수산화소듐(sodium hydroxide, NaOH, 분자량: 40, 특급시약)

(2) 싸이오시안산제이수은 용액

싸이오시안산제이수은 0.4 g을 메탄올 100 mL에 녹여 갈색병에 보관한다.

메탄올에 녹이는 것은 원점을 통과하는 검량선을 만들어 내기 위해서이다.

*메탄올 (CH_3OH, methanol, 분자량: 32.04)

*싸이오시안산제이수은 ($Hg(SCN)_2$, mercury(II) thiocyanate, 분자량: 316.75, 특급시약)

*싸이오시안산제이수은 시약이 없을 경우에는 다음과 같은 방법으로 제조하여 사용할 수 있다. 질산제이수은($Hg(NO_3)_2 \cdot H_2O$) 5 g을 0.5 N 질산 용액 약 200 mL에 녹이고 여기에 황산철(Ⅱ)암모늄 용액 3 mL를 가하여 잘 혼합하고 싸이오시안산포타슘 용액(4w/v%)을 액이 약간 착색될 때까지 가한다. 생성된 싸이오시안산제이수은의 백색침전은 유리여과기(G3)로 거르고 침전은 증류수로 충분히 씻고 자연 건조시킨다.

(3) 과염소산[Perchloric acid, $HClO_4$] 용액

대략 23~24%의 과염소산 용액을 50~60 mL를 제조한다. 시약으로 구입가능한 과염소산은 60% 또는 70%의 것이 있으며, 사용하는 시약에 따라 적절하게 희석하여 제조한다.

① 과염소산(60%)을 사용하는 경우 → 과염소산(2+3) 용액을 제조

100 mL 갈색 부피플라스크를 준비하고 과염소산(60%) 20 mL와 증류수 30 mL를 넣어 잘 섞어 준다.

② 과염소산(70%)을 사용하는 경우 → 과염소산(1+2) 용액을 제조
100 mL 갈색 부피플라스크를 준비하고 과염소산(70%) 20 mL와 증류수 40 mL를 넣어 잘 섞어 준다.

(4) 황산철(II)암모늄 용액
과염소산(2+3) (또는 과염소산(1+2))용액 50 mL에 황산철(II)암모늄 3.0 g을 녹인다. 이 용액은 갈색병에 보관하여야 한다.
*황산철(II)암모늄 ($FeNH_4(SO_4)_2 \cdot 12H_2O$, ferrous ammonium sulfate, 분자량: 482.20)

(5) 염소이온 표준용액
(100~105)°C에서 건조시킨 염화소듐(NaCl, sodium chloride, 표준시약) 0.2610 g을 1 L 부피플라스크에 넣고 증류수에 녹여 1 L 로 한다. 이 용액 100 mL를 1 L 부피플라스크에 취하고 물을 가하여 1 L로 한 것(→10배 희석)을 염소이온 표준액으로 한다.

*이 표준액 1 mL는 HCl 0.01 mL (0°C, 1기압)에 해당한다.
= 이 염화수소 표준액 1mL에 녹아 있는 염소 이온의 양은 염화수소(HCl) 기체가 표준상태(0°C, 1기압)의 부피를 기준으로 0.01 mL에 해당하는 양이 흡수액에 녹았을 때 생성되는 염화수소 이온의 양과 동일하다.

염화소듐[NaCl]은 분자량이 58.44이고 용액 중에서 $Na^+ + Cl^-$로 용해가 되므로 1 mol (58.44 g)이 용해되면 1 mol의 암모늄 이온(Cl^-)이 용액 중에 존재하게 된다. 한편, 기체상의 염화수소(HCl)가 녹아서 용액 중에 1mol의 Cl^- 이온을 생성하려면 표준상태(0°C, 1기압)의 부피를 기준으로 22.4 L가 용액 중에 용해되어야 한다.

따라서, 용액 1 L 중에 0.2610 g의 NaCl을 녹였을 때 용액 중에 존재하는 Cl^- 이온의 양과 동일한 양의 Cl^- 이온이 존재하도록 표준상태의 염화수소 기체를 녹인다면, 그 부피는 58.44 g : 22.4 L = 0.2610 g : x L 로 계산하면, x=0.1 L가 된다.

그런데 염화수소 표준액은 위의 용액을 10배 희석한 것이므로 표준액 1L에 녹아있는 염소 이온의 양은 염화수소 기체가 표준상태 부피기준으로 0.1 L × 1/10, 즉 0.01 L (=10 mL) 녹아있는 것과 같은 양이다. 따라서, 염화수소 표준액 1 mL 중에 있는 염소 이온의 양은 염화수소 기체가 표준상태 부피기준으로 10/1000 mL = 0.01 mL 녹아서 생성된 양과 같은 양이 된다.

3. 실험절차 (Experimental procedures)

① 100 mL 부피플라스크(또는 유리마개가 있는 시험관) 3개를 준비하고 각각에 분석용 시료, 염소이온 표준용액, 대조액이라고 표시한다.

② 각각의 부피플라스크에 분석용 시료용액 5 mL, 염소이온 표준용액 5 mL, 흡수액 5 mL 씩을 넣는다.

③ 각각에 황산철(II)암모늄용액을 2 mL씩을 가하고 잘 흔들어 섞는다.

④ 각각에 싸이오시안산제이수은용액을 1 mL씩을 가한 다음 잘 흔들어 섞는다.

⑤ 각각에 메탄올 4 mL씩을 가하고 잘 흔들어 섞는다.

⑥ 용액의 온도가 20°C인 조건에서 (5~30)분간 방치한다.

⑦ 용액이 등적색으로 발색이 된 것을 확인하고 흡광도를 측정할 준비를 한다. 발색된 용액의 색깔은 대조액 < 분석용 시료 < 염소이온 표준용액의 순서로 진한 것이 정상이다.

⑧ 발색된 분석용 시료, 염소이온 표준용액, 대조액을 10 mL의 흡수 셀(cell)에 옮기고 광전분광광도계 또는 분광광도계로 460 nm의 파장에서 흡광도를 측정하여 기록한다.

⑨ 측정된 흡광도 값으로부터 아래의 식을 이용하여 염화수소 농도를 계산한다.

$$\text{염화수소 농도(ppm)} = \frac{0.01 \times \dfrac{A}{A_s} \times 250}{V_s} \times 1000$$

A : 분석용 시료용액을 발색시켜 측정한 흡광도

A_s : 표준액을 발색시켜 측정한 흡광도

V_s : 건조시료의 가스량(L)

위의 식에서 분모(Vs)는 표준상태를 기준으로 환산된 시료가스 채취량(L)이며, 분자 $(0.01 \times \frac{A}{A_s} \times 250)$은 시료 채취시 흡수병 안에 녹아들어간 염화수소 기체의 양을 표준 상태에서의 부피(mL)로 환산한 양이다. 따라서, 위의 식에서 계산된 염화수소의 농도는 mL/L 의 단위로 표시한 것이므로 ppm 단위로 나타내기 위해서는 식에서 나타낸 것과 같이 1000 배를 해준 것이다.

한편, 분자항에서 0.01은 염화수소 표준액 1 mL 중에 녹아 있는 염화수소 기체의 표준 상태에서의 부피(mL)를 나타내며, 250은 굴뚝에서 시료를 채취할 때 흡수병 안의 시료를 흡수액을 첨가하여 총 250mL로 제조하였기 때문에 염화수소 기체가 녹아 들어간 총 흡수액의 양(mL)를 의미한다.

한편, 위의 식에서 분석용 시료용액과 표준용액의 흡광도 값인 A, A_s는 측정된 시료 용액과 표준용액의 흡광도 값에서 대조액의 흡광도 값(A_o)을 빼 준 값을 사용한다. 그 이유는 분석용 시료용액과 표준용액 중에 녹아 있는 싸이오시안산제이철의 착염이외의 성분들에 의한 흡광도 값을 배제한 흡광도 값을 사용하여야 하기 때문이다.

참고자료

1. 대기오염공정시험기준 - 배출가스 중 염화수소 - 싸이오시안산제이수은 자외선/가시선분광법 (ES 01305.2), 국립환경과학원, 2016년

염화수소(싸이오시안산제이수은법) 내용확인문제

※ 다음은 배출가스 중의 염화수소의 농도를 측정하기 위한 대기오염공정시험기준 중 싸이오시안산제이수은 자외선/가시선분광법에 대한 사항이다. 질문에 답하여라.

01. 싸이오시안산제이수은법의 측정원리를 서술하여라.

02. 아래의 시약제조방법에 대하여 설명하여라.

① 0.1 N 수산화소듐 용액 500 mL

② 과염소산(2+3) 용액 500 mL

03. 싸이오시안산제이수은 용액의 제조시 메탄올을 첨가하는 이유를 설명하여라.

04. 염소이온 표준용액 1 mL에 녹아 있는 염소 이온의 양은 염화수소(HCl)기체가 표준상태(0°C, 1기압)의 부피를 기준으로 0.01 mL에 해당하는 양이 되는 근거를 설명하여라.

05. 시료가스 채취조건이 다음과 같고, 분석시료와 대조액, 표준액에 대하여 흡광도를 측정한 결과가 아래와 같을 때, 배출가스중의 염화수소의 농도[ppm]는 얼마인가?

구분	대조액	염소이온 표준용액	분석시료
흡광도	0.153	0.556	0.275

단, 시료가스 채취조건은 아래와 같다.

습식가스미터로 측정한 흡인가스량	38.3 L	습식가스미터에서 측정한 흡인가스온도	23.7 °C
습식가스미터 게이지압	6.4 mmHg	채취시의 대기압	758 mmHg

4.2.2.4 질소산화물-자외선/가시선분광법-아연환원나프틸에틸렌다이아민법

(Nitrogen Oxides in Flue Gas－UV/VIS Spectrometry－Naphtyl Ethylene Diamine)

화학반응 등에 의하여 굴뚝 등에서 배출되는 배출가스 중의 질소산화물($NO+NO_2$)을 분석하는 방법으로 대기오염공정기준에는 자외선/가시선분광법으로서 아연환원 나프틸에틸렌다이아민법(Zinc reduction naphthyl ethylene diamine method)과 페놀디설폰산법(Phenol disulfonic acid method)이 있으며, 여기에서는 주(主)공정시험방법인 아연환원 나프틸에틸렌다이아민법을 설명한다.

가. 시료의 채취

1. 시료 채취장치

시료 채취장치는 그림 4.40에 나타낸 구조이고 다음의 조건을 구비하여야 한다.

(1) 시료채취관은 배출가스 중의 부식성 가스에 의해서 침식되지 않는 재질(예; 경질유리관, 석영관, 염소가스가 공존하지 않을 때는 스테인레스강관도 좋다)을 사용하여야 한다.

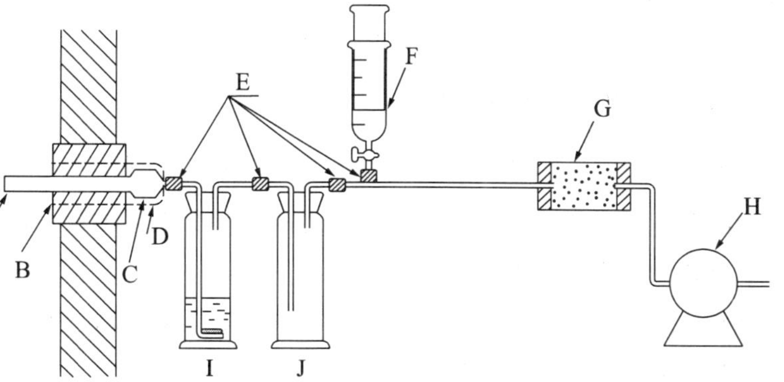

여기서, A : 시료채취관
B : 보온재료
C : 여과재
D : 히터
E : 실리콘 고무
F : 시료채취용 주사통
G : 건조제
H : 흡입펌프 또는 고무구
I : 아황산가스 흡수병
J : 빈 병

그림 4.40 시료채취장치

(2) 시료 중에 먼지 등이 섞여 들어가는 것을 방지하기 위하여 시료채취관의 도중에 적당한 여과재를 넣는다. 여과재로서는 배출가스 중의 성분과 화학반응을 일으키지 않는 재질, 예를 들면 석영솜을 사용하고 이산화질소와 반응할 수 있는 셀룰로오스제 여과재 또는 알칼리성분을 함유한 유리제 용기는 사용해서는 안된다.

(3) 시료 중의 수분이 응축되는 것을 방지하기 위하여 시료채취관 및 채취관에서 여과재까지의 사이를 가열((100~120) °C) 하여야 한다.

2. 시료의 채취위치

시료의 채취위치는 대표적인 가스가 채취될 수 있는 점, 예를 들면 가스의 유속이 심하게 변화하지 않는 위치를 선택하여야 한다.

3. 시료의 채취방법

시료채취장치에 콕(cock)을 붙인 시료채취용 주사통을 연결한 다음 흡입펌프로서 시료를 (1~1.5) L/min의 속도로 흡인한다. 배관 중의 가스를 시료로써 충분히 치환한 후 시료채취용 주사통에 시료 약 50 mL를 1회에 채취하고 콕을 닫는다.

이 때, 시료 채취용 주사통은 미리 물로써 내벽을 충분히 적시어 두어야 하며, 흡입은 단 1회에 행하고 배출 또는 재흡입을 해서는 안된다.

시료채취장치가 부압(−)일 때는 불소수지제 격막펌프(teflon diaphragm pump)를 가스채취용 주사통의 앞에 끼우고 정압으로서 가스를 채취하여야 한다.

4. 시료의 흡수 및 분석용 시료의 조제

시료를 주입한 주사통을 떼어내고 주위의 온도까지 냉각시킨 후 채취가스의 부피 (mL)를 읽고 동시에 주위 온도 (t°C)를 측정한다. 다음에 오존발생장치에서 얻어지는 오존함유량 (1v/v%) 이상의 산소 30 mL를 흡입하고 콕을 닫는다. 물 20 mL를 넣고 주사통 (부피 20 mL)을 연결하고 물을 주입한 후 콕을 닫고 주사통을 떼어낸다. 이것을 약 1분간 심하게 흔들어 섞고 질소산화물을 산화 흡수시켜 분석용 시료용액으로 한다.

오존발생장치는 오존이 (1v/v%) 정도의 오존 농도를 얻을 수 있는 것으로써 질소산화물의 생성량이 적고, 그 산포 또한 작은 것이어야 한다. 오존발생장치의 보기는 그림 4.41과 같다.

오존 발생 시 동시에 질소산화물도 생성하므로 이것을 오존과 충분히 반응시켜서 오산화이질소(N_2O_5)로 만들기 위하여 테트라플루오르화에틸렌 (tetrafluorethylene) 수지관 에 통과시키고, 다시 수산화소듐 용액 (질량분율 4%)은 바탕시험값이 높아진 경우에 새로운 용액으로 교환하여야 한다.

오존 발생장치가 없을 경우는 공기 또는 산소를 사용해도 무방하다. 공기를 흡입할 때에는 3시간 동안, 산소를 흡입할 때에는 2시간 동안 시료를 방치해야 한다.

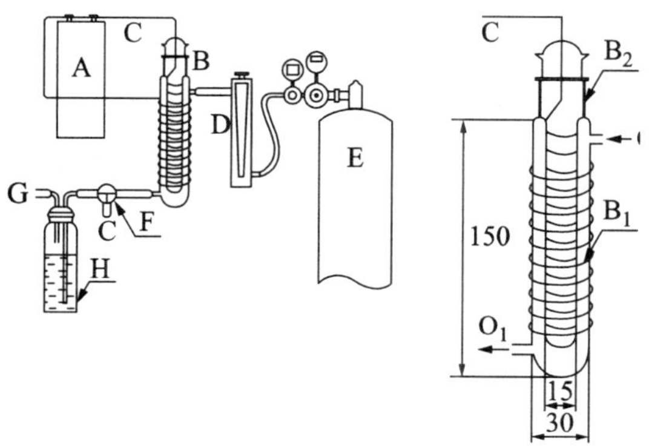

여기서, A : 네온트랜스　　E : 산소통　　B_1 : 오존발생병 바깥통
B : 오존 발생병　　F : 3방콕　　B_2 : 오존발생병 안통
C : 구리선 (지름 1 mm)　　G : 오존함유 산소출구
D : 유량계　　H : 물을 채운 병

그림 4.41 오존발생장치

나. 시료의 분석

1. 측정원리 및 적용범위

(1) 측정원리

시료 중의 질소산화물($NO + NO_2$)을 오존(O_3) 존재 하에서 물에 흡수시켜 질산이온(NO_3^-)으로 만들고, 질산이온을 분말 금속아연(Zn)을 사용하여 아질산 이온(NO_2^-)으로 환원한 후, 설파닐아마이드(sulfanilamide) 및 나프틸에틸렌다이아민(naphthyl ethylene diamine; NEDA)을 반응시키면 담황색의 반응생성물을 얻을 수 있는데, 이 때 얻어진 발색용액의 흡광도를 측정하여 분석용 시료 용액 중의 질소산화물을 정량한다.

환원된 아질산 이온이 발색 화합물을 생성하는 과정의 반응식은 아래와 같다.

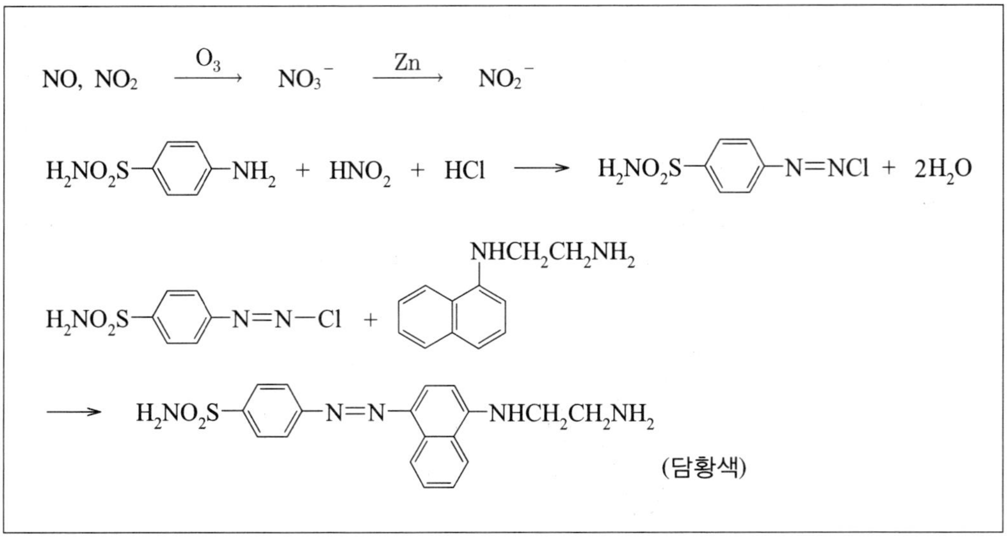

(2) 적용범위

시료 중의 질소산화물의 농도가 (10~1,000) ppm의 것을 분석하는데 적합한 방법으로 시료 중의 질소산화물의 농도가 1,000 ppm 이상인 시료의 경우에는 분석용 시료용액을 적당량의 물로 희석하여 측정한다.

2,000 ppm 이하의 아황산가스는 시험결과에 영향을 미치지 않으며, 염소 이온 및 암모늄(ammonium) 이온의 공존도 시험결과를 방해하지 않는다.

2. 시약 및 제조방법

(1) 흡수액

과산화수소수와 물을 0.5 : 9.5 비율로 조제하여 흡수액으로 한다.

→ 과산화수소수 50 mL와 증류수 950 mL를 잘 섞어 준다.

* 과산화수소수 (H_2O_2, hydrogen peroxide solution, 분자량: 34.01, 12~50%)

(2) 설파닐아마이드 혼합용액

설파닐아마이드 3.33 g을 정확히 달아 염산(1+1) 10 mL 및 물 50 mL를 가하여 녹인다.(→ 설파닐아마이드의 염산용액)

별도로 아세트산소듐(3수염) 500 g을 물 약 400 mL에 녹이고, 먼저 조제한 설파닐아마이드의 염산용액을 가한다. 여기에 아세트산 또는 수산화소듐 용액(10w/v%,

질소산화물 분석용 (> 96 %))을 가하여 pH (7±0.1)로 조절한 후 물로 전체량을 1 L 로 한다.

*설파닐아마이드 ($NH_2C_6H_4SO_2NH_2$, sulfanilamide, 분자량: 172.22, 특급)

*염산 (HCl, hydrochloric acid, 분자량: 36.5, 30%~40%)

*아세트산소듐 (CH_3CO_2Na, sodium acetate, 분자량: 82.04, 특급)

*아세트산 (CH_3COOH, acetic acid, 분자량: 60.05, 99.7%)

*수산화소듐 (NaOH, sodium hydroxide, 분자량: 40, 특급)

(3) 아연분말 (질소산화물 분석용)

시약 1급의 아연분말(Zn, zinc powder, 분자량: 65.38, 특급)로서 질산 이온의 아질산 이온으로의 환원율이 90% 이상인 것을 사용한다.

아연분말은 개봉 후에 환원율이 저하되므로 장기간 보관 시에는 환원율의 저하를 방지하기 위하여 질소 봉입 등과 같은 방법으로 산화방지에 주의하여야 한다. 환원율이 낮으면 정량오차가 크게 될 가능성이 있기 때문에 가능한 한 환원율이 좋은 것을 사용하며, 환원율은 다음과 같은 방법으로 구한다.

① (105~110)°C의 건조기 중에서 3시간 건조한 아질산소듐 ($NaNO_2$, sodium nitrite, 분자량: 69.0, 특급) 0.154g 또는 아질산포타슘 (KNO_2, potassium nitrite, 분자량: 85.11, 특급) 0.190 g을 비커에 담아 물로 용해한 후 부피플라스크 1 L에 옮겨 물을 표시선까지 가한다.

② 이 용액 20 mL를 부피플라스크 1 L에 분취하여 물을 표시선까지 가하여 이를 환원율 측정용 용액으로 한다. (이 용액 1 mL는 1 μL(0°C, 760 mmHg)의 NO_2에 해당하며 사용할 때 조제한다.)

③ 부피플라스크 100 mL 2개 중 한쪽에 환원율 측정용 용액 20 mL를 분취한 후, 양편에 설파닐아마이드 용액 15 mL를 가하여 물을 표시선까지 가한다.

④ 각각의 용액 20 mL씩을 부피플라스크 100 mL 2개에 각각 분취한다. 여기에 (1+1) 염산 3mL를 가하고, 본 절의 실험순서에서 설명한 흡광도 측정방법의 조작을 하여 측정된 흡광도를 A라 한다.

⑤ 별도로 이산화질소 검량선용 용액 20 mL를 실험순서의 검정곡선(검량선) 작성법에 따라 조작하여 측정한 흡광도를 B라 하고, 다음 식에 의하여 환원율을 산출한다.

$$\text{환원율} = \frac{B}{A} \times 100$$

(4) 염산(1+1) 용액 (50 mL 제조기준)

물 25 mL에 염산 25 mL를 서서히 섞는다.

* 염산 (HCl, hydrochloric acid, 분자량: 36.5, 30%~40%)

(5) 나프틸에틸렌다이아민 용액

나프틸에틸렌다이아민 0.1 g을 물 100 mL에 녹인다.

*나프틸에틸렌다이아민 ($C_{12}H_{14}N_2 \cdot 2HCl$, *N*-(1-Naphthyl)-ethylene diamine dihydrochloride, 분자량: 259.18, 98% 이상)

(6) 질산이온 표준용액

질산포타슘(KNO_3)을 105~110°C의 항온조에서 2시간 건조 후에 데시케이터에서 냉각한 다음 0.451 g을 정확히 달아 1 L 부피플라스크에 넣고 물에 녹여 1 L로 한다. 이 용액 10 mL를 1 L 부피플라스크에 취하고 물로 표시선까지 채운다.

(→ 100배 희석)

*질산포타슘 (KNO_3, potassium nitrate, 분자량: 101.11, 특급)

*이 용액 1 mL는 1 μL의 NO_2 (0°C, 1기압)에 상당한다.

질산포타슘 [KNO_3]은 분자량이 101.11이고 용액 중에서 $K^+ + NO_3^-$로 용해가 되므로 1 mol (101.11 g)이 용해되면 1 mol의 질산 이온(NO_3^-)이 용액 중에 존재하게 된다. 한편, 기체상의 질소산화물($NO+NO_2$)가 녹아서 용액 중에 1 mol의 NO_3^- 이온을 생성하려면 표준상태(0°C, 1기압)의 부피를 기준으로 22.4 L가 용액 중에 용해되어야 한다.

따라서, 용액 1 L 중에 0.451 g의 KNO_3을 녹였을 때 용액 중에 존재하는 NO_3^- 이온의 양과 동일한 양의 NO_3^- 이온이 존재하도록 표준상태의 질소산화물 기체를 녹인다면, 그 부피는 101.11 g : 22.4 L = 0.451 g : x L 로 계산하면, x=0.1 L 가 된다.

그런데 질산이온 표준용액은 위의 용액을 100배 희석한 것이므로 표준액 1 L에 녹아있는 질산 이온의 양은 질소산화물 기체가 표준상태 부피기준으로 0.1 L × 1/100, 즉 0.001 L (=1 mL) 녹아있는 것과 같은 양이다. 따라서, 질산이온 표준용액 1 mL 중에 있는 질산 이온의 양은 질소산화물 기체가 표준상태 부피기준으로 1 mL × 1/1000 = 0.001 mL = 1 μL 가 녹아서 생성된 양과 같은 양이 된다.

3. 실험절차(Experimental procedures)

가. 검정곡선(검량선)의 작성

① 100 mL 용량플라스크 5개를 준비하고 각각 질산이온 표준액을 10, 20, 30, 40, 50 mL를 넣는다. 별도의 100 mL 용량플라스크를 준비하고 흡수액 20 mL를 넣는다. (대조액 제조용)

② 각각에 설파닐아마이드 혼합용액 15 mL를 가하여 혼합한다.

③ 아연분말을 정확히 0.50 g을 가하고 즉시 물을 표시선까지 채운다. 이 때 아연분말의 종류에 따라서 첨가량이 분석치에 영향을 미칠 때가 있으므로 정확한 양을 가하여야 한다.

④ 1분간 심하게 흔든다. 아연분말의 종류에 따라서 혼합조건이 분석치에 영향을 미치게 되므로 혼합조건을 항상 일정하게 유지하여야 한다.

⑤ 여과지(5B)를 사용하여 미반응 아연분말을 여과하여 제거한다. 여과액은 건조한 100 mL 비커에 받는다.

⑥ 처음의 여과액 약 20 mL는 버리고 다음의 여과액 20 mL를 25 mL 부피플라스크에 정확히 분취한다.

⑦ 염산(1+1) 3 mL를 가한다.

⑧ 나프틸에틸렌다이아민 용액 1 mL를 가한다.

⑨ 물을 표선까지 채우고 잘 흔들어 섞는다.

⑩ 이 용액을 (15~30)°C에서 약 15분간 방치한다.

⑪ 파장 545 nm 부근에서 흡광도를 측정한다.

⑫ 검정곡선 작성용 시료(각각 질산이온 표준액을 10, 20, 30, 40, 50 mL 넣어 준 5개의 시료)의 측정된 흡광도 값에서 대조액의 흡광도를 빼준 값을 검정곡선 작성용 시료의 흡광도 값으로 한다.

⑬ 검정곡선 작성용 시료 내의 이산화질소의 양과 측정된 흡광도 값으로부터 이산화질소량과 흡광도와의 관계선(검정곡선)을 작성한다. 검정곡선은 아연분말 롯트가 변할 때는 다시 작성하는 것으로 하고 기타 필요에 따라 확인한다.

검정곡선의 작성과 관련한 상세한 내용은 4.2.2.1의 흡광광도법의 기초의 설명을 참고하길 바란다.

나. 본시험

① 분석용 시료용액과 흡수액 20 mL를 각각 100 mL 부피플라스크에 넣고 시료액와 대조액으로 표기한다.

② 설파닐아마이드 혼합용액 15 mL를 가하여 혼합한다.

③ 아연분말을 정확히 0.50 g을 가하고 즉시 물을 표시선까지 채운다.

④ 1분간 심하게 흔든다. 이 때 혼합조건은 항상 일정하게 유지한다.

⑤ 여과지(5B)를 사용하여 미반응 아연분말을 여과하여 제거한다. 여과액은 건조한 100 mL 비커에 받는다.

⑥ 처음 여과액 약 20 mL를 버리고 다음의 여과액 20 mL를 25 mL 부피플라스크에 정확히 분취한다.

⑦ 염산(1+1) 3 mL를 가한다.

⑧ 나프틸에틸렌다이아민 용액 1 mL를 가한다.

⑨ 물을 표선까지 채우고 잘 흔들어 섞는다.

⑩ 이 용액을 (15~30)°C에서 약 15분간 방치한다.

⑪ 시료액과 대조액의 흡광도를 파장 545 nm 부근에서 측정하고, 시료액과 대조액의 흡광도의 차이를 시료액의 흡광도로 한다.

⑫ 측정된 시료액의 흡광도로부터 아래의 식을 이용하여 질소산화물의 농도를 계산한다.

다. 질소산화물 농도 계산

$$C = \frac{nV}{V_s} \times 1000$$

여기서, C : 질소산화물의 농도(ppm)

n : 분석용 시료용액의 희석배수

V : 검정곡선에서 구한 이산화질소의 부피(μL)

V_s : 시료가스의 채취량 (mL) (0°C, 760mmHg)

참고자료

1. 대기오염공정시험기준 - 배출가스 중 질소산화물 : 자외선/가시선분광법 - 아연환원 나프틸에틸렌다이아민법 (ES 01308.1), 국립환경과학원, 2016년

질소산화물(아연환원 나프틸에틸렌다이아민법) 내용확인문제

※ 다음은 배출가스 중의 질소산화물의 농도를 측정하기 위한 대기오염공정시험기준으로서 아연환원 나프틸에틸렌다이아민법에 대한 사항이다. 질문에 답하여라.

01. 아연환원 나프틸에틸렌다이아민법의 측정원리를 서술하여라.

02. 아연환원 나프틸에틸렌다이아민법은 질소산화물의 농도 범위가 (　　) ppm 인 시료에 대해 적용가능한 시험방법이다.

03. 아연환원 나프틸에틸렌다이아민법을 적용함에 있어서 방해물질의 종류에 대하여 서술하여라.

04. 채취한 시료 용액에 오존을 함유한 산소를 주입하는 이유를 설명하여라.

05. 질산이온 표준액 1 mL가 표준상태의 질소산화물(NO_2) 기체 1 μL 에 해당하는 이유를 설명하여라.

06. 검정곡선을 작성하는 이유에 대하여 설명하여라. 또, 상관계수는 무엇을 의미하는가?

07. 질소산화물 농도 계산식이 다음과 같이 나타내어지는 것을 설명하여라.

$$C = \frac{nV}{V_s} \times 1000$$

4.3절

입자상 오염물질의 농도 측정

4.3.1 먼지 (반자동식 측정법)

이 절에서는 물질의 파쇄, 선별, 퇴적, 이적, 기타 기계적인 처리 또는 연소, 합성 분해시에 굴뚝에서 배출되는 배출가스 중의 먼지 농도를 측정하는 방법에 대하여 설명한다. 여기에서 배출가스(flue gas)란 연료, 기타의 것의 연소 합성 분해, 열원으로서의 전기의 사용 및 기계적 처리 등에 따라 발생하는 고체 입자를 함유하는 가스로서 수분을 함유하지 않는 가스는 건조 배출가스, 수분을 함유하는 가스는 습윤 배출가스라 한다. 또한, 배출가스 중의 먼지는 배출가스 중에 부유하는 고체 및 액체의 입자상 물질로서 수분을 제거한 것이며 결합 수분 등 시험법에 근거하여 측정하여 무게를 잰 것을 의미한다.

4.3.1.1 적용범위 및 간섭물질

가. 적용범위

배출가스 중에 함유되어 있는 액체 또는 고체인 입자상 물질(particulate matter)을 등속흡입(isokinetic sampling)하여 측정한 먼지로서 표준상태(0°C, 760 mmHg)의 건조 배출가스 1 m^3 중에 함유된 먼지의 질량농도 [mg/Sm^3 또는 $\mu g/Sm^3$]를 나타낸다.

이 때 먼지의 질량농도는 먼지의 질량, 측정시간, 그리고 유량에 의해서 결정된다. 등속흡입과 누출공기 확인을 통해 정확한 유속과 유량 측정이 필요하며 보정된 정교한 저울을 사용하여 최대한의 오차를 줄여 실제 값에 가까운 무게 농도를 측정하여야 한다.

나. 간섭물질 및 측정오차

① 습도

채취시료의 습도에 의한 영향은 피할 수 없으나, 여과지 평형화 과정은 여과지 매질의 습도 효과를 최소화 할 수 있으며 적은 습도 조건은 먼지간의 정전력을 증가시킬 수 있다.

습도에 의한 오차를 줄이기 위해 먼지의 질량을 측정하기 전 여과지 홀더 또는 여과지를 건조기에서 일반 대기압 하에서 (20 ± 5.6) °C로 적어도 24시간 이상 건조시키며 6시간의 간격을 두고 먼지 질량의 차이가 0.1 mg일 때 까지 측정한다. 또 다른 방법으로, 여과지 홀더 또는 여과지를 105 °C에 2 시간 이상 충분히 건조시키는 방법이 있다. 질량측정의 정확성을 향상시키기 위하여 여과지는 습도가 50 % 이상인 질량 측정 실험실에서 2분 이상 노출되어서는 안 된다.

② 부산물에 의한 측정 오차

시료채취 여과지 위에서 기체상 물질들의 반응 등에 의해 먼지의 질량농도 측정량이 증가 또는 감소되는 오차가 일어 날 수 있다.

시료채취과정에서 이산화황과 질산이 여과지 위에 머무르면 황산염과 질산염으로 산화반응을 통하여 생성되므로 질량농도가 증가할 수 있으며, 시료 중에 생성된 염류가 성장과 이동과정에서 기압과 대기온도에 따라 해리과정을 거쳐 다시 기체상으로 변환되므로 질량농도가 감소되는 경우가 초래될 수 있다.

4.3.1.2 시료의 채취방법

시료의 채취방법은 "4.1.4 입자상 물질의 시료채취방법"의 기준을 적용한다.

4.3.1.3 먼지 농도의 측정

가. 시험용 기구 및 기기

① 흡인노즐용 솔 : 나일론 실로 만든 솔로서 흡인노즐보다 더 긴 것을 사용한다.
② 시료 보관병 : 원통형 여과지에 포집된 먼지시료를 보관하기 위한 것으로 유리 또는 흡습관을 사용한다.
③ 흡습병 : U 자형 또는 흡습관을 사용한다.
④ 간이용 저울 : 10 mg까지 무게를 달 수 있는 저울을 사용한다.
⑤ 건조기
⑥ 데시케이터
⑦ 분석용 저울 : 0.1 mg까지 무게를 달 수 있는 정밀저울을 사용한다.

나. 시험용 시약

① 원통여과지 : 실리카 섬유제 여과지로서 99% 이상의 먼지포집율(0.3 μm 디옥틸프탈레이트(dioctyl phthalate) 매연 입자에 의한 먼지 통과시험)을 나타내는 것이어야 하며, 사용 상태에서 화학변화를 일으키지 않아야 한다. 화학변화로 인하여 측정치의 오차가 나타날 경우에는 적절한 처리를 하여 사용토록 하고 유효직경이 25mm 이상의 것을 사용한다.

② 실리카겔 : 6~16 메쉬(mesh) 크기의 변색 지시형 실리카겔을 사용하며, 재사용시에는 175°C에서 2시간 건조시킨 후 사용한다.

> 메쉬(mesh)란 고체의 입자크기를 표시하는 방법의 하나로 표준체(sieve)에서 가로, 세로 1인치(2.54 cm) 안에 존재하는 체의 구멍의 수를 나타낸다. 즉, 16메시라는 것은 표준체에서 가로와 세로의 길이 1인치 안에 체의 구멍이 16개가 들어있는 체의 구멍 크기에 해당하는 입자의 크기를 나타낸다. 메쉬의 숫자가 클수록 동일 면적안에 존재하는 체의 구멍이 많아지므로, 구멍의 크기는 작아지게 되고 따라서 구멍을 통과하는 입자의 크기는 작아진다.

③ 흡습제 : 입상의 무수염화칼슘을 사용한다.
④ 건조제 : 변색 지시형 무수황산칼슘을 사용한다.

다. 먼지농도 측정

(1) 측정준비

① 원통형 여과지를 110±5°C(배출가스온도가 110±5°C 이상일 경우 배출가스 온도와 동일한 온도에서 건조 처리)에서 1~3시간 동안 충분히 건조시키고 데시케이터 내에서 실온까지 냉각하여 무게를 0.1 mg까지 정확히 단 후 여과지홀더에 끼운다.

② 임핀저 트레인중 첫번째와 두번째 임핀저에 각각 100 mg의 물(또는 과산화수소)을 넣고 네번째 임핀저에는 미리 무게를 단 200~300g의 실리카겔을 넣는다.

③ 임핀저 트레인을 통과하는 배출가스의 온도가 높을 경우 냉각조 내의 임핀저 주위에 잘게 부순 얼음을 채워 넣는다.

④ 임핀저 트레인은 배출가스의 냉각 (20°C 이하), 수분제거 및 채취된 물의 총량결정, 유해 가스 제거 등을 위해 사용한다.

⑤ 임핀저 트레인에 흡입관을 연결한 후 흡입관 출구에서 시료가스의 온도가 (120 ± 14) °C가 되도록 가열기를 조정하고 여과부 가열장치를 작동하여 여과지홀더 주위를 같은 온도로 유지한다.

(2) 시료채취

"4.1.4.3 입자상 물질의 시료채취방법-시료채취절차" 의 절차에 따라 시료를 채취한다.

(3) 시료회수

① 시료채취가 끝나면 흡인관을 빼내어 방냉한 후 노즐 주변의 먼지를 닦아낸다.

② 흡인관과 여과지홀더를 분리하고 먼지가 포집된 여과지는 시료 보관병에 넣는다.

③ 첫번째와 두번째 및 세번째 임핀저에 들어 있는 물의 부피를 측정한 후 버린다.

④ 네 번째 임핀저에 들어 있는 실리카겔은 10 mg까지 무게를 단다. 채취 전후의 실리카겔 무게차와 임핀저 내의 물부피 차의 합이 채취된 물의 총량이다.

임핀저와 실리카겔에 채취된 물의 총량을 구하기가 어려울 경우 다음 식에 의해 계산하여도 된다.

$$V_{ic} = V_s \times \left(\frac{X_w}{100 - X_w} \right) \times \frac{18}{22.4}$$

여기서, V_{ic} : 임핀저와 실리카겔에 채취된 물의 총량 (mL)

V_s : 건식가스미터에서 읽은 가스시료채취량 (L)

X_w : 습윤배출가스 중의 수증기 부피 백분율 (%)

(4) 시료분석

① 시료를 110 ± 5°C (배출가스온도가 110 ± 5°C 이상일 경우 배출가스온도와 동일한 온도에서 건조 처리)로 충분히 건조하고 데시케이터 내에서 실온까지 냉각하여 무게를 0.1 mg까지 정확히 단다.

② 바탕시험용 여과지는 시료와 동일한 조건에서 무게를 단다.

③ 포집된 먼지량은 다음과 같이 구한다.

포집된 먼지량 = 먼지포집 전후의 여과지 무게차 ± 바탕시험에 사용된 여과지 무게차

④ 네번째 임핀저에 들어 있는 실리카겔은 10 mg까지 무게를 단다. 채취 전 후의 실리카겔 무게 차와 임핀저 내의 물 부피 차의 합이 채취된 물의 총량이다.

라. 먼지농도 계산

배출가스 중의 먼지농도는 다음 식에 의해 소수점 둘째자리까지 계산하고 소수점 첫째자리까지 표기한다.

$$C_n = \frac{m_d}{V_m' \times \frac{273}{273 + \theta_m} \times \frac{P_a + \Delta H/13.6}{760}} \times 10^3$$

여기서, C_n : 먼지농도(mg/Sm^3, 건조 기준)

m_d : 포집된 먼지량(mg)

V_m': 건식가스미터에서 읽은 가스시료 채취량(m^3)

θ_m : 건식가스미터의 평균온도(°C)

P_a : 측정공 위치의 대기압(mmHg)

ΔH: 오리피스 차압(mmH_2O)

마. 결과의 기록

이상의 방법에 의하여 측정 또는 계산하여 얻은 결과는 다음과 같이 정리하여 기록해 두어야 한다.

1) 측정일시
2) 측정대상의 조건
  - 발생원의 종류
  - 발생원의 사용 상황
  - 측정위치
  - 굴뚝의 형상 위치 및 대략 치수
  - 측정점의 수 및 위치
3) 배출가스의 조건
  - 배출가스의 온도 (θ_s)
  - 배출가스 수분량 (X_w)
  - 배출가스 정압 (P_s)
  - 배출가스 유속 (V)
  - 습한 배출가스의 유량 (V_m)
  - 건조가스의 유량 (V'_m)
4) 먼지시료의 채취조건
  - 먼지 포집기의 종류, 재질, 치수
  - 먼지농도 측정방법 (채취방법, 흡입노즐, 먼지포집부의 배치, 먼지의 건조조건)
  - 등속흡입 유량 (q_m)
  - 흡입시간 (t)
  - 흡입가스량 (V_m)
  - 흡입 포집먼지량 (m_d)
5) 먼지농도 (C_n)
6) 분석자 성명

참고자료

1. 대기오염공정시험기준 – 배출가스 중 먼지(ES 01301.1), 국립환경과학원, 2016년

먼지의 농도분석시험 내용확인문제

01. 먼지 시료 채취를 위한 원통형 여과지의 규격에 대하여 설명하여라.

02. 굴뚝 중의 먼지농도를 측정하기 위해 등속흡입을 하려고 한다. 굴뚝에서의 조건이 아래와 같을 때 내경이 8 mm인 채취관을 이용하여 시료를 채취하고자 한다면 흡입 유속은 얼마 [L/min]로 하여야 하는가?

> 1. 굴뚝내의 정압: 5 mmHg
> 2. 배출가스의 온도: 145°C
> 3. 배출가스중의 수분농도: 11%
> 4. 굴뚝내의 유속: 10 m/s
> 5. 가스미터 압력: 5 mmH_2O
> 6. 가스미터 온도: 17°C
> 7. 대기압: 760 mmHg

03. 원통여지의 포집기를 사용하여 굴뚝 배출가스중의 먼지를 포집하였다.
측정치가 아래와 같을 때 배출가스 중의 먼지농도는 몇 [mg/Sm^3]인가?

> 1. 대기압: 760 mmHg
> 2. 가스게이지압: 5 mmH_2O
> 3. 습식가스미터의 흡인가스온도: 18°C
> 4. 먼지포집전의 원통여지의 무게: 6.2721 g
> 5. 먼지포집후의 원통여지의 무게: 6.2823 g
> 6. 습식가스미터에서 흡인한 흡인가스량: 30 L

04. 초기 여과지의 무게가 5.4023 g, 1시간 포집 후 여과지의 무게가 5.4148 g, 흡입 가스량 60 L/hr (@ 1atm, 70°C)일 때 먼지 농도를 구하여라.

05. 단면이 정방형인 굴뚝을 4개의 등면적으로 구분하여 각 단면에서의 유속을 측정한 결과 각각 6.3, 6.8, 6.7, 6.5 [m/sec]이었으며, 측정된 분진의 농도는 각각 0.49, 0.59, 0.55, 0.53 [g/Sm^3]이었다. 이때 총 평균 분진의 농도 [mg/Sm^3]를 구하여라.

4.3.2 미세먼지 (PM-10 및 PM-2.5)

연소시설, 폐기물소각시설 및 기타 산업공정의 배출시설을 대상으로 굴뚝 배출가스의 입자상 물질 중 공기역학적 직경이 10 μm (이하 PM-10)와 2.5 μm (이하 PM-2.5) 이하인 미세먼지에 대한 측정을 수행하는 경우에 대하여 규정한다.

4.3.2.1 적용범위

이 방법은 응축성 먼지는 고려하지 않고 여과성 먼지 (필터 또는 사이클론/필터 조합을 통과하지 못하는 물질) 측정에만 적용된다. 농도 표시는 표준상태 (0°C, 760 mmHg)의 건조배출가스 1 Sm^3 중에 함유된 먼지의 중량으로 표시한다. 만약 굴뚝 (덕트) 내 가스온도가 30°C 이상일 경우 여과성 및 응축성 먼지를 고려하여야 하며, 응축성 먼지를 측정하고자 할 경우 응축기(condenser)를 비롯한 별도의 장비를 조합하여야한다.

한편, 배출가스 온도가 260°C를 초과할 경우에는 사이클론 재질의 변형으로 미세먼지 회수율 저감 등의 문제가 발생할 수 있으며, 시험방법으로 적합하지 않을 수 있다.

시료채취장치 (사이클론 및 여과지홀더)의 길이 (450 mm)와 장치에 의한 가스 흐름의 영향을 최소화하기 위하여 610 mm 이상의 굴뚝 (덕트) 내경이 필요하다. 457.2 mm~609.6 mm (18 인치~24 인치) 사이의 직경을 가진 덕트에서 노즐과 사이클론에 관여하는 방해요소의 영향은 3% ~ 6% 수준이다.

시료채취장치 (노즐 및 사이클론)의 원활한 입출을 위한 측정공의 직경은 160 mm 이상이어야 한다.

습식 방지시설을 사용하는 경우 배출가스가 포화수증기 상태에서는 수분의 영향으로 측정오차가 클 수 있으므로 적합하지 않다.

4.3.2.2 측정방법의 종류

측정방법에는 반자동식 채취기, 수동식 채취기 및 자동식 채취기에 의한 방법이 있으며, 반자동식 채취기에 의한 방법은 "4.1.4 입자상 물질의 시료채취방법"에서 설명한 방법에 따른다.

4.3.2.3 분석기기 및 기구

반자동식 채취기를 사용하여 측정하는 경우에 채취장치의 구성은 다음과 같다. 시료 채취장치는 흡입노즐, 사이클론 결합장치 (PM-10, PM-2.5), 여과지홀더, 피토관, 온도센서, 흡입관, 가열장치, 임핀저 트레인, 가스흡인 및 유량측정부 등으로 구성되며 그림 4.42와 같다.

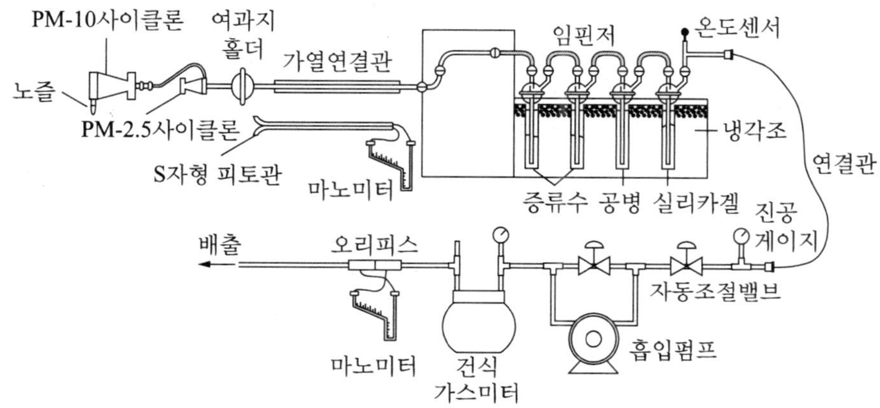

그림 4.42 미세먼지 시료채취장치

1) 흡입노즐

흡입노즐은 스테인리스강 또는 불소수지로 코팅된 스테인리스강 재질이어야 하며, 다음과 같은 조건을 만족시키는 것이어야 한다.

흡입노즐의 내경(d)은 0.1 mm 단위까지의 수준으로 하며, PM-10용 흡입노즐의 내경은 3.18 mm~9.90 mm, PM-2.5의 경우 3.18 mm~5.08 mm 범위에서 흡입노즐을 선택한다.

흡입노즐 끝은 뾰족하고 점점 가늘어지는 노즐이어야 하며, 꼭짓점은 30° 이하의 예각이 되도록 하고 매끈한 반구모양으로 한다.

흡입노즐 내외면은 매끄럽게 되어야 하며 흡입노즐은 급격한 단면의 변화와 굴곡이 없어야 한다.

2) 사이클론(cyclone) 결합장치

사이클론은 스테인리스강 재질이어야 하며 내부의 오링(O-ring)은 불소수지 재질로서 변형 없는 한계온도는 205°C이므로 주의한다. 배출가스 온도가 205°C를 초과할 경우 스테인리스강 재질의 오링(O-ring)으로 교체하여 사용한다. 사이클론 구성은 그림 4.43과 같이 PM-10 사이클론(①), 연결부(②), PM-2.5 사이클론(③)으로 이루어져 있으며 측정 항목에 따라 표 4-13의 장비구성과 같이 사이클론을 연결한 후 여과지홀더(④)에 결합하여 시료채취를 실시한다. 입경별 사이클론의 최소 및 최대 절단직경 및 PM-10, PM-2.5 측정 장비 구성은 표 4-13과 같다.

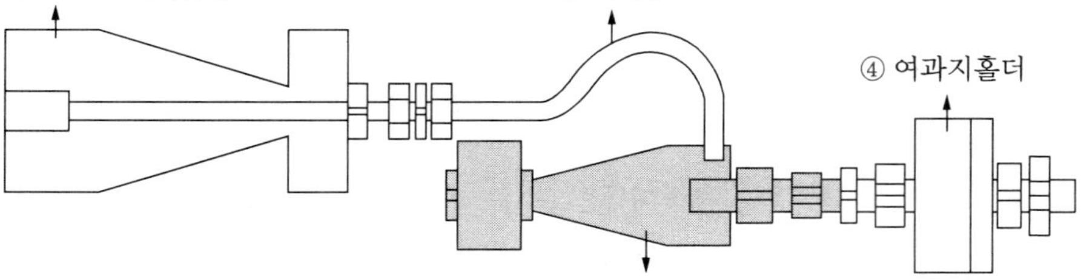

그림 4.43 사이클론 결합장치 및 여과지홀더

표 4-13 사이클론 절단 직경(D_{50}) 및 측정장비 구성

사이클론	최소 절단직경 (μm)	최대 절단직경 (μm)	측정장비 구성
PM-10	9	11	①+④
PM-2.5	2.25	2.75	①+②+③+④

(* 사이클론 절단직경은 EPA Method 201A에 제시된 기준임)

3) 여과지 홀더

여과지홀더는 스테인리스강 재질을 사용한다. 여과지가 파손되지 않으면서 공기가 새지 않게 하기 위하여 오링, 가스켓, 스크린이 포함되어 있다. 여과지는 일반적으로 직경 25, 47, 63, 76, 90, 101, 110 mm의 크기가 지원되며, 주로 47 mm를 사용한다. 여과지홀더는 여과지가 파손되지 않으면서 공기가 새지 않고 여과지 교체 작업이 용이해야 한다.

4) 피토관

피토관(Pitot tube)은 반드시 내열성이 있는 스테인리스강 재질이어야 하며, 피토관 계수가 정해진 L형 피토관 (C: 1.0 전후) 또는 S형 피토관 (C: 0.85 전후)으로서 배출가스 유속을 지속적으로 측정하기 위하여 흡입관에 부착하여 사용한다. 단, 시료채취 항목에 따라 피토관 길이는 달라지므로, 항목에 맞게 교체하여야 한다.

흡입관, 차압게이지, 임핀저 트레인 및 냉각 상자, 가스흡인 및 유량측정부 등은 "4.1.4.2 입자상 물질의 시료채취방법-시료채취장치의 구성 및 취급법" 의 기준을 적용한다.

5) 시험용 기구 및 기기

"4.3.1.3 가. 먼지농도의 측정-시험용 기구 및 기기" 의 기준을 적용한다.

4.3.2.4 시약

1) 원형 여과지

여과지는 석영, 불소수지, 유리섬유 재질로 채취 효율이 99.95 % 이상이어야 한다. 압력손실, 반응성이 낮고 흡습성이 적은 것이 좋다. 그리고 취급하기 쉽고 충분한 강도를 가지며 분석에 방해되는 물질을 함유하지 않아야 한다. 직경은 여과지홀더 크기에 적합한 것을 선택한다.

시료채취 목적에 따라 다양한 여과지 특성을 고려하여 선택할 수 있다. 중량 농도 및 중금속을 분석할 경우 폴리테트라플루오로에틸렌 (PTFE, polytetrafluoroethylene; 테플론) 재질의 여과지를 권하며, 석영여과지는 OC/EC 분석에 권한다.

나머지 시약은 "4.3.1.3 나. 먼지농도의 측정-시험용 시약" 의 기준을 적용한다.

4.3.2.5 시료채취 및 관리

1) 시료의 채취방법

시료의 채취방법은 "4.1.4 입자상 물질의 시료채취방법"의 기준을 적용한다.

2) 측정준비

측정용 여과지 전처리의 경우 테플론 여과지는 데시케이터에서 일반 대기압 하에서 적어도 24 시간 이상 건조시키며 6시간의 간격을 두고 질량의 차이가 0.1 mg일 때 까지 정밀하게 단다. 이때, 데시케이터 조건은 온도 (20 ± 5) °C, 습도 (35 ± 5) %이다. 석영여과지는 건조기 (110 ± 5) °C에서 (2~3)시간 건조시킨 후, 2시간 이상 데시케이터에서 실온까지 냉각한 후 여과지의 무게를 정밀히 달아 사용할 수 있다. 여과지 무게는 1분 간격으로 3회를 0.1 mg까지 정밀하게 달아 그 평균값을 여지의 무게로 한다. 각 여과지의 무게를 칭량하는 동안 정확성을 향상시키기 위하여 여과지는 습도가 50% 이상인 질량 측정 실험실 환경에 2분 이상 노출되지 않도록 하고, 전처리가 완료된 여과지는 채취면의 방향을 확인한 후 여과지홀더에 끼운다.

임핀저 트레인 중 첫 번째와 두 번째에는 각각 100 mg의 물 (또는 과산화수소)을 채우고 세 번째는 빈병 그리고 네 번째 임핀저에는 미리 무게를 단 200 g~300 g의 실리카겔을 넣는다.

임핀저 트레인을 통과하는 배출가스의 온도가 높을 경우는 임핀저 주위에 잘게 부순 얼음을 채워 넣는다.

시료채취를 하기 전에 구성장비에서 누출 여부 (leak check)를 확인한다.

3) 시료채취

① "4.1.1.3 시료측정점의 수"와 같이 측정점 수를 선정한다.

② 4.1.2.1과 같이 배출가스의 온도를 측정하고, 배출가스의 조성을 조사한다.
이 때 채취된 가스에서 응축을 통한 수분 발생을 예방하기 위하여 사전에 시료채취관을 예열 (preheat)해야 한다. (배출가스온도 ±10°C)

③ 4.1.2.2와 같이 배출가스의 수분량을 측정한다.

④ 매 채취점마다 배출가스의 정압과 동압을 각각 측정한다. 피토관을 측정공에서 굴뚝 내의 측정점까지 삽입하여 전압공을 배출가스 흐름 방향에 바로 직면시킨 후 압력계 (경사마노미터)로 동압을 측정한다. 동압은 원칙적으로 0.1 mmH_2O의 단위까지 읽는다. 이때, 피토관의 배출가스 흐름방향에 대한 편차를 10° 이하가 되어야 한다.

⑤ 흡인펌프의 흡인 능력을 감안해 최적의 노즐을 선정하고, 필요 유량 확보를 위한 시간을 결정한다. 배출가스의 흡인은 노즐로부터 흡인되는 가스의 유속과 측정점의 배출가스 유속이 일치하도록 등속흡인을 행하여 시료를 채취한다.

⑥ 측정유량은 그림 4.44와 같이 두 가지 (PM-10, PM-2.5)의 유량비 곡선 (performance curves)을 적용하며, 이는 배출가스 온도에 따른 각각의 유량비에 맞춰서 가스 채취 유량비를 결정한다. 단, 사전조사 유무, 측정지점에 따라 유량을 조절할 수 있다. (유량비 곡선은 EPA Method 201A에 제시된 기준임)

⑦ 한 채취점에서의 채취시간은 항목별로 그림 4.44에서 가스온도가 고려된 유량비에

적정하게 정하고 모든 채취점에서 채취시간을 동일하게 한다. 시료채취 중에 굴뚝 내 배출가스 온도, 건식 가스미터의 입구 및 출구온도, 여과지홀더 온도, 최종 임핀저 통과 후의 가스온도, 진공 게이지압 등을 기록하고 채취가 끝날 때마다 측정점에서의 가스시료 채취량을 기록해 둔다.

⑧ "4.1.4.3 시료채취절차" 13)항의 등속계수 식을 이용하여 등속계수를 구하고 그 값이 90%~110% 범위 내에 들지 않는 경우에는 시료를 다시 채취한다.

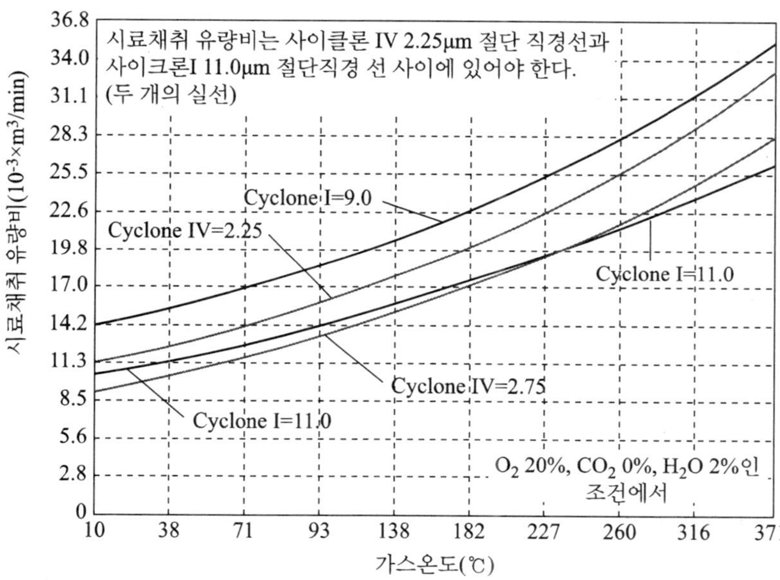

그림 4.44 PM-10과 PM-2.5 사이클론 사용에 의한 유량비 곡선

4) 시료회수

① 시료채취가 모두 끝나면 시료채취장치가 굴뚝 벽면이나 기타 외벽에 긁히거나 부딪히지 않도록 주의하여 측정공으로부터 분리한다.

② 장치를 실온냉각한 후 사이클론 결합장치에 붙은 먼지를 닦아내고 마개를 한다.

③ 시료채취장치를 바람이 불지 않는 깨끗한 장소로 옮겨 여과지홀더와 사이클론 결합장치를 분리한다.

④ 다음과 같이 각 시료보관용기에 시료를 넣는다.

-보관용기 1 : 여과지홀더에서 조심스럽게 여과지를 분리하여 페트리접시 용기에 넣는다.

-보관용기 2 : 여과지홀더의 내부에 붙은 입자상 물질을 아세톤으로 세척하여 그 세

척액을 용기에 넣는다 (바탕시험을 위해 아세톤의 일부를 남겨둔다).

-보관용기 3 : 네 번째 임핀저에 들어 있는 실리카겔을 용기에 옮겨 넣고 마개를 한다.

시료보관용기를 운반 중에는 반드시 가장 위쪽에 위치하도록 한다. 또한, 시료보관용기 아래 부분을 차갑게 (얼음, 드라이아이스 등)하여 운반하거나 보관하지 않는다. 또한 용기내의 아세톤 양을 확인하고 운송도중 누수여부를 확인한다. 만약, 누출량이 뚜렷하게 나타나는 경우, 시료채취의 결과물은 무효처리한다.

⑤ 첫 번째, 두 번째 및 세 번째 임핀저에 들어 있는 물을 ±1 mL까지 측정하나 혹은 저울을 이용해 ±0.5 g 이내까지 측정한다. (임핀저법 사용에 따른 수분량 계산 시 필요)

⑥ 보관용기 3의 실리카겔은 0.5 g까지 무게를 단다. 채취 전후의 실리카겔 무게 차와 임핀저 내의 물 부피 차의 합이 채취된 물의 총량이다. (임핀저법 사용에 따른 수분량 계산 시 필요)

4.3.2.6 분석절차

1) 테플론 재질의 여과지를 사용할 경우

① 보관용기 1의 시료를 4.3.2.5의 2)와 동일한 방법으로 데시케이터 내에서 건조시킨 후 무게를 0.1 mg까지 정밀하게 단다.

② 보관용기 2의 세척액을 비커에 옮기고 방치하여 아세톤을 증발시킨 다음, 데시케이터 내에서 24시간 동안 건조시켜 무게를 0.1 mg까지 정밀하게 단다. 바탕시험 세척액은 시료 회수에 사용된 양과 같은 양의 아세톤을 사용하여 위와 같은 방법으로 행한다.

③ 채취된 미세먼지량은 다음과 같이 구한다.

$$m_d = m_1 + m_2 - m_b$$

여기서, m_d : 채취된 미세먼지량 (mg)

m_1 : 보관용기 1의 미세먼지 시료 무게 (채취 전후의 여과지 무게차)(mg)

m_2 : 보관용기 2의 미세먼지 시료 무게 (mg)

m_b : 바탕시험 시 불순물 무게 (바탕시험 세척액 분석 전후 무게차) (mg)

2) 석영 재질의 여과지를 사용할 경우

① 보관용기 1의 시료를 (110 ± 5)°C (배출가스온도가 (110 ± 5) °C 이상일 경우 배출가스온도와 동일하게 건조)에서 2시간~3시간 건조시킨 후, 2시간 이상 방치한 다음 4.3.2.5의 2)에 따라 무게를 단다.

② 이후의 분석은 1)항의 테플론 재질의 여과지를 사용하는 경우와 동일하게 한다.

4.3.2.7 결과보고

1) 농도 계산

배출가스 중의 PM-10, PM-2.5 농도는 다음 식에 의해 소수점 둘째 자리까지 계산하고 소수점 첫째자리까지 표기한다.

$$C_n = \frac{m_d}{V_m{}' \times \frac{273}{273+\theta_m} \times \frac{P_a + \Delta H/13.6}{760}} \times 10^3$$

여기서, C_n : PM-10, PM-2.5 농도 (mg/Sm^3 dry)

m_d : 채취된 먼지량 (mg)

V_m' : 건식가스미터에서 읽은 가스시료 채취량 (L)

θ_m : 건식가스미터의 평균온도 (°C)

P_a : 측정공 위치의 대기압 (mmHg)

ΔH: 오리피스 압력차 (mmH_2O)

2) 측정치의 기록

이상의 방법에 의하여 측정 또는 계산하여 얻은 결과는 다음과 같이 정리하여 기록해 두어야 한다.

① 측정일시

② 측정대상의 조건

-발생원의 종류
-발생원의 사용 상황
-측정위치
-굴뚝의 형상위치 및 대략 치수
-측정점의 수 및 위치

③ 배출가스의 조건
-배출가스의 온도 (θ_s)
-배출가스 수분량 (X_w)
-배출가스 정압 (P_s)
-배출가스 유속 (V)
-습한 배출가스의 유량 (V_m)
-건조가스의 유량 (V_m')

④ 시료의 채취조건
-채취기의 종류, 재질, 치수
-농도 측정방법 (채취방법, 흡입노즐, 먼지채취부의 배치, 먼지의 건조 조건)
-등속흡인 유량 (q_m)
-흡인시간 (t)
-흡인가스량 (V_m)
-채취된 미세먼지량 (m_d)

⑤ 입경별 먼지 농도 (C_n)

⑥ 측정자 성명

참고자료

1. 대기공정시험기준 - 배출가스 중 미세먼지(PM-10 및 PM-2.5) (ES 01307.1), 국립환경과학원, 2016년

미세먼지 내용확인문제

01. 이 시험방법에 의한 미세먼지 측정방법의 적용에 제한이 되는 조건에 대하여 설명하여라.

02. 시료채취장치 중 사이클론 결합장치의 구성요소를 사이클론 절단직경에 대하여 구분하여 설명하고 사용가능한 재질을 제시하여라.

03. 원형여과지가 갖추어야 할 특성과 시료채취시 전처리 방법에 대하여 설명하여라.

04. 배출가스의 온도조건에 따른 가스 시료채취유량비의 결정방법에 대하여 설명하여라.

5장 주요 실험기기 사용법

5.1 흡광광도계 사용법

5.1.1 흡광광도계의 구조

흡광광도계는 대기오염물질의 분석시험을 위해 가장 많이 사용하는 분석기기 중의 하나로 정확한 사용법에 대해 익혀 둘 필요가 있다. 국내의 대학이나 실험실에는 다양한 회사의 여러 제품들이 보급되어 있지만, 이 책에서는 국내에 가장 많이 보급된 제품 중의 하나인 일본 시마츠(Shimatzu) 회사의 제품(모델명: UVmini-1240)을 예로 들어 일반적으로 많이 사용하는 기능을 중심으로 사용법을 설명하기로 한다.

흡광광도계는 4.2.2.1(2)에서 설명하였듯이 광원(光源), 파장선택부(波長選擇部), 시료부(試料部) 및 측광부(測光部)로 구성되어지며, 시마츠사의 모델 UVmini-1240의 구조는 기본적인 형태는 그림 5.1과 같다.

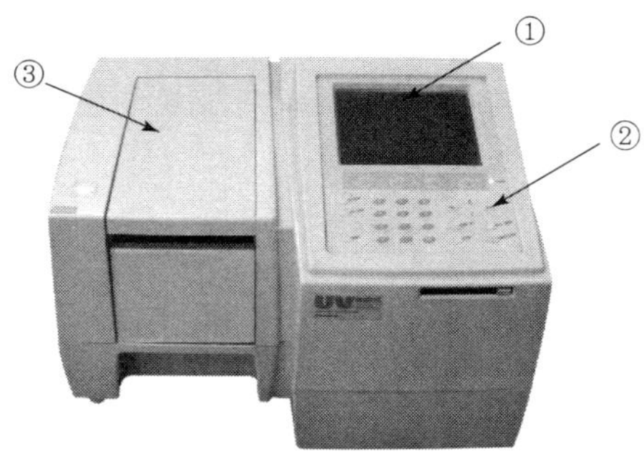

그림 5.1 흡광광도계의 예 (시마츠 모델 UVmini-1240)

① 액정 표시창(LCD)

조작 메뉴와 측정결과를 표시해 주는 액정표시창이다.

② 키보드

키보드를 통해 조작 명령을 입력하고, 또 파장의 선택 등 기기의 조작에 필요한 숫자를 입력할 때 사용한다.

키보드 부위를 그림 5.2에 자세히 나타내었다.

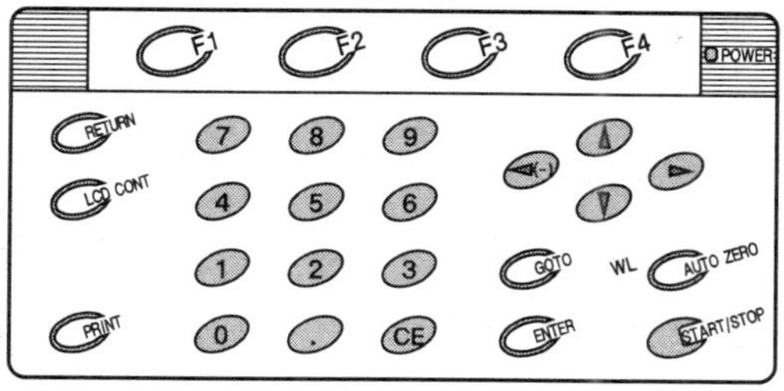

그림 5.2 키보드의 구성

③ 시료 장착부

흡광도 측정을 위하여 시료를 주입한 흡수 셀(cell)을 장착하는 부위이다.

시료를 장착할 때에는 뚜껑을 열고 내부에 설치되어 있는 셀 홀더(cell holder)에 시료를 담은 셀을 장착한다.

그림 5.3은 장착부 내부와 셀 홀더의 구조에 대해 보여준다.

흡광광도계 모델에 따라 셀 홀더가 대조액 장착용과 시료 장착용으로 구별되어 있으며, 최근의 모델들은 시료를 동시에 여러 개(UVmini-1240의 경우 6개) 장착하여 측정할 수 있는 것이 있다. 시료를 여러 개 장착한 경우에는 셀 홀더가 자동으로 이동하면서 시료들의 흡광도를 순차적으로 읽게 된다.

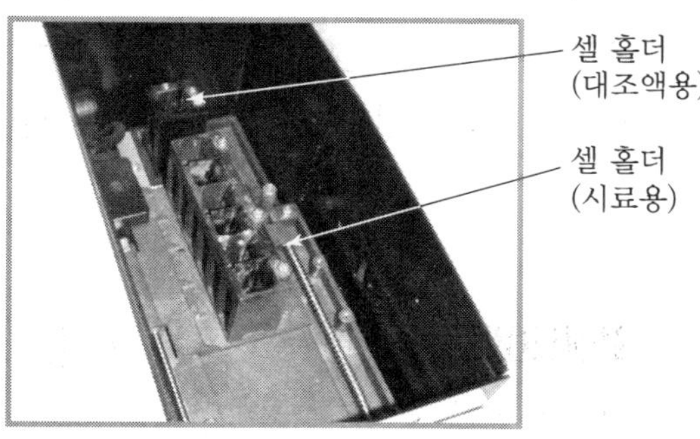

그림 5.3 시료 장착부 내부와 셀 홀더의 구조

5.1.2 흡광광도계의 설치

흡광광도계는 측정용 기기이며, 측정의 정확도와 오랜 기간 안정적인 사용을 위해서는 기본적으로 직사광선이 비추지 않고, 진동이 없는 곳 또한 강한 자기장이 미치지 않는 곳이어야 한다. 또한 설치 장소는 먼지가 없어야 하며, 실온은 15~35°C 범위, 습도는 45~80% 범위에서 조절이 가능하여야 한다. 만약 실온이 30°C를 초과하는 경우에는 상대습도는 70%를 초과해서는 안 된다.

시료로 유기 용매를 사용하는 경우에는 충분히 환기를 하여야 하며, 시료 장착부가 오염된 경우에는 물이나 세제를 살짝 적신 헝겊을 이용하여 내부의 오염물질을 닦아낸다. 단, 이 때 물을 너무 많이 적셔 장착부 내부에 물방울이 떨어지면 기기의 고장을 초래할 수 있으므로 조심하여야 한다.

5.1.3 흡광도의 측정

5.1.3.1 흡광광도계의 설정

흡광광도계의 전원을 켜면 초기진단 화면(그림 5.4)이 나타나며, 자동으로 각 항목별 이상 유무를 확인한다. 그림 5.4에 표시된 항목들이 순차적으로 체크가 이루어지며, 체크 항목이 정상이면 옆에 [OK] 표시가 나타나게 된다. 통상적으로 초기화 과정은 대략 6분 정도가 소요된다. 만약 체크 항목이 비정상 상태이면, [NG]표시가 나타나며, 적절한 조치를 취하여야 한다.

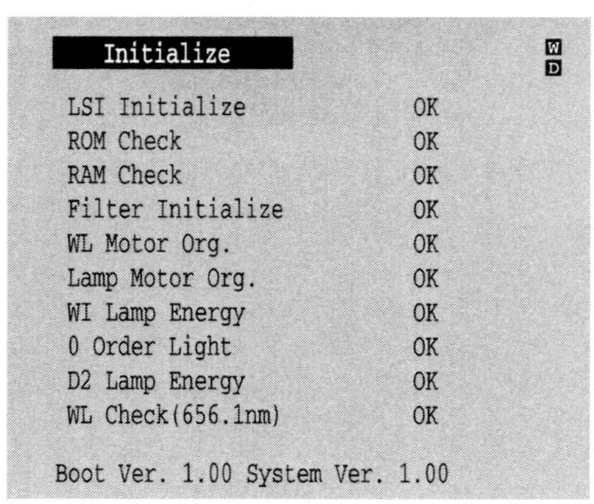

그림 5.4 초기 진단 화면

초기진단 화면 우측상단에 표시된 [W] 및 [D] 표시는 광원으로 사용하는 텅스텐(W) 램프와 중수소(D) 방전관을 표시하며, 정상적으로 표시가 되는 것은 램프가 정상이라는 것을 의미한다. 만약 이 표시가 점멸한다면, 램프의 수명이 다하거나 이상이 있다는 것으로 램프를 교체하여야 한다.

초기진단 과정이 끝나면 'Mode 선택' 화면(그림 5.5)이 표시된다. 흡광도를 측정하려면 [1. Photometric] 메뉴를 선택한다. Photometric 메뉴를 선택하면 다음과 같은 화면(그림 5.6)이 표시된다.

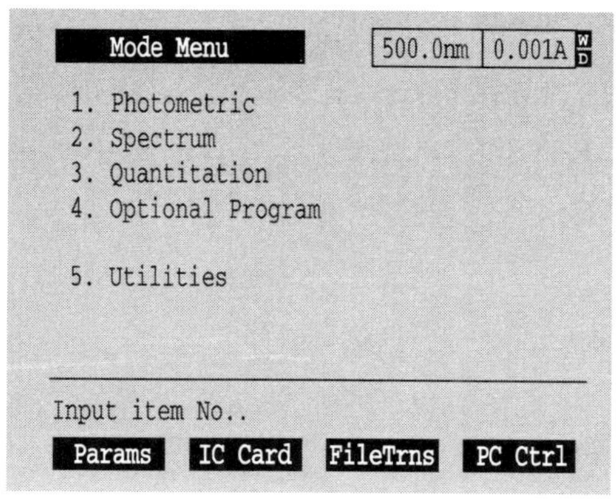

그림 5.5 Mode 선택 화면

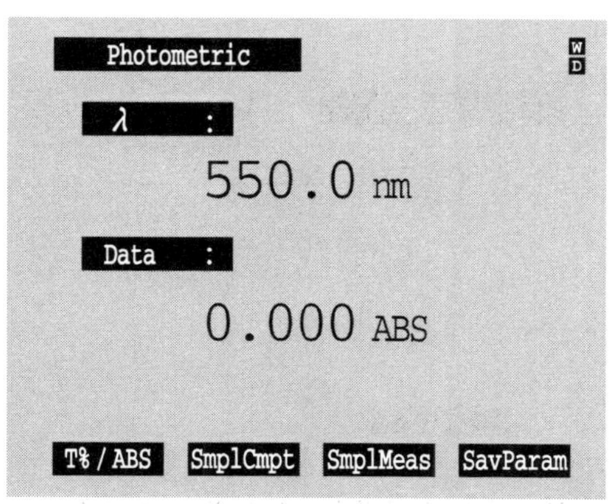

그림 5.6 Photometric 화면

그림 5.6에서 [λ] 표시는 흡광도 측정에 사용할 광원의 파장(wavelength)을 나타낸다. 그림 5.6의 표시는 광원의 파장이 550 nm 라는 것을 의미한다. 흡광도 측정에 사용할 광원의 파장을 변경시키려면 키보드(그림 5.2)의 [GOTO WL] 버튼을 누르면 액정 표시창 하단에 파장을 입력하는 부분이 나타나게 되는데, 키보드의 숫자를 입력하고 [ENTER]을 눌러서 변경한다.

표시창의 [Data] 표시는 현재 측정 중인 시료의 흡광도(ABS)를 나타낸다. 시료 장착부에 시료가 없는 경우 그림에서처럼 흡광도는 [0.000]으로 표시되는 것이 정상이지만 경우에 따라 다른 값이 표시되는 경우도 있다. 이런 경우에는 키보드의 [AUTO ZERO]버튼을 누르면, [Data]의 표시가 "0.000"으로 변경된다.

만약 측정결과를 흡광도(ABS)가 아닌 투과율(T%)로 표시하고 싶은 경우에는 액정 화면 하단의 [T%/ABS]표시에 해당하는 키보드의 [F1]을 눌러 주면 된다. [F1]을 다시 한번 누르면 흡광도로 변경된다.

5.1.3.2 흡광도의 측정

흡광도를 측정하기 위한 광원의 파장에 대한 조정 작업이 끝나면, 시료와 대조액을 각각 시료 장착부의 셀 홀더에 장착한 후 덮개를 덮는다.

[1. Photometric] 화면 하단에 있는 [SmpMeas] 에 해당하는 키보드의 [F3]를 누르면, '측정 화면(그림 5.7)'로 이동한다.

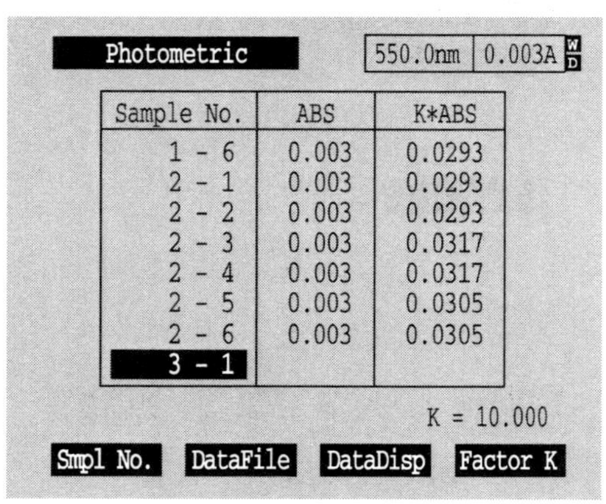

그림 5.7 측정 화면

만약, 여러 개의 시료에 대한 흡광도를 동시에 측정하고자 할 때에는, [1. Photometric] 화면 하단에 있는 [SmpCmpt]에 해당하는 키보드의 [F2]를 눌러서 '시료 제어 화면(Sample control screen; 그림 5.8)'으로 이동하여 셀의 갯수에 대한 설정을 해주어야 한다.

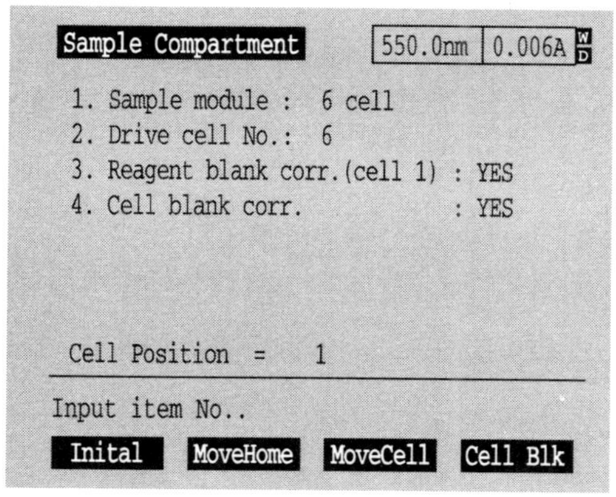

그림 5.8 시료 제어 화면

시마츠 모델 UVmini-1240의 경우에는 최대 6개의 시료를 동시에 측정할 수 있으며, [1. Sample module] 과 [2. Drive cell No.]가 6으로 설정되어 있다. 측정 시료의 숫자를 조정하고 싶을 대에는 [2. Drive cell No.] 메뉴에서 숫자를 변경하면 된다. 설정이 끝나면, 화면 하단의 [Initial]에 해당하는 키보드의 [F1]을 눌러서 초기화를 실행한다.

시료의 개수에 대한 설정까지 완료하면, 시료의 흡광도를 측정한다. 흡광도 측정의 개시는 키보드의 [START/STOP]을 눌러서 실행한다.

흡광도가 측정이 시작되면 여러 개의 시료를 장착한 경우 셀 홀더가 자동으로 이동하면서 순차적으로 각 시료의 흡광도를 측정한다. 시료의 흡광도 측정이 완료되어 액정 표시창에 측정결과(그림 5.7)가 표시되기 전까지는 시료 장착부의 덮개를 열어서는 안 된다.

그림 5.7에는 6개의 시료를 동시에 측정하였을 때의 측정결과를 보여준다. 측정 결과 표시는 표로써 나타내는데, 1열의 [Sample No.]에 표시된 숫자는 측정 회차와 각 회자별 시료의 번호를 나타낸다. 예로서 '2-3'은 2번째 실험에서 3번째 시료를 나타낸다. 참고로 각 회차별로 설정된 시료의 개수에 따라 6개의 시료에 대한 측정결과가 표시되는데, 1번 시료가 셀 홀더에서 가장 앞에 위치한 시료를 나타낸다.

각 시료에 대한 측정결과는 2번째 열에 있는 [ABS]의 결과를 읽으면 된다. 3번째 열에 표시된 [K*ABS]는 만약, 흡광도와 시료 중의 정량하고자 하는 성분의 농도가 정비례하고, 그 비례상수(K)를 아는 경우에는 측정된 흡광도 값에 비례상수(K)값을 바로 곱하여 농도를 표시하도록 한 것이다.

5.1.3.3 검정곡선 및 농도 계산

최근에 보급되고 있는 흡광광도계는 검정곡선 작성용 시료내의 측정성분의 농도를 입력하고, 흡광도를 측정하면, 정량 성분의 농도와 흡광도 간의 검정곡선을 자체적으로 구해내는 기능이 제공된다. 이 기능을 활용하면, 검정곡선 작성용 시료의 흡광도 값을 측정하고 검량 시료의 농도 만 입력하면, 자체적으로 검정곡선이 구해져서 미지시료의 흡광도를 측정만 하면, 구해진 검정곡선 식을 이용하여 바로 농도를 나타내어 주는 기능이 있다.

5.1.4 흡광광도계의 유지관리

흡광광도계를 최적의 상태로 유지하면서 사용하기 위해서는 주기적인 점검이 필요하다.

일일점검 사항으로서 시료 장착부의 바닥 부위의 청결상태를 확인하여야 한다. 흘려진 용액 들은 그대로 방치할 경우 증발되어 시료 장착부의 빛이 진행하는 경로로 유입되어 장치의 내부를 부식시키는 등 손상을 일으킬 수 있으므로 흘려진 즉시 깨끗하게 닦아 내야 한다.

월에 1회 정도는 기기의 바탕선(baseline)과 광원의 파장의 정확도 등을 점검할 필요가 있으며, 자세한 검사방법은 제조사별 사용설명서를 참고하도록 한다.

5.2 pH 미터 사용법

5.2.1 pH 미터의 구조

pH 미터는 일반적으로 칼로멜 전극(calomel electrode)을 사용하는 기준전극(reference electrode)과 유리전극(glass electrode)이나 Ag－AgCl－Cl^- 전극을 사용하는 지시전극(indicator electrode)을 사용하여, 상기 두 전극 사이에 생기는 전위차로 인한 전류(용액의 pH와 정비례)를 측정하여 용액의 pH를 결정하는 원리이다.

pH 미터는 제조사 마다 각각의 기본 형태가 다르나 가장 일반적인 형태의 기본 구조는 그림 5.9와 같다.

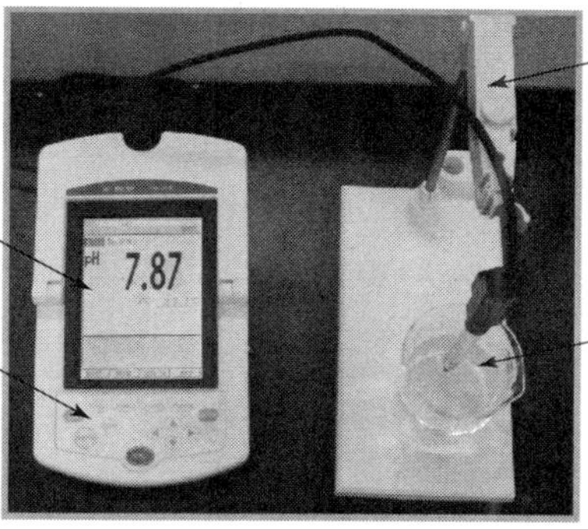

그림 5.9 pH 미터의 기본 구조

1) 표시부

pH 측정 결과와 pH 미터의 설정조건 등을 표시하는 부분이다. 표시부에 기능조작의 메뉴를 표시하고 다양한 기능을 사용할 수 있다. 이 책에서는 널리 사용되고 있는 DKK-TOA(日)사의 HM-30R 모델의 표시부(그림 5.10)를 예로 들어 설명하기로 한다.

① 측정년도, 월, 일, 시, 분을 표시한다. 인터벌 측정실행 중에는 인터벌 타이머를 표시한다.

② 시료 번호를 표시하며 1에서 최대 999 까지 표시 가능하다.

③ pH측정을 실행하는 것을 표시한다.

④ 표시하고 있는 수치가 pH 임을 나타낸다.

⑤ 시료의 온도 측정치를 나타낸다.

⑥ 측정 온도에 pH 측정치의 보상(compensation)에 대한 설정을 표시한다. 자동 보상 모드에서는 [ATC]로 표시되고 수동 모드에서는 [MTC]로 표시된다.

⑦ 조작부에 있는 Function 키 [FUNC]에 대한 할당을 표시하며, [DIGIT], [PRINT], [DATA IN], [HOLD]는 각각 [FUNC1], [FUNC2], [FUNC3], [FUNC4] 키에 의해 선택이 가능하다.

기타 표시 기능으로 교정을 실시한 한 년 월 일 시 분이나 장치의 안정 여부 등의 상태와 에러 등을 표시하여 주는 기능도 있다.

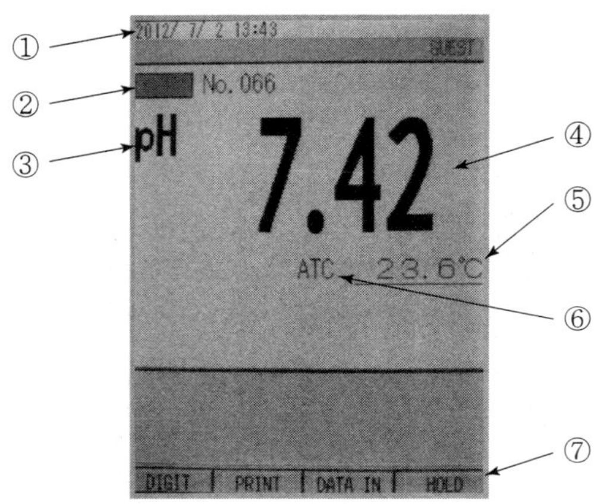

그림 5.10 표시부의 주요 기능

2) 조작부

각종 조작을 위한 조작키가 배열되어 있는 부분으로 그림 5.11에 상세하게 나타내었다. 조작키의 각각의 기능은 아래와 같다.

① 홀드 모드를 해제할 때, 또는 각종 화면(메뉴화면, 설정화면, HELP화면 등)으로부터 하나 이전의 상태로 돌아가는 경우에 사용한다.

② 메뉴화면을 표시할 때 사용하며, 누를 때마다 메뉴화면과 측정화면이 번갈아 가면서 바뀐다.

③ 기기의 사용에 있어서의 의문사항에 대한 도움을 얻기 위해 HELP화면을 표시하고자 할 때 사용한다.

④ pH에 대한 교정을 실시하는 경우에 사용한다. ORP 측정 시에는 mV시프트의 실행

하는 경우에 사용한다.

⑤ 수치설정과 기능선택의 변화의 때에 사용한다.

⑥ 기능을 선택할 때, 또는 설정항목을 변환할 때 사용한다.

⑦ 설정화면에 있어서 설정을 확정할 때 사용한다.

⑧ ~⑪ 각각 표시부의 FUNC키 상부에 표시되어 있는 조작을 실행하고자 할 때 사용한다.

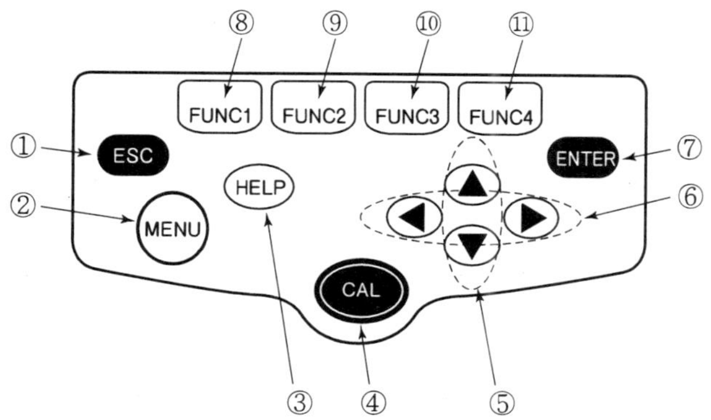

그림 5.11 조작키의 구성

3) pH 전극

pH 미터의 핵심이 되는 부품으로 기본적인 구조는 그림 5.12와 같다.

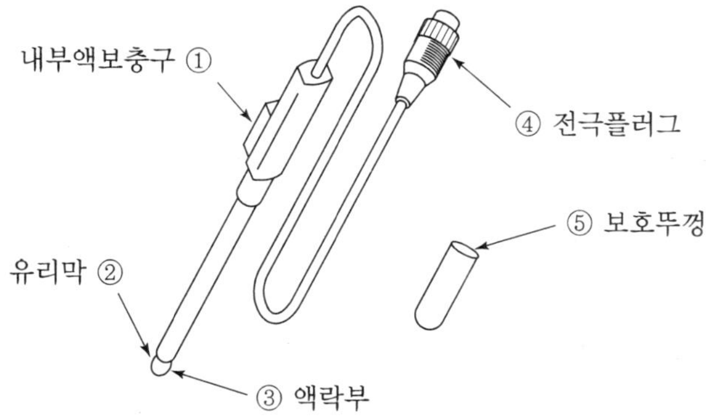

그림 5.12 pH 전극의 구성

① 내부액 보충구 : 전극의 내부에 내부액 (3.3 mol/L 염화포타슘(KCl)용액)을 보충할 때에 사용한다.
② 유리막: pH를 감지하는 부분이다.
③ 액락부: 전극 내부에 있는 KCl 용액이 흘러 나오는 부분으로 측정용액과 기준전극의 간의 접점이 되는 부분이다.
④ 전극플러그: pH 미터 본체에 전극을 접속하는 플러그이다.
⑤ 보호 뚜껑: 전극을 보관할 때에 pH를 감지하는 유리막을 보호하기 위하여 사용하며, pH 측정 시에만 벗겨서 사용한다. 측정 후에는 반드시 뚜껑을 끼워두어야 한다.

5.2.2 pH 미터의 설치

pH 미터를 안정적으로 사용하기 위해서는 장치를 설치 및 보관하는 때는 다음 사항에 주의하여야 한다.

설치 장소의 온도는 0~45°C 이내의 범위로 유지되어야 하며, 습도는 85%이하로 조절이 가능하여야 한다. 특히, 겨울철에 스토브 등 난방기구를 가까이 해서는 안 된다. 또한, 직사광선이 닿는 곳, 진동이 많은 곳, 부식성 가스가 발생하는 장소는 피하여야 한다. 특히, 공조기구로부터 바람이 직접 닿는 곳, 아르곤 가스 등 방전전압이 낮은 가스 분위기 중에서는 사용하지 않아야 한다.

5.2.3 pH의 측정

5.2.3.1 pH 전극의 준비

교정과 측정을 하기 전에 우선적으로 전극을 점검한다. 전극의 점검은 아래의 순서에 의해 실시한다.

① 내부액의 레벨을 점검하고 내부액이 기준 레벨이하의 경우에는 보충한다..
② 보호뚜껑이 붙어있는 경우에는 보호뚜껑을 빼서 뚜껑홀더에 두고, 전극을 전극지지대에 설치한다. 전극은 유리로 만들어져 있으며, 유리 파편에 의해 상처를 입지 않도록 다룰 때에 파손이 되지 않도록 주의하여야 한다.

5.2.3.2 pH의 측정

일반적으로 측정을 할 때에는 온도 보상을 [ATC]로 설정한다.

① 전극의 보호 뚜껑을 제거한다.

② 전극의 끝 부분을 순수한 물로 세정하고 흡습지 등으로 가볍게 닦는다. 이 때 너무 세게 문지르면 전극에 손상이 갈 수 있으므로 주의 한다.

③ 전극의 내부액 보충구의 고무마개를 연다.

④ pH 측정용 시료를 비이커에 넣은 후 전극을 비이커에 넣고 2~3번 돌려 움직인다. 이 때 전극의 액락부(작은 하얀 구멍)이 표준액에 충분히 침투하도록 한다.

⑤ 측정치가 안정되면 그 표시를 읽는다.

5.2.3.3 pH의 교정(calibration)

pH를 측정하기 전에 반드시 교정을 실시하여야 한다. 일반적으로 교정은 pH 6.86 표준액과 다른 pH 의 표준액에 의한 2점 또는 3점 교정을 실시하는데, 여기에서는 pH 6.86과 pH4.01의 표준액을 사용한 2점 교정의 조작을 설명하기로 한다.

통상적인 교정에서는 온도보상을 ATC로 설정한다.

① pH 6.86인 표준액과 pH 4.01인 표준액을 각각 따로 비커에 넣는다. 이 때 표준액은 pH 전극이 용액에 충분히 담가질수 있을 충분한 양을 분취한다.

② 전극의 끝 부분을 순수한 물로 세정하고 티슈페이퍼 등으로 가볍게 닦는다.

③ 전극을 pH 6.86인 표준액의 비이커에 넣고 2~3번 돌려 움직인다. 이 때 전극의 액락부(작은 하얀 구멍)이 표준액에 충분히 침투하도록 한다. 또한 전극의 내부액 보충구의 고무마개는 반드시 열어둔다.

④ 측정화면에 있어서 CAL키를 2초 이상 누른다.

⑤ 교정 중에는 메세지 박스에 [교정 안정판단 중입니다.]라는 메세지가 표시된다. 이 때, [FUNC1] 키는 교정중지, [FUNC4] 키는 교정삭제 키로 바뀐다. 만약 교정을 도중에 멈추고 싶은 경우에는 교정중지 [FUNC1]키를 누른다.

⑥ 측정화면에서 pH가 안정하고 교정이 종료하면 [교정정상 종료합니다]의 메세지가 표시된다.

⑦ 전극의 끝 부분을 순수한 물로 세정하고 티슈페이퍼 등으로 가볍게 닦는다.

⑧ pH 4.01인 표준액을 사용하여 같은 식으로 ③~⑦의 조작을 반복한다.

⑨ pH 1.68, pH 9.18 등의 다른 표준액을 사용하여 교정을 하는 경우에도 같은 방법으로 교정을 할 수 있다.

5.2.4 pH 미터의 사용상의 주의 사항

기기에 이상한 작동이 느껴지면 즉시 전원을 끄고 전원 케이블을 콘센트로부터 분리한다. 특히 악취가 나거나 연기가 발생하는 경우에는 발화나 내부 파손 등의 가능성이 있기 때문에 신속하게 전원을 차단하고 전원 케이블을 분리하여야 한다.

기기를 다룰 때에 젖은 손으로 전원케이블을 만지면, 고장, 화재, 감전의 위험이 있으므로 주의하여야 한다. 또한 감전을 방지하기 위해 장치의 본체 하부에 설치되어 있는 접지 부분을 반드시 접지하도록 한다.

5.3 굴뚝시료채취장치(Stack gas sampler) 사용법

5.3.1 굴뚝시료채취장치의 구성

굴뚝시료채취장치(Stack gas sampler)는 4.1.4.2에서 설명한 먼지 농도 측정용 시료채취장치에서 진공펌프와 가스미터, 유량조절 밸브 및 순간유량계, 피토관 및 오리피스의 차압 측정을 위한 마노미터, 각 부위의 온도 조절 및 지시계 등을 한 곳에 집적하여 먼지 시료 채취시 손쉽게 등속 흡인 작업이 손쉽게 이루어질 수 있도록 구성한 장치이며, 개략적인 구성도는 그림 5.13과 같다.

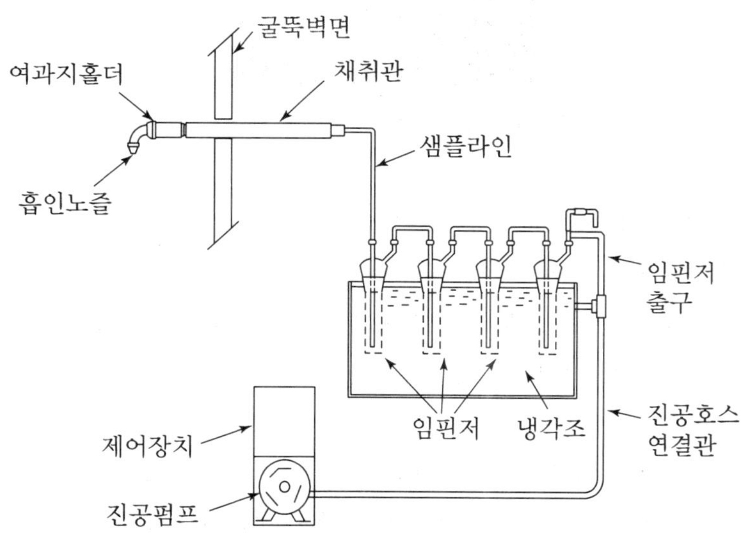

그림 5.13 굴뚝시료채취장치(Stack gas sampler)의 구성

(1) 제어장치(Control console)

제어장치는 시료 채취장치의 흡인 유량의 조절을 위한 밸브, 채취관의 가열을 위한 온도 조절장치 등 각종 제어 장치와 흡인 유량 및 각 부위의 온도, 피토관 및 오리피스의 차압 측정 등 각종 조절 및 측정부위를 집적하여 놓은 부분이다. 이 제어장치는 진공 펌프 상자 위에 설치하며, 호스를 통해 진공 펌프와 연결한다. 제어장치의 구성은 그림 5.14와 같으며, 각 부위별 명칭과 기능은 다음과 같다.

그림 5.14 제어장치(Control console)의 구성

① 이중 경사 마노미터(Dual Inclined Manometer)

2개의 관으로 구성된 이중 경사마노미터는 배출가스의 전압, 정압 및 동압(ΔP)을 측정 할 수 있는 관(붉은 오일)과 등속흡입시 오리피스(orifice)관에 걸리는 흡인가스의 오리피스 차압(ΔH; 노란 오일)을 측정한다.

② 순간유량계(Flow Meter)

건식 가스미터에서 측정하는 적산(accumulated)유량과 별도로 흡인 가스의 순간 유속을 측정할 수 있는 유량계로 면적식 유량계(rotameter)가 설치되어 있다.

③, ④ 유량 조절 밸브(valve)

흡인 가스의 유속을 조절하는 밸브로서 ④번의 밸브로 개략적인 유량 범위로 조정한 후, ③의 미세 조정밸브를 통해 정확한 유속으로 맞춘다.

⑤ 피토관(Pitot tube) 연결구

굴뚝 내의 배출가스의 유속을 측정하기 위하여 채취관에 부착하여 설치한 피토관과 호스로 연결하는 곳으로 각각 정압 및 동압 측정관과 연결한다.

⑥ 진공 펌프(Vacuum pump)

굴뚝 내의 시료를 흡입하기 위한 펌프로서 대개 고용량, 고진공으로 흡입 가능한 rotary vane pump를 설치되어 있다.

⑦ 가스 연결구(Sample Port)

시료가스 흡인호스를 연결한다.

⑧ 가열 전열선 연결부

시료 채취관과 샘플라인 내부의 수분 응축 방지를 위한 실리콘 열선의 전원 연결부이다.

⑨ 열전대(Thermocuople) 보상도선 연결부

굴뚝 내 배출가스의 온도를 측정하기 위해 시료 채취관에는 K-type의 열전대가 설치되어 있으며, 열전대에 연결된 보상도선을 연결하는 곳이다.

⑩ 진공 게이지(Vacuum gauge)

시료 흡입 부위에 걸리는 압력의 세기를 나타낸다.

⑪ 온도 지시계(Temperature indicator)

선택 스위치가 지시하는 부분의 온도를 표시한다.

⑫ 자동정지 타이머(Automatic Off timer)

설정해 준 시료 채취시간이 경과하면 자동으로 기기의 작동이 정지시키는 장치이다.

⑬ On/Off 스위치 (Power/Pump/Valve/Leak Test Switch)

전원을 On/Off 하는 기능과 더불어 외부전원 및 과부하 등으로부터 시스템을 보호하는 기능을 한다.

⑭ 온도 조절계(Temperature controller)

시료 채취관 및 샘플 라인 설치된 열선을 제어하여 설정된 온도를 유지한다.

⑮ 휴즈(Fuse)

과부하 및 보조전원의 누전 등으로 인한 기기의 보호를 위해 전기 공급을 차단하는 기능이다.

⑯ 건식가스메타 (Dry Gas Meter)

채취관을 통해 흡인된 기체의 적산 유량을 표시한다.

(2) 임핀저 트레인 및 냉각조

① 냉각조 (Impinger box) (그림 5.15)

일렬로 연결된 4개의 임핀저(Impinger) 트레인을 고정한다. 또한, 박스에 설치된 임핀저를 통과하는 배출가스의 온도를 냉각시켜 수분을 응축시키기 위하여 물이나 얼음을 채워 넣을 수 있도록 제작되었으며, 저장된 물을 제거하는 밸브(Drain valve)와 임핀저 어댑터(Impinger outlet)를 고정시켜 주는 홀더가 설치되어 있다.

그림 5.15 임핀저 트레인 및 냉각조

② 임핀저 트레인(Impinger train) (그림 5.16)

배출가스에 포함된 수분을 응축시키는 물 및 수분을 제거하는 실리카겔을 채워둔다. 임핀저 트레인의 두번째의 것은 표준 그린버그 스미드(Greenburg-Smith) 형태의 임핀저(②)를 사용하며, 나머지 3개의 임핀저는 변형된 그린버그 스미드 형태의 것(①)을 사용한다. 임핀저 사이는 U형-연결관 (U-Connector)(③)으로 연결한다.

임핀저 사이의 연결부위에서 가스가 새는 것을 방지하기 위해 연결부위에 오링(O-ring)이 설치되어 있다.

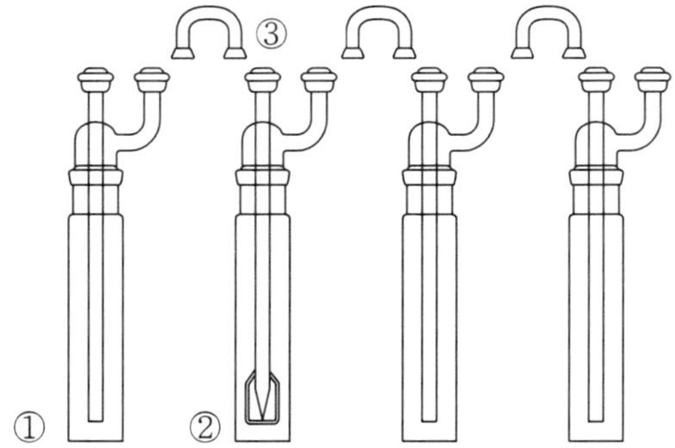

그림 5.16 임핀저 형태

③ 임핀저 어댑터 (Impinger outlet)

임핀저와 가스흡인 호스를 연결하여 주는 임핀저 어댑터는 배출가스가 역류되는 것을 방지하는 체크 밸브(Check valve)와 SUS316 재질의 퀵 컨넥터 (Quick Connector), 임핀저를 통과하는 배출가스의 온도를 측정할 수 있도록 K-타입의 온도센서가 부착되어 있다.

(3) 시료 채취관 및 연결관

① 시료 채취관(Sampling probe assembly) (그림 5.17)

먼지 채취용 시료 채취관은 배출가스의 압력을 측정하는 S-타입의 피토관(Pitot tube), SUS316 재질의 시료 흡인관과 흡인관의 수분 응축 방지를 위해 200°C까지 가열이 가능한 실리콘 고무히터, 배출가스 온도 측정용 K-타입 열전대와 오르자트(Orsat) 시료 채취관으로 구성된다.

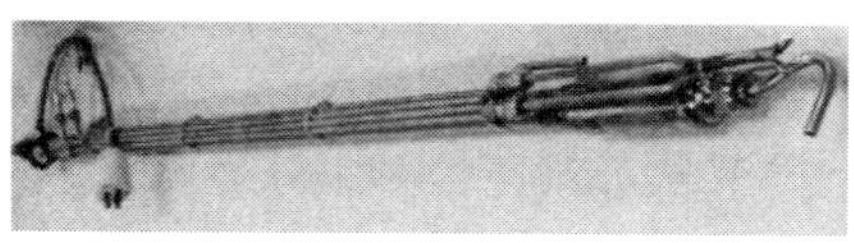

그림 5.17 시료 채취관

② 흡인 노즐(Sampling nozzles) (그림 5.18)

배출가스의 유속에 따라 적합한 흡인 노즐을 선택할 수 있도록 구경의 크기가 각각 다른 6개의 노즐로 구성되어 있으며 사용 목적에 따라 316 스테인레스강, 경질유리, 석영재질의 흡인노즐을 선택할 수 있다.

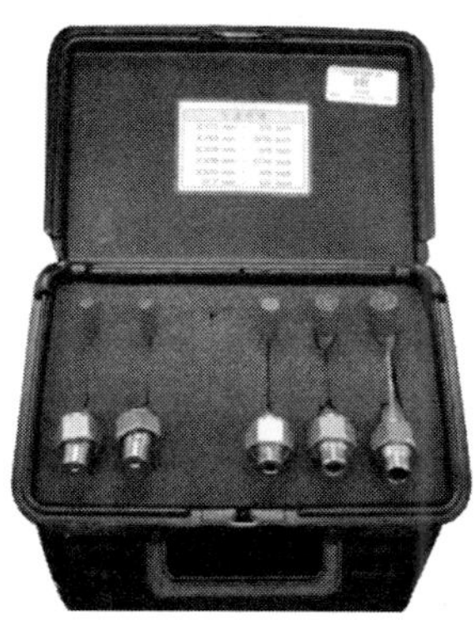

그림 5.18 흡인 노즐

③ 여과지 홀더(Filter holder) (그림 5.19)

SUS316 재질의 여과지 홀더는 여과지가 빠지지 않도록 SUS 재질의 링으로 고정하도록 되어 있으며 조립 시 가스가 새는 것을 방지하기 위해 바이튼 링(Viton O-ring)이 부착되어 고온에서도 사용이 가능하다.

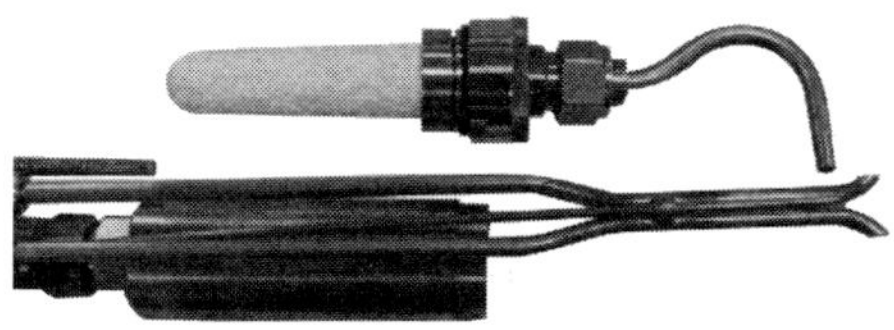

그림 5.19 여과지 홀더

④ 진공호스 연결관(Umbilical cable assembly) (그림 5.20)

제어장치(Control console)와 임핀저 트레인(Impinger train unit)을 연결하여 주는 연결관은 가스흡인 호스와 피토관 연결 호스, K-타입 열전대의 온도보상도선, 가열 전원선 등으로 구성되어 있으며 각각의 호스 끝에는 빠른 연결 및 분리를 위해 SUS316 재질의 퀵 컨넥터 (Quick Connector)가 부착되어 있다.

그림 5.20 진공호스 연결관

5.3.2 굴뚝시료채취장치의 설치 및 사용 준비

1) 펌프 박스(pump box)를 지면이 평평한 곳에 설치한다.
2) 제어장치(Control console) 박스를 펌프 박스위에 올려놓는다.
3) 펌프의 진공 라인(Vacuum line)과 압력 라인(Pressure line)을 각각 제어장치의 각 단자에 연결한다.
4) 펌프 박스의 전원코드를 제어장치의 펌프 단자에 연결한다.
5) 이중 경사마노미터의 입, 출구 연결부를 각각 연결한다.
6) 진공호스 연결관에 있는 각각의 온도 보상도선을 제어장치의 단자에 연결한다.
7) 진공호스 연결관에 있는 샘플링 호스를 제어장치의 단자에 연결한다.
8) 수평조절나사를 이용하여 제어장치의 수평을 잡는다.
9) 이중 경사마노미터의 액체가 영점에 위치하도록 조절용 나사를 이용하여 각각 조정한다.
10) 제어장치 좌측 상단의 전원스위치를 ON 한다.
11) 제어장치의 펌프 스위치를 ON 한 후 유량조절 밸브를 이용하여 전면(노란색)의 마노미터에 임의의 오리피스(Orifice) 차압(ΔH)을 설정한다.

5.3.3 굴뚝시료채취장치의 사용

5.3.3.1. 굴뚝 배출가스 중의 먼지 농도의 측정

4.1.4.3의 시료채취절차에 따라 시료를 채취하고 시료 중의 먼지 농도를 측정한다.

5.3.4 굴뚝시료채취장치의 유지관리

장치의 성능을 정상적으로 유지하기 위해서는 주요 부품에 대한 정기적인 점검 및 보수가 매우 중요하다. 주요 구성 부품에 대한 정기적인 점검 사항 및 보수 방법은 다음과 같다.

① 건식 가스미터

주기적으로 표준 가스미터를 이용하여 흡인 유량의 정확도를 점검하여야 한다. 일반적으로 150 L 이상의 유량을 흡인하였을 때, ±2% 이내의 오차에 대해서는 허용이 가능하지만, 그 범위를 넘을 때에는 제조사에 의뢰하여 교정을 받아야 한다. 유량의 점검방법은 제조사의 지침에 의거하여 실시한다.

② 진공 펌프

흡입 성능 유지를 위해서는 정기적으로 청소를 해주는 것이 필요하다. 펌프 내부로 이물질이 유입되거나 오일이 오염되면 잡음이 발생하며, 이 경우에는 즉시 청소를 해주어야 한다.

펌프의 내부 청소는 아래의 순서에 의하여 실시한다.

㉮ 소음기에 부착된 필터를 제거한다.
㉯ 제어장치에 연결된 진공 펌프의 호스를 분리한다.
㉰ 커다란 용기를 준비하고 펌프의 압력 호스를 용기 내에 위치시킨다.
㉱ 용기 입구를 천조각 등으로 막는다.
㉲ 펌프를 가동하면서 압력 호스를 통해 배출되는 오일이 청결해질 때까지 진공 호스에 오일을 주입한다.
㉳ 약 5분 정도 펌프를 가동한다.
㉴ 오일 병과 펌프가 청결해지면 소음기 병을 닦고 청정오일을 채운다.
㉵ 탈착시켰던 소음기 병의 필터를 재부착한다.

장시간 사용하게 되면 펌프의 회전 날개(rotary vane)이 마모되어 흡입 성능이 저하된다. 회전 날개의 약 4% 정도가 마모되면 교환하여야 하는데, 정상적인 상태에서 약 15,000시간 정도 사용이 가능하다.

③ 경사 마노미터

육안으로 구멍과 피토 라인에 액체가 없는지 검사를 하고 이물질이 있는 경우 비누와 물 또는 등유로 청소한다. 오일 조정밸브와 나사 주위의 새는 곳이 없는지 확인하여야 하며, 오일 교체 시에는 수평 장치의 왼쪽 끝에 있는 오일 필터 나사를 제거한 후 비중이 0.826인 오일을 보충한다.

④ 기타

진공 펌프를 보호하기 위해 설치되어 있는 오일 병의 오일의 청결상태를 점검하고 필요시 교체하여야 한다. 교체시에는 청정 오일(SAE#10)을 사용한다.

펌프 후단에 설치된 소음기 병(Muffle jar)은 펌프로부터 유출된 오일 등이 가스미터로 유입되는 것을 방지하기 위해 설치한다. 일상 점검을 통해 이물질이 관찰되면 필터를 청소 또는 교체하여야 한다.

건식 가스미터로 이물질이 유입되는 것을 방지하기 위해 전단에 설치되어 있는 필터를 주기적으로 점검하고 이물질을 제거하여야 한다.

부록

대기환경(산업)기사 작업형 실기문제 예

1. 황산화물(침전적정법) 작업형 실기시험 문제의 예

자격종목	대기환경(산업)기사	실험과제명	황산화물 농도측정 (침전적정법)

※ 실기시험 수행 시 유의사항

- 시험시간 : 4시간
- 답안지 작성은 흑색 볼펜을 사용하고 수정 시에는 시험위원의 날인을 받아야 한다.
- 계산문제는 풀이과정을 반드시 기재하여야 한다.
- 계산결과의 표시는 소수점 셋째자리에서 반올림하는 것을 원칙으로 한다.
- 문제에 표시된 중요한 실험결과치는 시험위원 입회하에 실험을 수행하여야 하며, 그 결과치를 확인 날인 받아야 한다.

1. 실기시험의 요구사항

대기환경(산업)기사가 당해 사업장의 보일러에서 배출되는 배출가스 중의 황산화물을 대기오염공정시험기준인 침전적정법에 의하여 측정하고 있다.

시료채취 시 측정된 조건 및 결과치가 표 1과 같을 때 실험계획서에 따라 황산화물의 농도를 분석하여라.(단, 계산이 필요한 경우 필요로 하는 계산식을 기재하여라.)

[표 1] 시료채취 시 조건

배출가스 온도(°C)	160	피토관 계수	0.85
대기온도(°C)	18.0	중력가속도(m/s^2)	9.8
20°C에서 물의 포화수증기압(mmHg)	15.47	배출가스 중 수분(%)	8.0
측정공에서의 굴뚝 직경(m)	0.9	대기압(mmHg)	758
측정공 높이(m)	20	대기 밀도, γ_o (kg/m^3)	1.3
습식가스미터로 측정한 흡인가스량(L)	22.5	습식가스미터 흡인가스온도(°C)	26.5
습식가스미터 게이지압(mmHg)	10.0	27°C에서의 포화수증기압(mmHg)	25.96

실 험 계 획 서

(1) 시료의 흡수 및 분석용 시료용액의 제조

- 흡수과정은 생략하며 흡수 완료된 분석용 시료용액 량은 250 mL로 가정한다.
- 분석용 시료의 조제는 시약제조방법에 기술된 내용을 기준으로 하여 아래와 같은 방법으로 분석을 수행한다.

(2) 실험방법에 따라 분석을 수행하여라.

1. 0.01 N 아세트산바륨 용액의 역가(factor)를 구한다.
2. 조제된 분석용 시료용액 10 mL를 200 mL 삼각 플라스크에 분취한다.
3. 아이소프로필 알콜 40 mL, 아세트산 1 mL 및 아르세나조 III 지시약 4~6방울을 가하고 0.01 N 아세트산바륨 용액으로 적정한다.
4. 흡수액을 이용하여 위와 동일한 방법으로 바탕실험을 시행한다.

(3) 시약제조방법

1. 과산화수소수(1+9)

2. 0.004 N 황산 용액 (250 mL 기준)

3. 0.01 N 아세트산 바륨 용액

아세트산바륨 0.275 g 및 아세트산 납 0.1 g을 물 250 mL 및 아세트산 1 mL에 녹이고 아이소프로필 알콜을 가하여 250 mL 로 한다.

4. 0.01 N 아세트산 바륨 용액 표정

0.004 N 황산 용액 10 mL를 200 mL 삼각플라스크에 정확히 분취하고 아이소프로필 알콜 40 mL, 아세트산 1 mL 및 아르세나조 III 지시약 4~6방울을 가하여 0.01N 아세트산바륨 용액으로 적정하여 액의 청색이 1분간 계속되는 점을 종말점으로 한다.

$$f = (10 \times f' / V) \times (③/④)$$

여기서, f : 0.01 N 아세트산바륨 용액의 역가

f' : ①

V : ② (단위 포함)

5. 아르세나조 III 지시약

아르세나조 III 0.02 g을 물 10 mL에 녹인다.

6. 분석용 시료 (미지시료) - I, II

- 미지시료 I : 0.1N 황산용액을 25배 희석하여 100 mL를 제조하여라.
- 미지시료 II : 0.1N 황산용액을 50배 희석하여 100 mL를 제조하여라.

답 안 지

문제 1. 측정원리를 서술하여라.

문제 2. 0.01 N 아세트산바륨 용액의 역가(factor)를 기술하여라.
(단, 실험계획서 상의 계산식의 ①,②,③,④에 대한 알맞은 내용을 쓰고 설명하여라.)

1) ①,②,③,④의 명칭에 대한 설명과 계산결과

2) 표정시험의 결과

표정액	적정 소모량(mL)	감독위원 확인
0.01 N 아세트산바륨 용액		
표정 결과치 (역가) : [ ]		(인)

문제 3. 실험분석 결과치를 이용하여 미지시료 I, II(채취시료)의 농도를 계산하여라. 이때 계산식과 계산과정을 기술하고, 계산식의 구성항목에 대하여 자세히 설명하여라.

1) 계산식에 대한 설명과 계산결과

2) 적정시험의 결과

적정대상 시료	적정량(mL)	감독위원 확인
미지시료 I		(인)
미지시료 II		(인)
바탕시험액		(인)

문제 4. 시료채취를 위한 장치를 알맞게 구성하여라.

※ 시료채취장치 구성에 관한 실기시험은 분석 실험과는 별도로 진행되며, 분석실험 중 또는 분석실험이 종료된 후에 시험위원의 지시에 따라 시험에 임하여야 한다.

1. 검정시험장에 준비되어 있는 시료채취장치 구성부품을 이용하여 시료채취장치를 구성하고 각 부품의 기능과 조작방법을 설명하여라.

2. 흡수병과 바이패스 세척병에 주입할 용액을 선정하여라.

2. 황산화물(중화적정법) 작업형 실기시험 문제의 예

자격종목	대기환경(산업)기사	실험과제명	황산화물 농도측정 (중화적정법)

※ 실기시험 수행 시 유의사항

- 시험시간 : 4시간
- 답안지 작성은 흑색 볼펜을 사용하고 수정 시에는 시험위원의 날인을 받아야 한다.
- 계산문제는 풀이과정을 반드시 기재하여야 한다.
- 계산결과의 표시는 소수점 셋째자리에서 반올림하는 것을 원칙으로 한다.
- 문제에 표시된 중요한 실험결과치는 시험위원 입회하에 실험을 수행하여야 하며, 그 결과치를 확인 날인 받아야 한다.

1. 실기시험의 요구사항

대기환경(산업)기사가 당해 사업장의 보일러에서 배출되는 배출가스 중의 황산화물을 대기오염공정시험기준인 중화적정법에 의하여 측정하고 있다.

시료채취 시 측정된 조건 및 결과치가 표 1과 같을 때 실험계획서에 따라 황산화물의 농도를 분석하여라.(단, 계산이 필요한 경우 필요로 하는 계산식을 기재하여라.)

[표 1] 시료채취 시 조건

배출가스 온도(°C)	160	피토관 계수	0.85
대기온도(°C)	18.0	중력가속도(m/s2)	9.8
20°C에서 물의 포화수증기압(mmHg)	15.47	배출가스 중 수분(%)	8.0
측정공에서의 굴뚝 직경(m)	0.9	대기압(mmHg)	758
측정공 높이(m)	20	대기 밀도, γ_o (kg/m^3)	1.3
습식가스미터로 측정한 흡인가스량(L)	22.5	습식가스미터 흡인가스온도(°C)	26.5
습식가스미터 게이지압(mmHg)	10.0	27°C에서의 포화수증기압(mmHg)	25.96

실 험 계 획 서

(1) 시료의 흡수 및 분석용 시료용액의 제조

- 흡수과정은 생략하며 흡수 완료된 분석용 시료용액 량은 250 mL로 가정한다.
- 분석용 시료의 조제는 시약제조방법에 기술된 내용을 기준으로 하여 아래와 같은 방법으로 분석을 수행한다.

(2) 실험방법에 따라 분석을 수행하여라.

1. 0.1 N 수산화소듐 용액의 역가 (factor)를 구한다.
2. 조제된 분석용 시료용액 50 mL를 200 mL 삼각 플라스크에 분취한다.
3. 메틸 레드-메틸렌 블루 혼합지시약 3~5방울을 가하고 0.1 N 수산화소듐 용액으로 적정한다.
4. 흡수액을 이용하여 위와 동일한 방법으로 바탕실험을 시행한다.

(3) 시약제조방법

1. 과산화수소수(1+9)

2. 0.1 N 수산화소듐 용액의 제조 및 표정
   - 설팜산 2g을 정확히 달아 물에 녹여 250 mL 부피플라스크에 옮겨 놓고 표선까지 채운다.
   - 이 용액 25 mL를 삼각플라스크에 분취하고 메틸레드-메틸렌블루 혼합지시약 3~4방울을 가한다.
   - 조제된 0.1 N 수산화소듐 용액을 적정한다.

$$f = \frac{W \times \frac{①}{②}}{V' \times 0.00971}$$

여기서, f' : 0.1 N 수산화소듐 용액의 역가

W : ③

V' : ④

0.00971 : 0.1 N 수산화소듐 용액 1 mL의 설팜산 상당량(g)

3. 메틸레드-메틸렌블루 혼합지시약

메틸레드 0.05 g을 메틸알콜(95v/v%) 50 mL에 녹인 것과 메틸렌블루 0.05 g을 메틸알콜(95v/v%) 50 mL에 녹인 것을 사용 직전 필요한 만큼 같은 부피로 섞어 사용한다.

4. 분석용 시료 (미지시료) - I, II

- 미지시료 I : 0.1N 황산용액을 25배 희석하여 100 mL를 제조하여라.
- 미지시료 II : 0.1N 황산용액을 50배 희석하여 100 mL를 제조하여라.

답 안 지

문제 1. 측정원리를 서술하여라.

문제 2. 0.1 N 수산화소듐 용액의 역가(factor)를 기술하여라.
(단, 실험계획서 상의 계산식의 ①,②,③,④에 대한 알맞은 내용을 쓰고 설명하여라.)

1) ①,②,③,④의 명칭에 대한 설명과 계산결과

2) 표정시험의 결과

표정액	적정 소모량(mL)	감독위원 확인
0.1 N 수산화소듐 용액		
표정 결과치 (역가) : [ ]		(인)

문제 3. 실험분석 결과치를 이용하여 미지시료 I, II(채취시료)의 농도를 계산하여라. 이때 계산식과 계산과정을 기술하고, 계산식의 구성항목에 대하여 자세히 설명하여라.

1) 계산식에 대한 설명과 계산결과

2) 적정시험의 결과

적정대상 시료	적정량(mL)	감독위원 확인
미지시료 I		(인)
미지시료 II		(인)
바탕시험액		(인)

문제 4. 시료채취를 위한 장치를 알맞게 구성하여라.

※ 시료채취장치 구성에 관한 실기시험은 분석 실험과는 별도로 진행되며, 분석실험 중 또는 분석실험이 종료된 후에 시험위원의 지시에 따라 시험에 임하여야 한다.

1. 검정시험장에 준비되어 있는 시료채취장치 구성부품을 이용하여 시료채취장치를 구성하고 각 부품의 기능과 조작방법을 설명하여라.

2. 흡수병과 바이패스 세척병에 주입할 용액을 선정하여라.

3. 염화수소(HCl) 작업형 실기시험 문제의 예

자격종목	대기환경(산업)기사	실험과제명	염화수소 농도 측정 (싸이오시안산제이수은법)

※ 실기시험 수행 시 유의사항

- 시험시간 : 4시간
- 답안지 작성은 흑색 볼펜을 사용하고 수정 시에는 시험위원의 날인을 받아야 한다.
- 계산문제는 풀이과정을 반드시 기재하여야 한다.
- 계산결과의 표시는 소수점 셋째자리에서 반올림하는 것을 원칙으로 한다.
- 문제에 표시된 중요한 실험결과치는 시험위원 입회하에 실험을 수행하여야 하며, 그 결과치를 확인 날인 받아야 한다.

1. 실기시험의 요구사항

대기환경(산업)기사가 100톤/일의 일반 폐기물소각로에서 배출되는 배출가스 중의 염화수소 농도를 대기오염공정시험기준인 싸이오시안산제이수은법에 의하여 측정하고 있다.

시료채취 시 측정된 조건 및 결과치가 표 1과 같을 때 실험계획서에 따라 염화수소의 농도를 분석하여라.(단, 계산이 필요한 경우 필요로 하는 계산식을 기재하여라.)

[표 1] 시료채취 시 조건

배출가스 온도(°C)	140	피토관 계수	0.88
평균 동압(mmH_2O)	10.0	중력가속도(m/s^2)	9.8
평균 정압(mmH_2O)	18.0	배출가스 중 수분(%)	17.8
측정공에서의 굴뚝 직경(m)	2.0	대기압(mmHg)	758
측정공 높이(m)	25	대기 밀도, γ_o (kg/m^3)	1.29
습식가스미터로 측정한 흡인가스량(L)	36.0	습식가스미터 흡인가스온도(°C)	25.0
습식가스미터 게이지압(mmHg)	10.0	26°C에서의 포화수증기압(mmHg)	23.76

실 험 계 획 서

(1) 시료의 흡수 및 분석용 시료용액의 제조

- 흡수과정은 생략하며 흡수완료된 분석용 시료용액 량은 250 mL로 가정한다.
- 분석용 시료의 조제는 시약제조방법에 기술된 내용을 기준으로 하여 아래와 같은 방법으로 분석을 수행한다.

(2) 실험방법에 따라 분석을 수행하여라.

1. 분석용 시료용액 5 mL 및 염소이온 표준액 5 mL를 각각 유리마개가 있는 시험관에 취하여 각각에 황산철(II)암모늄 용액 2 mL와 싸이오시안산제이수은 용액 1 mL 및 메탄올 10 mL씩 가한 다음 마개를 하고 잘 흔들어 섞는다.
2. 20°C에서 5~30분 사이에 10 mm 셀에 옮겨 광전분광계 또는 광전분광광도계에서 파장 460 nm 부근에서 흡광도를 측정한다.
3. 대조액으로는 흡수액을 이용하여 위와 동일한 방법으로 처리하여 사용한다.

(3) 시약제조방법

1. 염소이온 표준액 (500 mL 제조 기준)
   염화소듐 0.1305g을 물에 녹여 정확히 500 mL로 하고 이 용액을 10배 희석하여 염소이온 표준액으로 한다.

2. 싸이오시안산제이수은 용액
   싸이오시안산제이수은 0.4 g + 메틸알콜 → 100 mL로 한다. (갈색병에 보관)

3. 하이포아염소산 용액 (150 mL 제조기준)
   - 하이포아염소산(70%)을 사용하는 경우 : 하이포아염소산(1+2) 용액
   - 하이포아염소산(60%)을 사용하는 경우 : 하이포아염소산(2+3) 용액

4. 황산철(II)암모늄 용액
   황산철(II)암모늄 6 g + 하이포아염소산(70%) (1+2) 용액 (또는 하이포아염소산(60%) (2+3) 용액) 100 mL 에 녹이고 갈색병에 보관한다.

5. 흡수액(0.1N 수산화소듐 용액) (250 mL 제조기준)

6. 분석용 시료 (미지시료 I, II)
   - 미지시료 I : 염화수소 표준액과 물을 부피비로 2 : 3 비율로 섞어서 시료용액으로 한다.
   - 미지시료 II : 염화수소 표준액과 물을 부피비로 3 : 2 비율로 섞어서 시료용액으로 한다.

답 안 지

문제 1. 측정원리를 서술하여라.

문제 2. 실험분석 결과치를 이용하여 미지시료 I, II(채취시료)의 농도를 계산하여라. 이 때 계산식과 계산과정을 기술하고, 계산식의 구성항목에 대하여 자세히 설명하여라.

1) 계산식에 대한 설명과 계산결과

2) 흡광도 측정시험의 결과

	흡광도	감독위원 확인
대조액		(인)
표준액		(인)
분석용 시료 I		(인)
분석용 시료 II		(인)

문제 3. 시료채취를 위한 장치를 알맞게 구성하여라.

※ 시료채취장치 구성에 관한 실기시험은 분석 실험과는 별도로 진행되며, 분석실험 중 또는 분석실험이 종료된 후에 시험위원의 지시에 따라 시험에 임하여야 한다.

1. 검정시험장에 준비되어 있는 시료채취장치 구성부품을 이용하여 시료채취장치를 구성하고 각 부품의 기능과 조작방법을 설명하여라.

2. 흡수병과 바이패스 세척병에 주입할 용액을 선정하여라.

4. 암모니아(NH_3) 작업형 실기시험 문제의 예

자격종목	대기환경(산업)기사	실험과제명	암모니아 농도측정 (인도페놀법)

※ 실기시험 수행 시 유의사항

- 시험시간 : 4시간
- 답안지 작성은 흑색 볼펜을 사용하고 수정 시에는 시험위원의 날인을 받아야 한다.
- 계산문제는 풀이과정을 반드시 기재하여야 한다.
- 계산결과의 표시는 소수점 셋째자리에서 반올림하는 것을 원칙으로 한다.
- 문제에 표시된 중요한 실험결과치는 시험위원 입회하에 실험을 수행하여야 하며, 그 결과치를 확인 날인 받아야 한다.

1. 실기시험의 요구사항

대기환경(산업)기사가 당해 사업장의 화학비료공정에서 배출되는 배출가스 중의 암모니아 농도를 대기오염공정시험기준인 인도페놀법에 의하여 측정하고 있다.

시료채취 시 측정된 조건 및 결과치가 표 1과 같을 때 실험계획서에 따라 염화수소의 농도를 분석하여라.(단, 계산이 필요한 경우 필요로 하는 계산식을 기재하여라.)

[표 1] 시료채취시 조건

배출가스 온도(°C)	150	피토관 계수	0.85
평균 동압(mmH_2O)	2.1	중력가속도(m/s^2)	9.81
평균 정압(mmH_2O)	−9	배출가스 중 수분량(%)	18
측정공에서의 굴뚝 직경(m)	0.9	대기압(mmHg)	763
측정공 높이(m)	25	대기 밀도, γ_o (kg/m^3)	1.3
건식가스미터로 측정한 흡인가스량(L)	20	건식가스미터 흡인가스온도(°C)	26
건식가스미터 게이지압(mmHg)	5	26°C에서의 포화수증기압(mmHg)	25.21

실 험 계 획 서

(1) 시료의 흡수 및 분석용 시료용액의 제조

- 흡수과정은 생략하며 흡수 완료된 분석용 시료용액 량은 250 mL로 가정한다.
- 분석용 시료의 조제는 시약제조방법에 기술된 내용을 기준으로 하여 아래와 같은 방법으로 분석을 수행한다.

(2) 실험방법에 따라 분석을 수행하여라.

1. 분석용 시료용액 10 mL 및 암모니아 표준액 10 mL를 각각 유리마개가 있는 시험관에 취하여 각각에 페놀-나이트로프루시드소듐 용액 5 mL씩을 가하고 잘 흔들어 섞은 후 각각에 하이포아염소산소듐 용액 5 mL씩을 가한 다음 마개를 하고 조용히 흔들어 섞는다.
2. 액온을 25~30°C에서 1시간 방치한 다음 10 mm 셀에 옮기고 분광광도계 또는 광전분광광도계에서 파장 640 nm 부근에서 흡광도를 측정한다.
3. 대조액으로는 흡수액 10 mL를 이용하여 위와 동일한 방법으로 처리하여 사용한다.

(3) 시약제조방법

1. 암모니아 표준액을 제조하여라. (500 mL 제조 기준)
   황산암모늄 1.47495 g을 물에 녹여 정확히 500 mL로 하고 이 용액을 흡수액으로 1000배 희석하여 암모니아 표준액으로 한다.

2. 페놀-나이트로프루시드소듐 용액을 제조하여라.
   페놀 2.5 g + 나이트로프루시드소듐 12.5 mg + 증류수 → 250 mL 로 한다.

3. 하이포아염소산소듐 용액을 제조하여라.
   하이포아염소산소듐 용액(3~10%) 50/C (C: 유효염소%) mL와 수산화소듐 7.5 g을 물에 녹여 500 mL로 한다.

4. 붕산 용액(0.5%)을 제조하여라.
   : 1000 mL, 250 mL 2가지 제조

5. 분석용 시료 (미지시료 I, II)
   - 미지시료 I : 암모니아 표준액와 흡수액을 부피비로 5 : 5 비율로 섞어서 시료용액으로 한다.
   - 미지시료 II : 암모니아 표준액와 흡수액을 부피비로 7 : 3 비율로 섞어서 시료용액으로 한다.

답 안 지

문제 1. 측정원리를 서술하여라.

문제 2. 시약제조방법에 기술된 암모니아 표준액 제조에 사용되는 황산암모늄의 량 (1.4749 g)을 산출과정을 설명하여라.

문제 3. 실험분석 결과치를 이용하여 미지시료 I, II(채취시료)의 농도를 계산하여라. 이 때 계산식과 계산과정을 기술하고, 계산식의 구성항목에 대하여 자세히 설명하여라.

1) 계산식에 대한 설명과 계산결과

2) 흡광도 측정시험의 결과

	흡광도	감독위원 확인
대조액		(인)
표준액		(인)
분석용 시료 I		(인)
분석용 시료 II		(인)

문제 4. 시료채취를 위한 장치를 알맞게 구성하여라.

※ 시료채취장치 구성에 관한 실기시험은 분석 실험과는 별도로 진행되며, 분석실험 중 또는 분석실험이 종료된 후에 시험위원의 지시에 따라 시험에 임하여야 한다.

1. 검정시험장에 준비되어 있는 시료채취장치 구성부품을 이용하여 시료채취장치를 구성하고 각 부품의 기능과 조작방법을 설명하여라.

2. 흡수병과 바이패스 세척병에 주입할 용액을 선정하여라.

5. 작업형 실기시험의 현지 채점기준 (총 20점 만점)

1. 시료채취관련 평가

평가항목	평가내용	배점
장치구성	- 장치부품의 구성 순서가 올바른지 여부 - 각 부품의 기능을 정확히 이해하는지 여부	2점
	- 흡수병 등 및 여과지 홀더의 입출구 방향이 올바른지 여부	1점
흡수액 선정	- 가상 시료채취물질에 대해 흡수액과 바이패스 세척액을 정확히 사용하는가 여부	2점
합 계		5점

2. 시료분석실험관련 평가

평가항목		평가내용	배점
공통 사항	실험도구 활용	- 피펫필러 사용법이 정확한지 여부 - 유리기구 사용 전에 증류수로 2회 이상 세척하는가 - 부피측정시 눈금을 눈높이에서 표선에 일치시키는가 - 시약 제조 후 라벨을 부착하는지 여부 - 유리기구의 파손 여부 - 기타 실험수행의 전반적인 사항	12점
	시약제조	- 시약 제조시 완전히 혼합 후 사용하는지 여부 (전자석교반기 이용 또는 마개 후 완전히 흔들어 혼합)	1점
실험 관련 (택일)	적정법	- 시료색깔이 제대로 발색되는지 여부 - 종말점을 정확히 찾아내는지 여부	(2점)
	흡광도법	- 흡수셀에 시약을 넣은 조작이 정확한지 여부 (셀 2회 세척, 셀 주입량 70~80%) - 흡광도 측정시 대조액, 시료, 표준액 순서로 측정하는지 여부	(2점)
합 계			15점

저 자: **조 용 준** (趙 容 晙)

- 한양대학교 공과대학 화학공학과 공학사
- 한국과학기술원 생명화학공학과 공학석사
- 한국과학기술원 생명화학공학과 공학박사
- 국방과학연구소(ADD) 연구원
- 삼성중공업(주) 중앙연구소 에너지환경센터 선임, 수석연구원
- 現 신안산대학교 환경과학과 교수

공정시험기준에 따른
대기오염물질 분석 정가 15,000원

발 행 2021년 3월 10일 초판 2쇄
저 자 조용준
발행인 정우용
발행처 도서출판 동화기술
경기도 파주시 광인사길 201(문발동, 파주출판도시)
Tel (031)955-4211~6 donghwapub@nate.com
Fax (031)955-4217 www.donghwapub.co.kr
(등록) 1977년 12월 19일/9-16호

ISBN 978-89-425-9185-5